21世纪普通高等教育计算机系列应用型规划教材

# 计算机应用案例教程

## (第二版)

主　编：夏剑峰　董艳燕
副主编：董剑波　张　帆
张　鼎　冯志军

华中师范大学出版社

## 内 容 简 介

本书根据“基于工作过程系统化”的课程开发思路，遵照学生的认知规律，内容由浅入深，重点介绍办公应用软件的操作技巧及计算机网络应用基本知识，采用“本章导读”“项目描述”“学习目标”“项目实施”这几个与实际工作密切相关的板块，提高学生运用计算机服务于学习、工作和生活的能力。本书层次清晰，重点突出，语言通俗易懂，能满足“一体化”教学的要求。

本书适合各高职院校作为计算机基础课程教材使用，也适合计算机爱好者作为自学教材使用。

**新出图证(鄂)字 10 号**

**图书在版编目(CIP)数据**

计算机应用案例教程/夏剑峰，董艳燕主编. —2 版. —武汉：华中师范大学出版社，2022. 8(2023. 9 重印)

ISBN 978-7-5622-9847-2

Ⅰ. ①计…　Ⅱ. ①夏…　②董…　Ⅲ. ①电子计算机—教材　Ⅳ. ①TP3

中国版本图书馆 CIP 数据核字(2022)第 120482 号

**计算机应用案例教程(第二版)**

© 夏剑峰　董艳燕　主编

**责任编辑**：罗　挺　**责任校对**：王　炜　**封面设计**：胡　灿

**编辑室**：高教分社　**电话**：027-67867364

**出版发行**：华中师范大学出版社有限责任公司

**社址**：湖北省武汉市珞喻路 152 号　**邮编**：430079　**销售电话**：027-67861549

**网址**：http://press.ccnu.edu.cn　**电子信箱**：press@mail.ccnu.edu.cn

**印刷**：武汉兴和彩色印务有限公司　**督印**：刘　敏

**开本**：787mm×1092mm　1/16　**印张**：14　**字数**：320 千字

**版次**：2022 年 8 月第 2 版　**印次**：2023 年 9 月第 2 次印刷

**印数**：7001—10000　**定价**：38.00 元

**欢迎上网查询、购书**

# 前　言

教材建设是高职高专院校教学改革工作的重要组成部分,《国家中长期教育改革和发展规划纲要(2010—2020年)》指出,在创新人才培养模式方面,要"适应经济社会发展和科技进步的要求,推进课程改革,加强教材建设,建立健全教材质量监管制度"。为适应高等职业院校计算机应用基础教学改革的需要,根据"基于工作过程系统化"的课程开发思路,在近年来教学改革实践的基础上,我们编写了本书,供高等职业院校计算机应用基础课程教学使用。

高职高专学生的计算机教育应该使学生掌握应用计算机解决实际问题的综合能力,使学生具备较高的信息素养、较强的信息意识,并能够有效地运用所掌握的信息知识服务于学习和生活,成为既熟悉本专业知识又掌握计算机应用技术的高素质技术技能人才。

本书不仅有利于高职高专学生更好地掌握计算机应用技术,而且具有以下特点:

一、充分遵循学生的认知规律,在内容上由浅入深,选择了与计算机实际应用密切相关的基础性知识,重点介绍了办公应用软件的操作技巧及计算机网络应用基本知识。

二、定位准确,运用"基于工作过程系统化"的课程开发原则,采用"本章导读""项目描述""学习目标""项目实施"这几个与实际工作相关的板块来提高学生运用计算机服务于学习、工作和生活的能力。

三、层次清晰、重点突出、语言通俗易懂,能满足"一体化"教学的要求。

四、本书作者均为一线专业教师,熟悉高职高专学生的学习特点及工学结合的编写思路,在编写过程中提供了大量可操作、实用性强且有代表性的案例。

本书由黄冈科技职业学院组织编写,夏剑峰、董艳燕任主编,董剑波、张帆、张鼎、冯志军任副主编。黄冈科技职业学院董艳燕副校长在本书的总体设计和规划方面提出了很多富有建设性的意见,并为编写工作提供了大力支持,本书的出版还得到了华中师范大学出版社领导及编辑老师们的鼎力相助,在此,对他们一并表示感谢!

由于时间仓促,加之编者水平有限,尽管我们力求完美,但书中难免存在疏漏和不妥之处,敬请广大读者和专家批评指正。

本书配有相关素材、习题参考答案,以及其他与该书相关的学习资源,读者可通过微信扫描书中二维码获取。

编　者

2022年5月

# 目　录

# 第一章　计算机基础知识

## 【本章导读】

本章主要包括以下内容：

1. 计算机基础知识。
2. 计算机系统的组成。
3. 数制转换与编码。
4. 计算机病毒。

## 项目一　计算机基础知识

## 【项目描述】

本项目主要介绍了计算机的产生、发展、特点、分类、应用领域等方面的知识。

## 【学习目标】

1. 了解计算机的产生与发展过程。
2. 掌握计算机的特点与分类。
3. 掌握计算机在应用领域的相关知识。

## 任务一　计算机的产生与发展

### 一、了解计算机技术

世界上第一台计算机——电子数字积分计算机（Electronic Numerical Integrator And Computer，ENIAC）于 1946 年在美国宾夕法尼亚大学研制成功。计算机的产生，使科学家从繁重的计算中解放出来，ENIAC 的问世标志着计算机时代的到来。

计算机技术在生产生活中的应用越来越广泛，计算机应用包括科学计算、信息管理（数据处理）、辅助设计与制造、教育信息化、电子商务、人工智能、网络通信等。

随着社会的进步和科学技术日新月异的发展，作为这个时代的标志——计算机在人们的日常生活中有着不可替代的作用。计算机作为一种工具已走进人们的生活，改变着人们工作和学习的方式。

在信息技术飞速发展的今天，计算机已经成为人类工作和生活不可缺少的部分，掌握相应的计算机基础操作，也成为人们在各行各业工作的必备知识。通过本章的学习，读者应了解计算机的概念及其发展史、计算机的组成以及计算机中的数制与编码等知识。

## 二、计算机的概念及其产生

本书中所说的计算机，是指微型计算机，也称个人计算机(Personal Computer，PC)。那么，到底什么才是计算机呢？简单地说，计算机就是一种能够按照指令对收集的各种数据和信息进行分析并自动加工和处理的电子设备。

世界上的第一台计算机于1946年2月诞生于美国的宾夕法尼亚大学，当时取名为ENIAC，读作“埃尼阿克”。它是一台电子数字积分计算机，占地170平方米，共用了18000多个电子管、1500个继电器，重达30吨，每小时耗电140千瓦，可谓是一个庞然大物，如图1-1所示。这台计算机每秒钟能完成5000次加法运算、300多次乘法运算，比当时最快的计算工具快300倍。用现在的标准看，它的功能远不及一个可编程的计算器，但它的产生使科学家们从此从繁杂的计算中解放出来，它的诞生标志着人类进入了信息革命时代。

**图1-1　世界上第一台计算机ENIAC**

## 三、计算机的发展阶段

电子计算机的发展阶段通常以构成计算机的电子器件来划分，已经历了四代，正在向第五代过渡。每一个发展阶段在技术上都是一次新的突破，在性能上都是一次质的飞跃。下面我们来介绍计算机的发展简史。

### (一)第一代计算机——电子管计算机(1946—1958年)

第一代计算机采用的主要原件是电子管，称为电子管计算机。其主要特征如下：

(1)采用电子管元件，体积庞大、耗电量高、可靠性差、维护困难。

(2)计算速度慢，一般为每秒1000次到10000次运算。

(3)使用机器语言,几乎没有系统软件。

(4)采用磁鼓、小磁芯作为存储器,没有内外存储器之分,存储空间有限。

(5)输入设备、输出设备简单,采用穿孔纸带或卡片。

(6)主要用于科学计算。

**(二)第二代计算机——晶体管计算机(1959—1964 年)**

晶体管的发明给计算机技术的发展带来了革命性的变化。第二代计算机采用的主要元件是晶体管,因此称为晶体管计算机。第二代计算机的主要特征如下:

(1)采用晶体管元件,体积大大缩小、可靠性增强、寿命延长。

(2)计算速度加快,达到每秒几万次到几十万次运算。

(3)提出了操作系统的概念,出现了汇编语言并产生了 FORTRAN 和 COBOL 等高级程序设计语言和批处理系统。

(4)普遍采用磁芯作为内存储器,磁盘、磁带作为外存储器,容量大大提高。

(5)计算机应用领域扩大,除科学计算外,还用于数据处理和实时过程控制。

**(三)第三代计算机——集成电路计算机(1965—1970 年)**

20 世纪 60 年代中期,随着半导体工艺的发展,已制造出了集成电路元件。集成电路可以在几平方毫米的单晶硅片上集成十几个甚至上百个电子元件。第三代计算机开始使用中小规模的集成电路元件,其主要特征如下:

(1)采用中小规模集成电路元件,体积进一步缩小,寿命更长。

(2)计算速度加快,可达每秒几百万次运算。

(3)高级语言进一步发展。操作系统的出现,使计算机功能更强,计算机开始广泛应用于各个领域。

(4)普遍采用半导体存储器,存储容量进一步提高,而体积更小、价格更低。

(5)计算机应用范围扩大到企业管理和辅助设计等领域。

**(四)第四代计算机——大规模、超大规模集成电路计算机(1971 年至今)**

随着 20 世纪 70 年代初集成电路制造技术的飞速发展,产生了大规模集成电路元件,使计算机进入了一个崭新的时代,即大规模和超大规模集成电路计算机时代。第四代计算机的主要特征如下:

(1)采用大规模(Large Scale Integration,LSI)和超大规模集成电路(Very Large Scale Integration,VLSI)元件,体积与第三代相比进一步缩小。在硅半导体上集成几十万甚至上百万个电子元器件,可靠性更强,寿命更长。

(2)计算速度加快,可达每秒几千万次到几万亿次运算。

(3)软件配置丰富,软件系统工程化、理论化,程序设计部分自动化。

(4)发展了并行处理技术和多机系统,微型计算机大量进入家庭,产品更新速度加快。

(5)计算机在办公自动化、数据库管理、图像处理、语言识别和专家系统等各个领域大显身手,计算机的发展进入了以计算机网络为特征的时代。

计算机发展的四个阶段及每个阶段的特征如表 1-1 所示。

表 1-1 计算机的 4 个发展阶段及特征

| 发展阶段 | 电子器件 | 运算速度(次/秒) | 应用领域 |
|---|---|---|---|
| 第一代<br>(1946—1958 年) | 电子管 | 几千 | 军事与科研 |
| 第二代<br>(1959—1964 年) | 晶体管 | 几万～几十万 | 数据处理和<br>事务处理 |
| 第三代<br>(1965—1970 年) | 中小规模集成电路 | 几十万～几百万 | 科学计算、数据处理<br>及过程控制 |
| 第四代<br>(1971 年至今) | 大规模、<br>超大规模集成电路 | 几千万～万亿 | 人工智能、数据通信<br>及社会的各领域 |

### 四、我国电子计算机的发展历史

1958 年,研制出第一台电子计算机。

1964 年,研制出第二代晶体管计算机。

1971 年,研制出第三代集成电路计算机。

1977 年,研制出第一台微型机 DJS050。

1983 年,研制出 1 万次/秒的“深腾 1800”计算机。

2003 年 12 月,自主研发出 10 万亿次/秒的“曙光 4000A”高性能计算机。

2010 年,研制出千万亿次/秒的“天河一号”计算机。

2013 年 11 月,研制出“天河二号”超级计算机,在当时是全球最快的超级计算机。

2016 年 6 月,研制出“神威 · 太湖之光”超级计算机,其应用的成果首次荣获戈登 · 贝尔奖。

随着微电子技术的发展,集成电路的集成度越来越高,计算机的体积也越来越小。微型计算机又称微计算机,简称微机,是第四代计算机微型化的产物。微机体积小、重量轻、功耗低、价格便宜,对环境要求也不高,易学易用,而它的功能、速度、可靠性、适用性和传统的计算机相比也毫不逊色。现代微电子技术可以把计算机的核心部件——微处理器集成到一块小小的芯片上。人们通常都习惯以微处理器为依据来讨论微型计算机的发展历史。

## 任务二　计算机的特点

### 一、高速、精确的运算能力

2012 年 6 月公布的世界超级计算机排名显示,排名第一的是 IBM 公司研发的“红杉”(Sequoia)计算机,运算速度达到每秒 16324 万亿次浮点运算。

截至 2019 年 1 月,我国自主研制的“天河三号”计算机运算速度可达每秒百亿亿次浮点运算,排名世界第一。

## 二、准确的逻辑判断能力

在信息检索方面，能够根据要求进行匹配检索。

## 三、强大的存储能力

计算机能够长期保存大量数字、文字、图像、视频、声音等信息，例如，能够“记住”一个大型图书馆的所有资料。

## 四、自动功能

计算机能够自动执行预先编写好的一组指令（称为程序）。工作过程完全自动化，无须人工干预，而且可以反复进行。

## 五、网络与通信功能

目前广泛应用的国际互联网（Internet）连接了全世界200多个国家和地区的数亿台计算机，连接到互联网上的计算机用户可以共享网上资料、交流信息。

## 六、人工智能

人工智能（Artificial Intelligence，AI）是用计算机模拟人类的某些智力活动。其主要研究内容包括：自然语言理解、专家系统、机器学习以及自动定理证明等。

# 任务三　计算机的分类及发展方向

## 一、计算机的分类

### （一）按原理和信息处理方式分类

（1）电子数字计算机。

（2）电子模拟计算机。

### （二）按用途分类

（1）专用计算机。

（2）通用计算机。

### （三）按规模和功能分类

1. 巨型机

巨型机是指运算速度在每秒万亿次以上的计算机。巨型机运算速度快、存储量大、结构复杂、价格昂贵，主要用于尖端科学研究领域。巨型机目前在国内还不多，我国研制的“银河”系列计算机就属于巨型机，多用于军事和科研等领域。

2. 大型机

大型机是指运算速度在每秒几千万次及更高的计算机，通常用在国家级科研机构以及重点理工科类院校。

3. 中型机

中型机是指运算速度在每秒几千万次左右的计算机,多用于大型企业、著名高校和研究院所。

4. 小型机

小型机的运算速度在每秒几百万次左右,通常用在一般的科研与设计机构以及普通高校,主要用于企业管理、科学计算等。

5. 微型机

微型机也称为个人计算机(PC 机),是目前应用最广泛的机型。例如,通常所说的台式机、笔记本电脑及掌上电脑、平板电脑等机型都属于微型机,是最常见的计算机。

6. 工作站

工作站主要用于图形、图像处理和计算机辅助设计中,它实际上是一台性能强于个人计算机的微型机。

## 二、计算机的发展方向

### (一)巨型化

巨型化是指计算速度更快、存储容量更大、功能更完善、可靠性更高,运算速度可达每秒万万亿次,存储容量超过几百太字节(Terabyte, TB)。

### (二)微型化

微型计算机正在逐步向便携机、掌上机发展,价格便宜、软件丰富以及使用方便等特点使其越来越受到用户的青睐。

### (三)网络化

网络化是指利用信息技术把分布在不同地点的计算机互联起来,按照网络协议互相通信,以共享软件、硬件和数据资源。

### (四)智能化

智能化是指计算机能够模拟人的感觉和思维能力。智能计算机具有逻辑推理和解决问题的功能,以及处理知识和管理知识库的功能等。

## 三、未来新一代计算机的特点

(1)模糊计算机:基于模糊理论,能够实现模糊的、不确切的判断进行工程处理的计算机。

(2)生物计算机:用生物元件构建的计算机。

(3)光子计算机:用光信号进行数字运算、信息存储和处理的计算机。

(4)超导计算机:用超导材料替代半导体材料制造的计算机,具有能耗小、运算速度快的特点。

(5)量子计算机:基于量子动力学规律进行高速数学和逻辑运算,存储及处理量子信息的计算机。

# 任务四　计算机的应用领域

计算机的快速性、通用性、准确性和逻辑性等特点，使它不仅具有高速运算能力，而且还具有逻辑分析和逻辑判断能力。这不仅可以大大提高人们的工作效率，而且还可以部分替代人的脑力劳动，进行一定程度的逻辑判断和运算。如今计算机已渗透到人们生活和工作的各个层面中，其应用主要体现在以下几个方面。

## 一、科学计算

科学计算是指利用计算机来完成科学研究和工程技术中提出的数学问题的计算。在现代科学技术工作中，科学计算问题具有运算量大和复杂的特点。利用计算机的高速、连续运算的能力和存储容量大的特点，可以处理人工无法解决的各种科学计算问题。

## 二、信息处理

信息处理(数据处理)是指对各种数据进行收集、存储、整理、分类、统计、加工、利用、传播等一系列活动的统称。据统计，80%以上的计算机主要用于数据处理，这类工作的工作量大、涉及知识面广，决定了计算机应用的主要方向。

## 三、自动控制

自动控制(过程控制)是指利用计算机及时采集并检测数据，按最优值迅速地对控制对象进行自动调节或自动控制。采用计算机进行自动控制，不仅可以大大提高控制的自动化水平，而且可以提高控制的及时性和准确性，从而改善劳动条件，提高产品质量及合格率。目前，计算机自动控制已在机械、冶金、石油、化工、纺织、水电、航天等领域得到了广泛的应用。

## 四、计算机辅助技术

计算机辅助技术是指利用计算机帮助人们进行各种设计、处理等工作，它包括计算机辅助设计(CAD)、计算机辅助制造(CAM)、计算机辅助教学(CAI)和计算机辅助测试(CAT)等。另外，计算机辅助技术还有辅助生产、辅助绘图和辅助排版等。

## 五、人工智能

人工智能又可称为智能模拟，是指计算机模拟人类的智能活动，例如感知、判断、理解、学习、问题求解和图像识别等。人工智能的研究目标是使计算机能更好地模拟人的思维活动，完成更复杂的控制任务。

## 六、网络应用

随着社会信息化程度越来越高，通信业的迅速发展，计算机在通信领域的作用越来越大，并且促进了计算机网络的迅速发展。目前，全球最大的网络——国际互联网已把全球的大多数计算机联系在一起。除此之外，计算机在信息高速公路、电子商务、娱乐和游戏等领域也得到了快速的发展。

# 项目二 计算机系统的组成

## 【项目描述】

本项目主要介绍计算机系统的组成概述、硬件构成、计算机的主要性能指标及计算机软件的概念。

## 【学习目标】

1. 学习计算机系统的组成和硬件系统知识。
2. 了解计算机的主要性能指标,学会如何选购计算机。
3. 熟知计算机软件的概念。

## 任务一 计算机系统的组成概述

计算机是一种能够按照指令对各种数据和信息进行自动加工和处理的电子设备。计算机由许多部件组成,但总的来说,一个完整的计算机系统由两大部分组成,即硬件系统和软件系统,如图 1-2 所示。

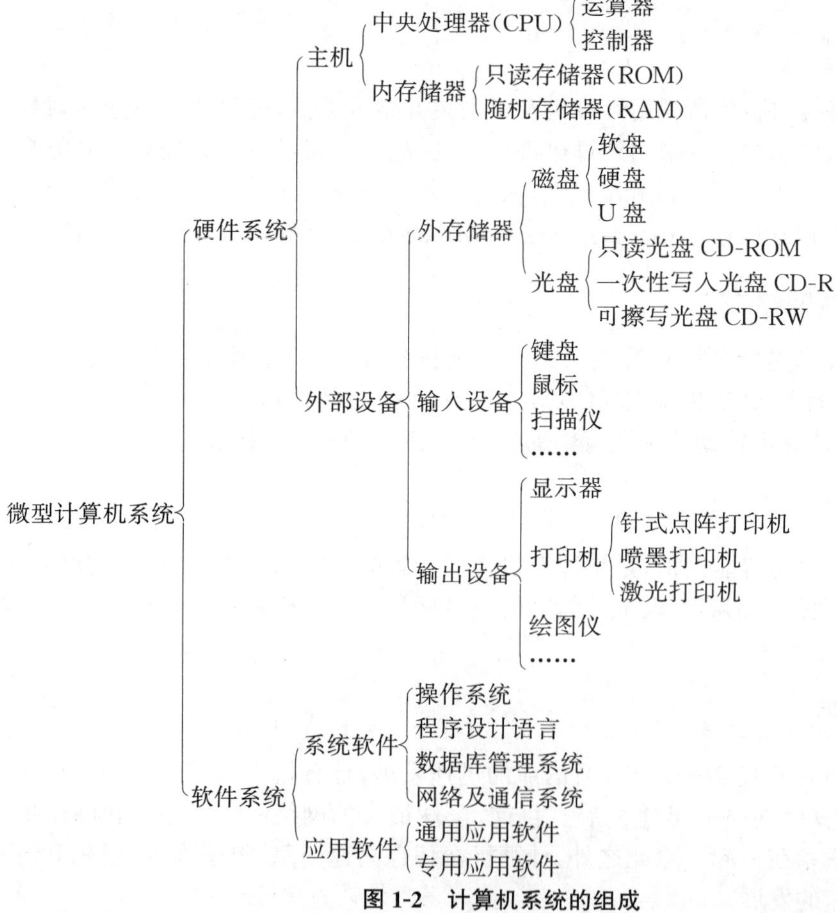


**图 1-2 计算机系统的组成**

# 任务二 计算机的硬件系统

计算机的硬件是指能够看得见、摸得着的物理元件。计算机的硬件系统是整个计算机系统进行工作的基础，也是决定计算机性能的主要因素。这些硬件主要包括中央处理器、存储器、输入设备和输出设备等。下面对计算机的主要硬件组成部分进行简要介绍。

## 一、主板

主板又叫主机板(MainBoard)、系统板(SystemBoard)或母板(MotherBoard)。图 1-3 所示为主板外观图。主板是整个计算机硬件系统中最重要的部件之一，它不但是整个计算机系统平台的载体，也是系统中各种信息交流的中心。主板的类型和档次决定着整个计算机系统的类型和档次，主板的性能影响着整个计算机系统的性能。

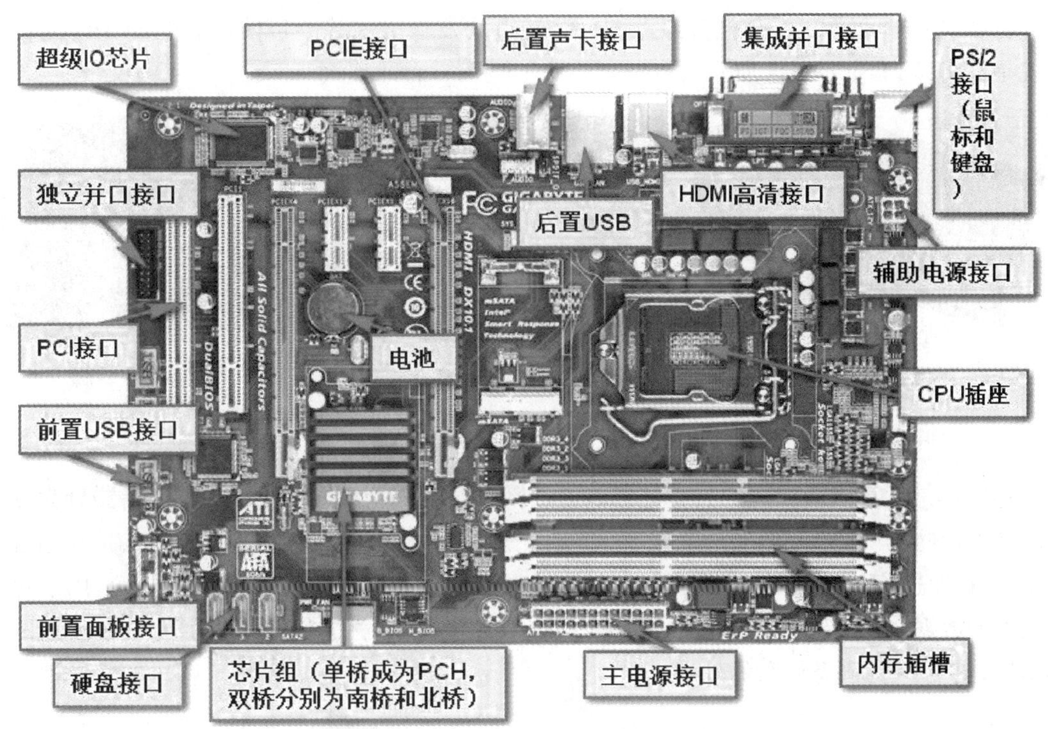


图 1-3 主板

## 二、中央处理器(CPU)

中央处理器也叫 CPU，英文全称是 Central Processing Unit。CPU 的作用和人的大脑比较类似，它主要负责处理和运算计算机内的所有数据，是计算机的核心组成部分。CPU 的外观如图 1-4 所示。

CPU 主要由基板、核心和针脚三部分组成。

基板：基板是承载核心和针脚的载体，核心和针脚通过基板连接成一个整体，它们决定着 CPU 的时钟频率，负责内核芯片和外界信息的交流，如图 1-5 所示。

图 1-4 中央处理器(CPU)

核心:核心又叫内核,是 CPU 最重要的组成部分,它的制作原材料是单晶硅,CPU 中所有的计算、接收/存储命令,处理数据都由核心完成,如图 1-6 所示。

针脚:CPU 的接口方式有引脚式、卡式、触点式及针脚式等。目前,小部分 CPU 的接口方式是针脚接口,如图 1-7 所示。

图 1-5 基板

图 1-6 核心

图 1-7 针脚

## 三、存储器

存储器是计算机中的一种具有记忆能力的部件,用来存放程序或数据。存储器分为内存储器和外存储器两类。内存储器简称内存,用于暂时存放系统中的数据,它的特点是存储容量较小,但存取速度较快,图 1-8 所示为内存的外观。外存储器简称外存(例如硬盘),用于存放永久性的数据,它的特点是存储容量较大,但存取速度比内存慢,图 1-9 所示为机械硬盘的内部结构,图 1-10 为固态硬盘的外观。

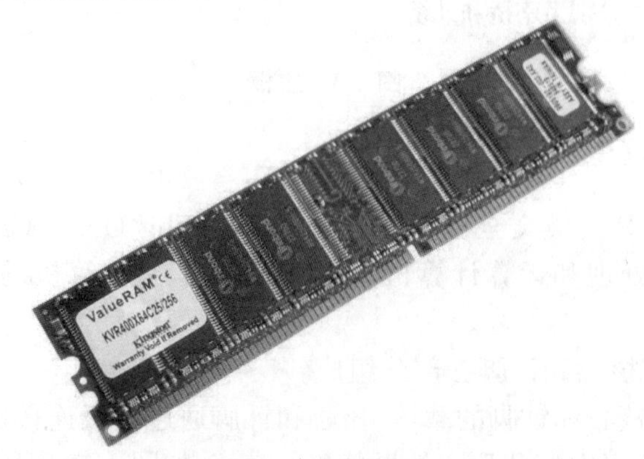


图 1-8 内存的外观

图 1-9　硬盘的内部结构

图 1-10　固态硬盘的外观

## 四、显示卡

显示卡简称显卡，它的基本作用是控制计算机的图形输出，主要负责将 CPU 送来的影像数据经过处理后，转换成数字信号或者模拟信号，再将其传输到显示器上，可见显卡是主机与显示器之间进行沟通的桥梁。显卡的外观如图 1-11 所示。

图 1-11　显卡的外观

显卡由显示芯片、显示内存及数模转换器等组成,这些组件决定了计算机屏幕上的输出质量,包括屏幕画面显示的速度、颜色、刷新频率及显示分辨率等。

## 五、声卡

声卡也叫音频卡,是多媒体计算机中的重要部件,可以实现声波/数字信号的相互转换。声卡是对送来的声音信号进行处理,然后再发送到音箱进行还原。声卡处理的声音信息在计算机中以文件的形式存储。

声卡主要由音效处理芯片、游戏/MIDI 插口、线性输入/输出插口、话筒输入插口和内置声音输出接口组成。目前,大部分主板都集成了音效处理芯片,用户一般无须另外购置独立的声卡,如图 1-12 所示为主板集成的音效处理芯片。

**图 1-12　音效处理芯片**

## 六、网卡

网卡也称网络适配器,它是连接计算机与网络的硬件设备,是计算机上网必备的硬件之一。网卡的主要作用是通过网线(双绞线、同轴电缆等)或者其他的媒介来实现与网络中的其他用户共享资源和交换数据的功能。网卡分为有线网卡、无线网卡和无线移动网卡三种。

有线网卡:目前台式计算机中普遍使用的是有线网卡。有线网卡又分为独立网卡(图 1-13)和集成网卡(图 1-14)两类。现在大部分计算机主板都集成了网卡。

无线网卡:无线网卡的显著特点就是连接网络时不需要网线,它利用无线技术取代了网线,如图 1-15 所示。

无线移动网卡:无线移动网卡和无线网卡相比,它的优点是可以通过中国电信、中国移动或中国联通的 4G、5G 无线通信网络上网,这种上网方式非常方便,但资费较高,与有线网络相比,网速稍慢。图 1-16 所示为 4G 无线上网卡,图 1-17 为无线上网卡与计算机连接图。

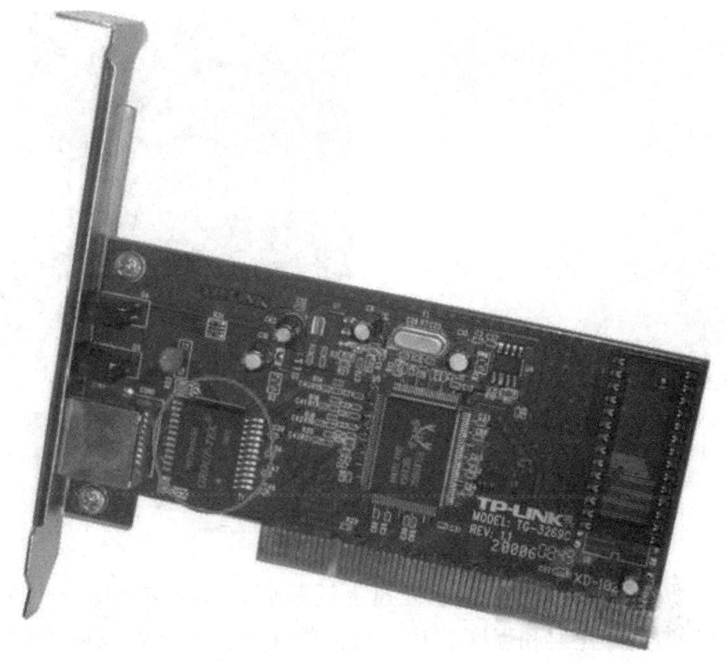


图 1-13 独立网卡

图 1-14 集成网卡

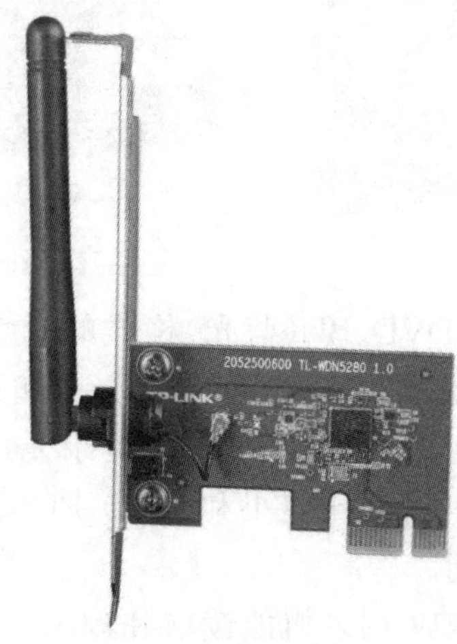


图 1-15 无线网卡

图 1-16 4G 无线上网卡

图 1-17 4G 无线上网卡连接图

## 七、光驱

光驱是光盘驱动器的简称,用来读取光盘上的数据。光驱主要由以下几部分组成:激光头、旋转马达、内存机芯、外托架和程序芯片。目前的光驱技术已经发展得相当完善。常见的光驱有:CD-ROM 光驱、DVD-ROM 光驱、CD-RW 刻录机、DVD-RW 刻录机、COMBO(康宝)、蓝光光驱和蓝光刻录机等。

CD-ROM 光驱:CD-ROM 光驱在前几年比较流行,主要能够读取 CD、VCD 格式的光盘,但随着 DVD-ROM 技术的日益成熟和完善,CD-ROM 光驱已经基本上被淘汰,如图 1-18 所示。

DVD-ROM 光驱:DVD-ROM 光驱的功能比较强大,它能够读取 CD、VCD 和 DVD 格式的光盘,如图 1-19 所示。

图 1-18 CD-ROM 光驱

图 1-19 DVD-ROM 光驱

蓝光光驱:能读 CD、VCD、DVD、BD(蓝光)格式的光盘。蓝光光盘的最大优势是容量大,一个单层蓝光光盘的容量高达 25G 以上。蓝光光驱如图 1-20 所示。

CD-RW 刻录机:CD-RW 刻录机能够读取和刻录光盘 CD、VCD 格式的光盘,功能比 CD-ROM 更强大,但因为 CD 的容量比较小和 DVD-ROM 刻录机的发展,CD-RW 刻录机也已逐渐被淘汰,如图 1-21 所示。

DVD-RW 刻录机:DVD-RW 刻录机能读取和刻录 CD、VCD、DVD 格式的光盘,是目前比较常见的光盘刻录机,如图 1-22 所示。

图 1-20　蓝光光驱的外观

COMBO(康宝):CMOBO 指的是一种既具有 DVD 光驱读取 DVD 功能,又具有 CD 刻录机刻录 CD 功能的光驱。目前,由于 DVD-RW 刻录机的价格已经很低,很少有用户还买康宝了。现在康宝多用于低端笔记本计算机上。最新的康宝驱动器还可以读取蓝光光盘,刻录 DVD 等。

图 1-21　CD-RW 刻录机

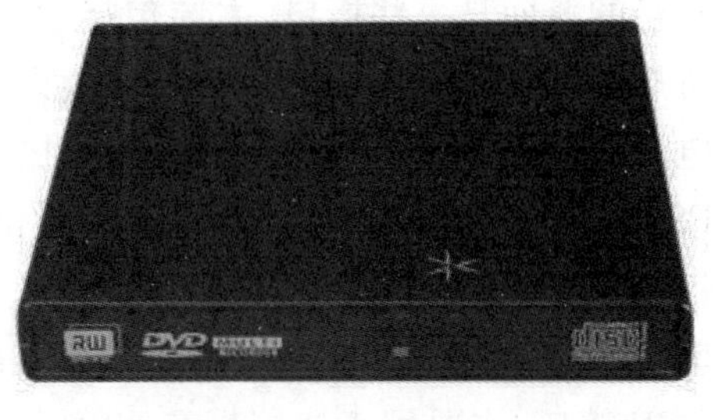


图 1-22　DVD-RW 刻录机

蓝光刻录机:蓝光刻录机能够读取和刻录 CD、VCD、DVD、BD(蓝光)格式的光盘。如果需要刻录的数据较大,超过了一张 DVD 光盘的容量,可以选择蓝光刻录机和蓝光光盘。蓝光刻录机如图 1-23 所示。

图 1-23　蓝光刻录机的外观

## 八、机箱和电源

机箱是主机中各个硬件设备的载体,它的外观如图 1-24 所示。机箱分为立式和卧式两种,目前最常见的为立式机箱。机箱的正面设有电源按钮、重启按钮、指示灯和光驱等部件。一般来说,电源按钮会标有⏻符号或写有 Power 字样,重启按钮会标有 Reset 字样,指示灯用来显示计算机的工作状态。

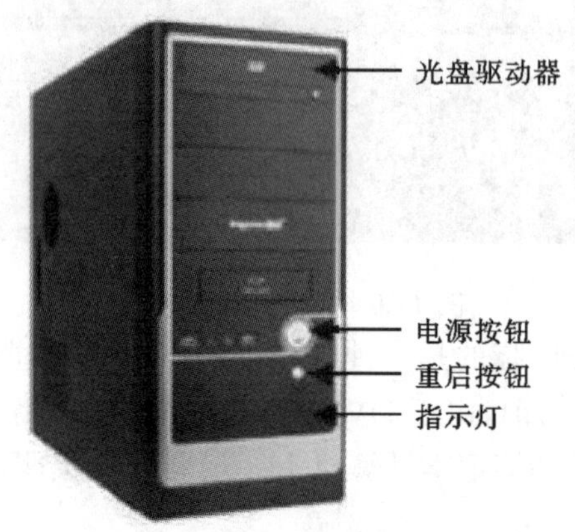


**图 1-24　机箱正面**

机箱的背面是一些接口,主要包括电源输入接口、PS/2 接口、串行接口、USB 接口、音频设备接口、并行接口、网卡接口和视频设备接口等,如图 1-25 所示。

电源输入接口:用来连接电源,为主机供电。

PS/2 接口:机箱后面共有紫色和绿色两个 PS/2 接口,其中绿色接口用于连接鼠标,紫色接口用于连接键盘。

串行接口:主要用于连接外置的 Modem 和手写板等串口设备。

USB 接口:主要用于连接带有 USB 接口的设备,例如 U 盘、移动硬盘、MP3、数码相机、摄像头和手机等。

音频设备接口:主要用于连接音频设备,包括音箱、麦克风等。

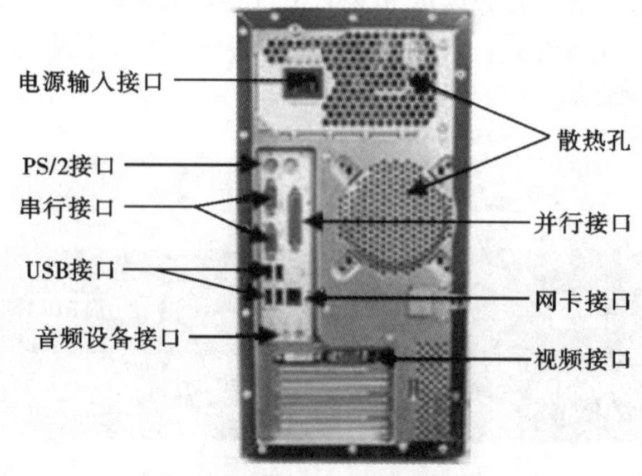


**图 1-25　机箱背面**

并行接口：用于连接具有并口数据线的设备，例如打印机、扫描仪等。

网卡接口：用于连接网线。

视频接口：通过数据线与显示器相连，输出视频信号到显示器。

另外，电源也是机箱内的重要部件，它主要为计算机的各个硬件的正常工作提供充足电力保证，如图 1-26 所示。

## 九、键盘和鼠标

键盘是计算机中最基本也是最重要的输入设备，如图 1-27 所示。通过键盘，用户可以向计算机输入字母、文字和标点符号等，从而实现数据的输入和控制功能。鼠标又称 Mouse，可以说是操作系统的“钥匙”，它的发明主要是为了让操作系统更加方便易用。鼠标的方便性和灵活性使它成为计算机中使用最为频繁的设备之一。如图 1-28 所示为目前最常用的鼠标。

**图 1-26　电源**

**图 1-27　键盘**

**图 1-28　鼠标**

## 十、显示器

显示器是计算机中必不可少的输出设备，它将计算机中的文字、图片和视频数据转换成为人的肉眼可以识别的信息显示出来。显示器为用户和计算机之间提供了一个交流的平台。显示器主要分为阴极显像管(CRT)显示器和液晶(LCD)显示器，分别如图 1-29 所示和图 1-30 所示。

**图 1-29　CRT 显示器**

**图 1-30　LCD 显示器**

## 十一、计算机的常用外设

计算机的常用外设主要包括打印机、扫描仪、音箱、手写板、U 盘和移动硬盘等。

打印机:打印机可以把计算机中的文字、图像等信息打印到传统的纸质媒体上。打印机可以分为针式打印机、喷墨打印机和激光打印机,如图 1-31 所示。

针式打印机　　喷墨打印机　　激光打印机

**图 1-31　打印机**

扫描仪:扫描仪是计算机的一种输入设备,能够将图片和文字等内容直接以图片文件的形式存储在计算机中。扫描仪分为平板式扫描仪和手持扫描仪两种,如图 1-32 所示。

音箱:音箱的主要作用是输出计算机发出的音频数字信号,将其转化为声波信号,供用户收听,如图 1-33 所示。

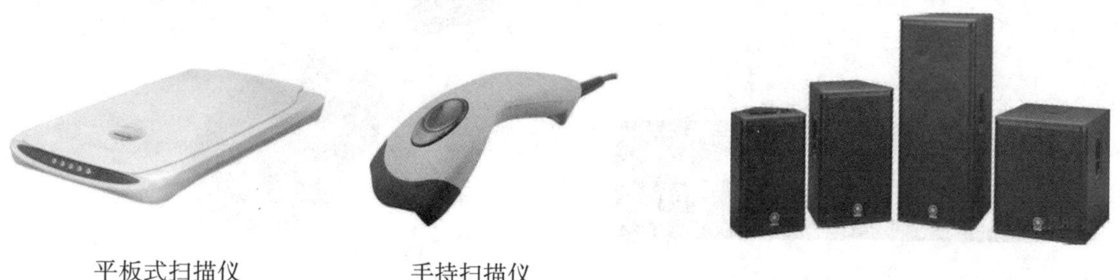

平板式扫描仪　　手持扫描仪

**图 1-32　扫描仪**

**图 1-33　音箱**

手写板:手写板类似于鼠标和键盘的功能,它的作用是输入文字或者绘画,如图 1-34 所示。

U 盘:U 盘是 USB 盘的简称,它的特点是体型小巧、价格低廉、存储容量大,是一种常见的移动存储设备,如图 1-35 所示。

移动硬盘:移动硬盘是以硬盘为存储介质并注重便携性的存储产品,相对于 U 盘来说,它的存储容量更大,存取速度更快,但是价格比较贵一些,如图 1-36 所示。

**图 1-34　手写板**　　**图 1-35　U 盘**　　**图 1-36　移动硬盘**

# 任务三　计算机的性能指标(如何选购计算机)

完整的计算机系统是由多个组成部分构成的一个复杂系统,其功能和性能是由其系统结构、硬件组成、指令系统、软件配置等多种因素综合决定的,这也导致了计算机系统性能评价的指标繁多,因此评价计算机系统的性能需要结合多个因素综合分析。

## 一、计算机的主要技术指标

计算机的主要技术指标包括以下几方面。

### (一)字长

字长是指 CPU 能够同时处理的二进制位数目。它直接关系到计算机的计算精度、功能和速度。字长越长,计算机精度越高,处理能力越强。目前,微型计算机字长主要是 32 位和 64 位。

### (二)主频

主频是指 CPU 的标准工作频率,即 CPU 的时钟频率,CPU 在一秒钟内能够完成的工作周期数,这是一个很重要的性能指标。CPU 主频以 MHz(兆赫)为单位计算,1MHz 指每秒一百万次(脉冲)。主频越高,单位时间内完成的指令数也越多。目前,主流的微型计算机的 CPU 主频为 2GHz 到 5GHz 等,其中,1GHz＝1000MHz。笔记本电脑专用的移动版 CPU 由于追求低发热和低耗电,主频相对较低。

### (三)内存容量

内存容量是指内存储器中能够存储信息的总字节数,现在主要以 GB 为单位,反映了内存储器存储数据的能力。内存容量的大小直接影响计算机的整体性能。

### (四)存取周期

存取周期是指对内存进行一次完整存取操作所需的时间,即存储器进行连续存取操作所需的最小时间间隔,一般以时钟周期的倍数来描述。存取周期越短,计算机存取速度越快,计算机性能越好。

### (五)运算速度

运算速度一般用每秒所能执行的指令条数来表示,其单位是百万条指令每秒(MIPS),目前高端桌面版 CPU 的运算速度可达 80000MIPS 以上。

## 二、对计算机的性能评价的其他方面

对计算机的性能进行评价,除了主要技术指标外,还要考虑如下几个方面。

### (一)CPU 核数

CPU 核数是指一块 CPU 上面能处理数据的芯片组的数量。以前的微型计算机的 CPU 都是单核,但目前有双核、四核、八核,甚至六十四核。核心数越多,数据处理能力越强大。

### (二)外设配置

外设是指计算机的输入/输出设备。不同的外设配置将影响计算机性能的发挥。例如显示器的分辨率影响图像观看的质量,磁盘容量的大小影响信息的存储量。

**(三)系统的可靠性和可维护性**

系统的可靠性是指硬件、软件系统在正常情况下不发生故障或失效的概率,一般用平均无故障时间来衡量。系统的可维护性是指系统出了故障能否尽快恢复的性能,一般用平均修复时间来衡量。

**(四)软件配置**

软件配置包括所安装的操作系统、工具软件、程序设计语言、数据库管理系统、网络通信、汉字处理及其他各种应用软件等。计算机只有配备了必需的系统软件和应用软件,才能高效地完成相关任务。

**(五)性能价格比**

性能一般指计算机的综合性能,包括硬件和软件等方面。价格指购买整个计算机系统(包括硬件和软件)的价格。购买时,应从实际应用领域所要求的性能和购买价格两方面来综合考虑。

## 任务四　计算机的软件系统

### 一、软件的概念

只有硬件,计算机还不能发挥作用,还必须为计算机安装软件。计算机的软件系统指的是在硬件设备上运行的各种程序、数据以及有关的资料,它包括系统软件和应用软件两种。系统软件包括操作系统、语言处理系统、数据库系统、分布式软件系统等。应用软件主要指的是针对某项工作专门开发的一组程序,例如 Office 系列软件等。

### 二、软件的分类

**(一)操作系统**

操作系统是最基本的系统软件,它的主要功能包括存储器管理、处理器管理、文件管理、设备管理和作业管理等。计算机只有在安装了操作系统之后才能够正常运行和使用其他软件。它为用户和计算机之间架起了一座沟通的桥梁,为用户提供了一个方便高效和友好的工作环境。

**(二)语言处理系统**

语言处理系统是用户与计算机进行信息交换的媒介。它相当于一位优秀的“翻译”,主要负责将用户的指令翻译成计算机能够识别的目标程序。常见的该类程序有汇编语言和 C 语言等。

**(三)数据库系统**

数据库系统是用于支持数据管理和存取的软件。它包括数据库系统和数据库管理系统等。其主要功能包括数据库的定义和操作、共享数据的并发控制、数据的安全与保密等。

**(四)分布式软件系统**

分布式软件系统包括分布式操作系统、分布式程序设计系统、分布式数据库系统、分布式文件系统等，其主要功能是管理分布式计算机系统的资源和控制分布式程序的运行等。

**(五)应用软件**

除了系统软件以外的所有软件都可以称为应用软件。应用软件种类繁多，而正是因为有了各种各样的应用软件，才使计算机可以在各行各业大显身手，从而推动了计算机的普及和发展。应用软件按其功能划分，大致可分为工具软件、办公软件、娱乐软件和通信软件几种。例如，图片处理软件——Photoshop(如图 1-37 所示)、音乐播放软件——QQ 音乐(如图 1-38 所示)等。

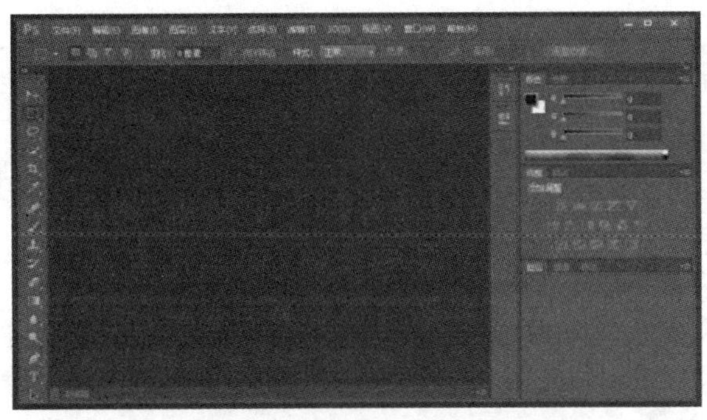

图 1-37　Photoshop 的界面

图 1-38　QQ 音乐的界面

# 项目三　数据转换与编码

## 【项目描述】

本项目主要介绍了信息、数据和通信的相关概念及信息的表示、存储、转换等一般原理。

## 【学习目标】

1. 初步了解信息、数据和通信的概念。
2. 认识信息的基本单位，熟悉数据的表现形式及编码，数制之间的转换及一般规律。
3. 了解字符编码和汉字编码。

# 任务一　信息、数据和通信的概念

## 一、信息的概念

**(一)信息技术的定义**

(1)狭义定义:一般来说,信息的采集、加工、存储、传输和利用过程中的每一种技术都是信息技术。

(2)联合国教科文组织的定义:应用在信息加工和处理中的科学、技术与工程的训练方法和管理技巧;上述方法和技巧的应用;计算机及其与人、机的相互作用;与之相应的社会、经济和文化等诸种事物。

(3)信息技术 ≠ 现代信息技术:信息技术不仅包括现代信息技术,还包括在原始时代和古代社会中与之相对应的信息技术。

**(二)现代信息技术的内容**

(1)信息基础技术是指新材料、新能源、新器件的开发和制造技术。

(2)信息系统技术是指以微电子技术为基础,将计算机技术、通信技术以及传感技术相结合的一门新技术。

(3)信息应用技术是指以信息管理、信息控制、信息决策为基础而发展起来的具体的技术类群,例如生产的自动化、办公自动化等。它们是信息技术开发的根本目的所在。

**(三)现代信息技术的发展趋势**

(1)数字化。当信息被数字化并经由数字网络流通时,便可以利用数字处理设备(最典型的是计算机)对信息进行各种所需要的处理。

(2)多媒体化。随着信息技术的发展,将文字、声音、图形、图像、视频等信息媒体与计算机集成在一起,使计算机的应用由单纯的文字处理扩展到多媒体的集成处理。

## 二、数据的概念

数据是指能够输入计算机并被计算机处理的数字、字母和符号的集合。平常所看到的景象和听到的事实,都可以用数据来描述。数据经过收集、组织和整理就能成为有用的信息。

## 三、通信的概念

通信是指人与人或人与自然之间通过某种行为或媒介进行的信息交流与传递。广义上指需要信息的双方或多方在不违背各自意愿的情况下采用任意方法、任意媒介,将信息从某一方准确安全地传送到另一方。

# 任务二　信息的表示及存储方法

## 一、信息的表示

**(一)数据与信息的区别**

数据是信息的载体,信息是数据处理之后产生的结果。信息有意义,而数据没有。

例如，2、4、8、16、32 是一组数据，本身是没有意义的，我们从中可以分析出这是一组等比数列，并能很清楚地得到接下来后面的数字，便赋予了其意义，这就是信息，是有用的数据。

**(二)二进制的优点**

物理上容易实现，信息的存储更加容易，可靠性强，运算简单，通用性强。

**(三)信息的表示与存储单位**

1. 位(Bit)

位是度量数据的最小单位。在计算机技术中用二进制表示数据，1 位数据只能表示 0 和 1 两种代码。

2. 字节(Byte)

一个字节由 8 位(Bit)二进制数字组成。存储器容量通常以字节为基本单位(Byte，B)来描述：

千字节：1KB＝1024B＝$2^{10}$B；

兆字节：1MB＝1024KB＝$2^{20}$B；

吉字节：1GB＝1024MB＝$2^{30}$B；

太字节：1TB＝1024GB＝$2^{40}$B。

3. 字长

字长是指计算机一次能够同时处理的二进制位数，即 CPU 在一个机器周期中最多能够并行处理的二进制位数。

字长是计算机的一个重要指标，直接反映一台计算机的计算能力和运算精度。字长越长，计算机的处理能力通常越强。

计算机字长是字节的整倍数，例如 8 位、16 位、32 位。发展到今天微型计算机字长可达 64 位，大型机/巨型机已达 128 位。

# 任务三　数据的表现形式及编码

数据是计算机处理的对象。在计算机内部，各种信息都必须经过数字化编码后才能被传送、存储和处理，而在计算机中采用什么数制，如何表示数的正负和大小，是学习计算机首先遇到的一个重要问题。

## 一、二进制编码的优点

二进制并不符合人们的使用习惯，但是计算机内部却采用二进制表示信息，其主要原因有以下四点：

(1)电路简单：计算机是由逻辑电路组成的，逻辑电路通常只有两种状态。例如，开关的接通与断开、电压电平的高与低。这两种状态正好用二进制的 0 和 1 来表示。若采用十进制，则要求处理十种电路状态，相对于两种状态的电路来说是很复杂的。

(2)工作可靠：两种状态代表两种数据信息，数字传输和处理不容易出错，因而电路更加可靠。

(3)简化运算：二进制运算法则简单。例如，求和法则有三个，求积法则有三个。

(4)逻辑性强:计算机工作原理是建立在逻辑运算的基础上,逻辑代数是逻辑运算的理论依据。二进制只有两个数码,正好代表逻辑代数中的"真"与"假"。

# 任务四 数制之间的转换及一般规律

## 一、不同进制的表示方法

计算机必须采用某一种方式来存储或表示数据,这种方式就是计算机中的数制。数制,即进位计数制,是人们利用数字符号按进位原则进行数据大小计算的方法。通常是以十进制来进行计算的。另外,还有二进制、八进制和十六进制等。

(1)十进制数构成及表示方法:以 D 表示十进制数,例如,100 D 表示一个十进制数。

(2)二进制数构成及表示方法:以 B 表示二进制数,例如,10011 B 表示一个二进制数。

(3)八进制数构成及表示方法:以 O 表示八进制数,例如,177 O 表示一个八进制数。

(4)十六进制数构成及表示方法:以 H 表示十六进制数,例如,1AE H 表示一个十六进制数。

在计算机的数制中,数码、基数和位权这三个概念必须掌握。

## 二、数码、基数和位权的概念

(1)数码:一个数制中表示基本数值大小的不同数字符号。例如,十进制有十个数码:0、1、2、3、4、5、6、7、8、9;二进制有两个数码:0、1;十六进制有十六个数码:0、1、2、3、4、5、6、7、8、9、A、B、C、D、E、F。

(2)基数:一个数值所使用数码的个数。例如,二进制的基数为 2,十进制的基数为 10。

(3)位权:一个数值中某一位上的 1 所表示数值的大小。例如,十进制的 123,1 的位权是 $10^2$,2 的位权是 $10^1$,3 的位权是 $10^0$。

## 三、几种常见的数制及特点

### (一)十进制(Decimal Notation)

十进制的特点如下:

(1)有十个数码:0、1、2、3、4、5、6、7、8、9。

(2)基数:10。

(3)逢十进一(加法运算),借一当十(减法运算)。

(4)按权展开式。对于任意一个 $n$ 位整数和 $m$ 位小数的十进制数 D,均可按权展开为:

$$D=D_{n-1}\cdot 10^{n-1}+D_{n-2}\cdot 10^{n-2}+\cdots+D_1\cdot 10^1+D_0\cdot 10^0+D_{-1}\cdot 10^{-1}+\cdots+D_{-m}\cdot 10^{-m}。$$

**【例】** 将十进制数 314.16 写成按权展开式形式:

$$314.16=3\times10^2+1\times10^1+4\times10^0+1\times10^{-1}+6\times10^{-2}。$$

### (二)二进制(Binary Notation)

二进制的特点如下:

(1)有两个数码:0、1。

(2)基数:2。

(3)逢二进一(加法运算),借一当二(减法运算)。

(4)按权展开式。对于任意一个 $n$ 位整数和 $m$ 位小数的二进制数 D,均可按权展开为:

$$D=B_{n-1}\cdot 2^{n-1}+B_{n-2}\cdot 2^{n-2}+\cdots+B_1\cdot 2^1+B_0\cdot 2^0+B_{-1}\cdot 2^{-1}+\cdots+B_{-m}\cdot 2^{-m}。$$

**【例】** 把$(1101.01)_2$写成展开式,它表示的十进制数为:

$$1\times 2^3+1\times 2^2+0\times 2^1+1\times 2^0+0\times 2^{-1}+1\times 2^{-2}=(13.25)_{10}。$$

**(三)八进制(Octal Notation)**

八进制的特点如下:

(1)有八个数码:0、1、2、3、4、5、6、7。

(2)基数:8。

(3)逢八进一(加法运算),借一当八(减法运算)。

(4)按权展开式。对于任意一个 $n$ 位整数和 $m$ 位小数的八进制数 D,均可按权展开为:

$$D=O_{n-1}\cdot 8^{n-1}+\cdots+O_1\cdot 8^1+O_0\cdot 8^0+O_{-1}\cdot 8^{-1}+\cdots+O_{-m}\cdot 8^{-m}。$$

**【例】** $(317)_8$相当于十进制数为:

$$3\times 8^2+1\times 8^1+7\times 8^0=(207)_{10}。$$

**(四)十六进制(Hexadecimal Notation)**

十六进制的特点如下:

(1)有十六个数码:0、1、2、3、4、5、6、7、8、9、A、B、C、D、E、F。

(2)基数:16。

(3)逢十六进一(加法运算),借一当十六(减法运算)。

(4)按权展开式。对于任意一个 $n$ 位整数和 $m$ 位小数的十六进制数 D,均可按权展开为:

$$D=H_{n-1}\cdot 16^{n-1}+\cdots+H_1\cdot 16^1+H_0\cdot 16^0+H_{-1}\cdot 16^{-1}+\cdots+H_{-m}\cdot 16^{-m}。$$

**【例】** 十六进制数$(3C4)_{16}$代表的十进制数为:

$$3\times 16^2+12\times 16^1+4\times 16^0=(964)_{10}。$$

## 四、不同进制之间的转换

不同进制之间进行转换应遵循转换原则。其转换原则是:如果两个有理数相等,则有理数的整数部分和分数部分一定分别相等。也就是说,若转换前两数相等,则转换后仍必须相等。

**(一)R 进制转换为十进制**

方法:将 R 进制数按前述展开式展开求和即可得到相应的十进制数。

**【例】** $(234)_{16}=(2\times 16^2+3\times 16^1+4\times 16^0)_{10}$

$=(512+48+4)_{10}$

$=(564)_{10}$。

$(10110)_2=(1\times 2^4+0\times 2^3+1\times 2^2+1\times 2^1+0\times 2^0)_{10}$

$=(16+4+2)_{10}$

$=(22)_{10}$。

$$
\begin{aligned}
(177)_8 &= (1\times 8^2+7\times 8^1+7\times 8^0)_{10}\\
&=(64+56+7)_{10}\\
&=(127)_{10}。
\end{aligned}
$$

**(二)十进制转换为 R 进制**

方法：将十进制数转换为 R 进制数时，可将此数分为整数和小数两部分分别进行转换，然后再拼接起来即可。

一种常见的十进制数转换为 R 进制数的方法是：整数部分用“除 R 取余”，小数部分用“乘 R 取整”。

**【例】** 将十进制数 225.8125 转换成二进制数：

整数部分

|  |  | |
|---|---|---|
| 2\|225 | | 低位 ↑ |
| 2\|112 | 余1 | |
| 2\|56 | 余0 | |
| 2\|28 | 余0 | |
| 2\|14 | 余0 | |
| 2\|7 | 余0 | |
| 2\|3 | 余1 | |
| 2\|1 | 余1 | |
| 0 | 余1 | 高位 |

小数部分

|  | 取整 | |
|---|---|---|
| 0.8125 × 2 = 1.6250 | 1 | 高位 ↓ |
| 0.6250 × 2 = 1.2500 | 1 | |
| 0.2500 × 2 = 0.5000 | 0 | |
| 0.5000 × 2 = 1.0000 | 1 | 低位 |

**(三)二进制转换为八进制、十六进制**

二进制数虽然非常适合计算机内部的数据表示，但是书写起来位数比较长，很不方便，也不直观。因此，在书写程序和数据用到二进制数的地方，往往采用八进制数或十六进制数的形式。一位八进制数相当于三位二进制数，一位十六进制数相当于四位二进制数，二进制与八进制、十六进制的关系如表 1-2 所示。

**表 1-2 二进制与八进制、十六进制的关系**

| 八进制数 | 二进制数 | 十六进制数 | 二进制数 | 十六进制数 | 二进制数 |
|---|---|---|---|---|---|
| 0 | 000 | 0 | 0000 | 8 | 1000 |
| 1 | 001 | 1 | 0001 | 9 | 1001 |
| 2 | 010 | 2 | 0010 | A | 1010 |
| 3 | 011 | 3 | 0011 | B | 1011 |
| 4 | 100 | 4 | 0100 | C | 1100 |
| 5 | 101 | 5 | 0101 | D | 1101 |
| 6 | 110 | 6 | 0110 | E | 1110 |
| 7 | 111 | 7 | 0111 | F | 1111 |

转换方法：根据这种对应关系，二进制数转换为八进制数/十六进制数时，以小数点为中心，向左右两边分组，每 3/4 位为一组，两头不足 3/4 位补 0 即可。

**【例】** 将$(111011.011)_2$转换成八进制数，结果是$(73.3)_8$，如表 1-3 所示。

**表 1-3**

| 111 | 011 | · | 011 |
|---|---|---|---|
| 7 | 3 | · | 3 |

将$(11101100.01101)_2$转换成十六进制数，结果是$(EC.68)_{16}$，如表 1-4 所示。

**表 1-4**

| 1110 | 1100 | · | 0110 | 1000 |
|---|---|---|---|---|
| E | C | · | 6 | 8 |

**(四)八进制、十六进制转换为二进制**

八进制(十六进制)转换为二进制的方法：一位拆三(四)位。

**【例】** 将$(1AE)_{16}$转换成二进制数，结果是$(000110101110)_2$：

$(1 \quad A \quad E)_{16}$

$(0001 \quad 1010 \quad 1110)_2$

将$(165)_8$转换成二进制数，结果是$(001110101)_2$：

$(1 \quad 6 \quad 5)_8$

$(001 \quad 110 \quad 101)_2$

**(五)八进制转换为十六进制**

方法：八进制、十六进制不能直接转换，必须先把八进制数转换为对应的二进制数或十进制数，再把它转换为对应的十六进制数。

# 任务五　字符编码

## 一、计算机中的常用字符编码

字符又称为符号数据，包括字母和符号等。计算机除处理数值信息外，大量处理的是字符信息。例如，将高级语言编写的程序输入计算机时，人与计算机通信时所用的语言就不是一种纯数字语言而是字符语言。由于计算机中只能存储二进制数，这就需要对字符进行编码，建立字符数据与二进制数据之间的对应关系，以便计算机识别、存储和处理。

**(一)ASCII 码**

目前，国际上使用的字母、数字和符号的信息编码系统种类很多，但使用最广泛的是 ASCII 码(American Standard Code for Information Interchange)。该码开始是美国国家信息交换标准字符码，后来被采纳为一种国际通用的信息交换标准代码。

ASCII 码总共有 128 个元素，其中包括 32 个通用控制字符，10 个十进制数码，52 个英文大小写字母和 34 个专用符号。因为 ASCII 码总共为 128 个元素，故用二进制编码表示需用七位。任意一个元素由七位二进制数 $D_6D_5D_4D_3D_2D_1D_0$ 表示从 0000000 到 1111111，共有 128 种编码,可用来表示 128 个不同的字符。ASCII 码是七位的编码,但由于字节(八位)是计算机中常用单位,故仍以 1 字节来存放一个 ASCII 字符,每个字节中多余的最高位 $D_7$ 取为 0。表 1-5 所示为八位 ASCII 编码表(最高位 $D_7$ 恒为 0)。

**表 1-5　八位 ASCII 编码表**

| 二进制 | 十进制 | 十六进制 | 字符 | 二进制 | 十进制 | 十六进制 | 字符 | 二进制 | 十进制 | 十六进制 | 字符 |
|---|---|---|---|---|---|---|---|---|---|---|---|
| 0010 0000 | 32 | 20 | (空格)(sp) | 0100 0000 | 64 | 40 | @ | 0110 0000 | 96 | 60 | ` |
| 0010 0001 | 33 | 21 | ! | 0100 0001 | 65 | 41 | A | 0110 0001 | 97 | 61 | a |
| 0010 0010 | 34 | 22 | " | 0100 0010 | 66 | 42 | B | 0110 0010 | 98 | 62 | b |
| 0010 0011 | 35 | 23 | # | 0100 0011 | 67 | 43 | C | 0110 0011 | 99 | 63 | c |
| 0010 0100 | 36 | 24 | $ | 0100 0100 | 68 | 44 | D | 0110 0100 | 100 | 64 | d |
| 0010 0101 | 37 | 25 | % | 0100 0101 | 69 | 45 | E | 0110 0101 | 101 | 65 | e |
| 0010 0110 | 38 | 26 | & | 0100 0110 | 70 | 46 | F | 0110 0110 | 102 | 66 | f |
| 0010 0111 | 39 | 27 | ' | 0100 0111 | 71 | 47 | G | 0110 0111 | 103 | 67 | g |
| 0010 1000 | 40 | 28 | ( | 0100 1000 | 72 | 48 | H | 0110 1000 | 104 | 68 | h |
| 0010 1001 | 41 | 29 | ) | 0100 1001 | 73 | 49 | I | 0110 1001 | 105 | 69 | i |
| 0010 1010 | 42 | 2A | * | 0100 1010 | 74 | 4A | J | 0110 1010 | 106 | 6A | j |
| 0010 1011 | 43 | 2B | + | 0100 1011 | 75 | 4B | K | 0110 1011 | 107 | 6B | k |
| 0010 1100 | 44 | 2C | , | 0100 1100 | 76 | 4C | L | 0110 1100 | 108 | 6C | l |
| 0010 1101 | 45 | 2D | - | 0100 1101 | 77 | 4D | M | 0110 1101 | 109 | 6D | m |
| 0010 1110 | 46 | 2E | . | 0100 1110 | 78 | 4E | N | 0110 1110 | 110 | 6E | n |
| 0010 1111 | 47 | 2F | / | 0100 1111 | 79 | 4F | O | 0110 1111 | 111 | 6F | o |
| 0011 0000 | 48 | 30 | 0 | 0101 0000 | 80 | 50 | P | 0111 0000 | 112 | 70 | p |
| 0011 0001 | 49 | 31 | 1 | 0101 0001 | 81 | 51 | Q | 0111 0001 | 113 | 71 | q |
| 0011 0010 | 50 | 32 | 2 | 0101 0010 | 82 | 52 | R | 0111 0010 | 114 | 72 | r |
| 0011 0011 | 51 | 33 | 3 | 0101 0011 | 83 | 53 | S | 0111 0011 | 115 | 73 | s |
| 0011 0100 | 52 | 34 | 4 | 0101 0100 | 84 | 54 | T | 0111 0100 | 116 | 74 | t |
| 0011 0101 | 53 | 35 | 5 | 0101 0101 | 85 | 55 | U | 0111 0101 | 117 | 75 | u |
| 0011 0110 | 54 | 36 | 6 | 0101 0110 | 86 | 58 | V | 0111 0110 | 118 | 76 | v |
| 0011 0111 | 55 | 37 | 7 | 0101 0111 | 87 | 57 | W | 0111 0111 | 119 | 77 | w |
| 0011 1000 | 56 | 38 | 8 | 0101 1000 | 88 | 58 | X | 0111 1000 | 120 | 78 | x |
| 0011 1001 | 57 | 39 | 9 | 0101 1001 | 89 | 59 | Y | 0111 1001 | 121 | 79 | y |
| 0011 1010 | 58 | 3A | : | 0101 1010 | 90 | 5A | Z | 0111 1010 | 122 | 7A | z |
| 0011 1011 | 59 | 3B | ; | 0101 1011 | 91 | 5B | [ | 0111 1011 | 123 | 7B | { |
| 0011 1100 | 60 | 3C | < | 0101 1100 | 92 | 5C | \ | 0111 1100 | 124 | 7C | \| |
| 0011 1101 | 61 | 3D | = | 0101 1101 | 93 | 5D | ] | 0111 1101 | 125 | 7D | } |
| 0011 1110 | 62 | 3E | > | 0101 1110 | 94 | 5E | ∧ | 0111 1110 | 126 | 7E | ~ |
| 0011 1111 | 63 | 3F | ? | 0101 1111 | 95 | 5F | _ | | | | |

要确定某个字符的 ASCII 码,在表中可先查到它的位置,然后确定它所在位置相应的列和行,最后根据列确定高位码($D_6D_5D_4$),根据行确定低位码($D_3D_2D_1D_0$),把高位码与低位码合在一起就是该字符的 ASCII 码(高位码在前,低位码在后)。例如,字母 A 的 ASCII 码是 1000001,符号"+"的 ASCII 码是 0101011。

**(二)ASCII 码的特点**

编码值 0～31(0000000～0011111)不对应任何可印刷字符,通常为控制符,用于计算机通信中的通信控制或对设备的功能控制。编码值为 32(0100000)是空格字符,编码值为 127(1111111)是删除控制 DEL 码。其余 94 个字符为可印刷字符。

字符 0～9 这 10 个数字字符的高三位编码($D_6D_5D_4$)为 011,低四位为 0000～1011。当去掉高三位的值时,低四位正好是二进制形式的 0～9。这既满足正常的排序关系,又有利于完成 ASCII 码与二进制码之间的转换。英文字母的编码是正常的字母排序关系,且大小写英文字母编码的对应关系相当简便,差别仅表现在 $D_5$ 位的值为 0 或 1,有利于大、小写字母之间的编码转换。

## 任务六　汉字的存储与编码

### 一、汉字的存储

汉字的存储有两个方面的含义,一种是字形码的存储,一种是汉字内码的存储。

**(一)点阵字模码**

为了能显示和打印汉字,必须存储汉字的字形。目前普遍使用的汉字字形码是用点阵方式表示的,称为点阵字模码。

所谓点阵字模码,就是将汉字像图像一样置于网状方格上,每格是存储器中的一个位。16×16 点阵是在纵向 16 点、横向 16 点的网状方格上写一个汉字,有笔画的格对应 1,无笔画的格对应 0。这种用点阵形式存储的汉字字形信息的集合称为汉字字模库,简称汉字字库。

在 16×16 点阵字库中,每一个汉字以 32 个字节存放,存储一、二级汉字及符号共 8836 个,需要 282.5KB 磁盘空间。而用户的文档假定有 10 万个汉字,却只需要 200KB 的磁盘空间,这是因为用户文档中存储的只是每个汉字(符号)的内码。

**(二)内码**

一个汉字用两个字节的内码表示,计算机显示一个汉字的过程是:首先根据其内码找到该汉字在字库中的地址,然后将该汉字的点阵字形在屏幕上输出。

### 二、汉字的编码

汉字是我国表示信息的主要手段,要能在计算机中对汉字进行处理,就需要对汉字进行编码,即给每个汉字编一个数字编号,计算机在存储、传输汉字时使用的是汉字的编码。

**(一)GB2312 编码**

GB2312 编码是第一个汉字编码国家标准,采用双字节编码方案,共收录 6763 个汉字,其中一级常用汉字 3755 个,二级次常用汉字 3008 个。另外,GB2312 编码还收录了包括拉丁字母、希腊字母、日文平假名及片假名字母、俄语西里尔字母在内的 682 个全角字符。

**(二)GBK 编码**

GBK 编码即汉字内码扩展规范,是对 GB2312 编码的扩展,向下兼容 GB2312 编码,仍然采用双字节编码方案,共收录汉字 21003 个,图形符号 883 个。收录的汉字中包含中、日、韩统一汉字、繁体字等,对于解决古籍整理、法律文献和百科全书编纂等行业的用字问题起到了极大的作用。GBK 编码是 Windows 系统使用的默认汉字编码。

**(三)GB18030 编码**

GB18030 编码向下兼容 GB2312 编码和 GBK 编码,针对不同字符采用单字节、双字节、四字节分段编码方案。它的主要特点是在 GBK 编码的基础上进一步扩展了中、日、韩汉字字符,并增加了多种我国少数民族文字的编码。

**(四)UTF8 编码**

为了解决不同国家和地区标准字符集不同的问题,需要为每种语言中的每个字符设定统一并且唯一的二进制编码,以满足跨语言、跨平台进行文本转换、处理的要求,因此,国际标准化组织制定了 Unicode 字符集。Unicode 字符集可以容纳世界上所有的文字和符号。Unicode 字符集有多种不同的编码方案,UTF8 编码是其中应用最广泛的一种编码方案。

# 项目四　计算机病毒

## 【项目描述】

本项目主要介绍计算机病毒的概念、特点、分类,以及信息安全、计算机病毒预防方面的知识。

## 【学习目标】

1. 掌握计算机病毒的概念、分类和计算机病毒的特点。
2. 掌握信息安全方面的知识。
3. 能够识别、预防、处理基本的计算机病毒。

## 任务一　计算机病毒的概念、分类及特点

### 一、计算机病毒的概念

所谓计算机病毒,在技术上来说,是一种会自我复制的可执行程序。对计算机病毒的定义可以分为以下两种:一种是以磁盘、磁带和网络等为媒介传播扩散,能传染到其他程序的程序;另一种是能够实现自身复制且借助一定的载体存在的具有潜伏性、传染性和破坏性的程序。

因此确切地说,计算机病毒就是能够通过某种途径潜伏在计算机存储介质(或程序)里,当达到某种条件时激活,对计算机资源进行破坏的一组程序或指令的集合。

### 二、计算机病毒的分类

**(一)按感染方式分类**

(1)引导扇区型病毒。

(2)文件型病毒。

(3)混合型病毒。

(4)宏病毒。

(5)Internet 病毒(网络病毒)。

**(二)按照破坏性分类**

(1)恶性病毒。

(2)良性病毒。

几种常见的病毒有宏病毒、木马病毒和蠕虫病毒。

## 三、计算机病毒的特点

计算机病毒一般来说具有以下特点:

**(一)传染性**

病毒通过自身复制来感染正常文件,达到破坏计算机正常运行的目的,但是它的感染是有条件的,也就是病毒程序必须被执行之后才具有传染性,才能感染其他文件。

**(二)破坏性**

任何病毒侵入计算机后,都会或大或小地对计算机的正常使用造成一定的影响,轻者降低计算机的性能,占用系统资源;重者破坏数据导致系统崩溃,甚至会损坏计算机硬件。

**(三)隐蔽性**

病毒程序一般都设计得非常小巧,当它附带在文件中或隐藏在磁盘上时,不易被人觉察,有些更是以隐藏文件的形式出现,不经过仔细地查看,一般用户是很难发现的。

**(四)潜伏性**

一般病毒在感染文件后并不是立即发作,而是隐藏在系统中,在满足条件时才被激活。一般情况,条件会是某个特定的日期。例如,病毒程序“黑色星期五”就是在每个月 13 号并且当天为星期五才会发作。

**(五)触发性**

病毒如果没有被激活,它就像其他没执行的程序一样,安静地待在系统中,没传染性也不具有杀伤力,但是一旦遇到某个特定的文件,它就会被触发,具有传染性和破坏力,对系统产生破坏作用。这些特定的触发条件一般都是病毒制造者设定的,它可能是时间、日期、文件类型或某些特定数据等。

**(六)寄生性**

病毒嵌入载体中,依靠载体而生存,当载体被执行时,病毒程序也就被激活,然后进行复制和传播。

## 四、计算机感染病毒后的症状

如果计算机感染上了病毒,用户如何才能得知呢?一般来说,感染上了病毒的计算机会有以下几种症状:

(1)程序载入的时间变长。

(2)平时运行正常的计算机变得反应迟钝,并会出现“蓝屏”或“死机”现象。

(3)可执行文件的大小发生不正常的变化。

(4)对于某个简单的操作,可能会花费比平时更多的时间。

(5)硬盘指示灯无缘无故持续处于长亮状态。

(6)开机出现错误的提示信息。

(7)系统可用内存突然大幅减少,或者硬盘的可用磁盘空间突然减小,用户却并没有放入大量文件。

(8)文件的名称、扩展名、日期、属性被系统自动更改。

(9)文件无故丢失或不能正常打开。

如果计算机出现了以上几种症状,那就很有可能是感染上了病毒。

## 任务二 信息安全、计算机病毒及预防

### 一、信息安全的概念

计算机在为用户提供各种服务与帮助的同时也存在着危险,各种计算机病毒、流氓软件、木马程序时刻潜伏在各种载体中,随时可能会危害计算机的正常工作。因此,用户在使用计算机时,应为计算机安装杀毒软件与防火墙,并进行相应的计算机安全设置,以保护计算机的安全。本节主要来介绍计算机病毒及其防护措施。

### 二、病毒的传播途径

传染性是病毒最显著的特点,归结起来,病毒主要通过以下途径传播:

(1)计算机硬件设备。这种类型的病毒较少,但通常破坏力极强。

(2)计算机网络。网络是计算机病毒传播的主要途径,这种类型的病毒种类繁多,破坏力大小不等。它们通常通过网络共享、FTP 下载、电子邮件、文件传输、WWW 浏览等方式传播。

(3)点对点通信系统和无线通道。目前,这种传播方式还不太广泛,但在未来的信息时代,这种传播途径很可能会与网络传播成为病毒扩散的最主要的两大渠道。

### 三、计算机病毒的预防措施

在使用计算机的过程中,如果用户能够掌握一些预防计算机病毒的知识,那么就可以有效地降低计算机感染病毒的概率。主要包含以下几个方面:

(1)最好禁止可移动磁盘和光盘的自动运行功能,因为很多病毒会通过可移动存储设备进行传播。

(2)最好不要在一些不知名的网站上下载软件,很有可能病毒会随着软件一同下载到计算机上。

(3)使用正版杀毒软件。

(4)从所使用的软件供应商处下载和安装安全补丁。

(5)对于游戏爱好者,尽量不要登录一些外挂类的网站,很有可能在登录的过程中,病毒已经侵入了用户的计算机系统。

(6)使用较为复杂的密码，尽量使密码难以猜测，以防止钓鱼网站盗取密码。不同的账号应使用不同的密码，避免雷同。

(7)如果病毒已经进入计算机，应该及时使用杀毒软件将其清除，防止其进一步扩散。

(8)共享文件要设置密码，共享结束后应及时关闭。

(9)对重要文件形成习惯性的备份，以防遭遇病毒的破坏，造成意外损失。

(10)可在计算机和网络之间安装使用防火墙，提高系统的安全性。

(11)定期使用杀毒软件扫描计算机中的病毒，并及时升级杀毒软件。

## 习　题　一

1. 在计算机内部用来传送、存储、加工处理的数据或指令都是以(　　)形式进行的。

A. 十进制码　B. 二进制码　C. 八进制码　D. 十六进制码

2. 磁盘上的磁道是(　　)。

A. 一组记录密度不同的同心圆　B. 一组记录密度相同的同心圆

C. 一条阿基米德螺旋线　D. 两条阿基米德螺旋线

3. 下列关于世界上第一台电子计算机 ENIAC 的叙述中，(　　)是不正确的。

A. ENIAC 是 1946 年在美国诞生的

B. 它主要采用电子管和继电器

C. 它首次采用存储程序和程序控制使计算机自动工作

D. 它主要用于弹道计算

4. 用高级程序设计语言编写的程序称为(　　)。

A. 源程序　B. 应用程序　C. 用户程序　D. 实用程序

5. 二进制数 011111 转换为十进制整数是(　　)。

A. 64　B. 63　C. 32　D. 31

6. 将用高级程序语言编写的源程序翻译成目标程序的程序称为(　　)。

A. 连接程序　B. 编辑程序　C. 编译程序　D. 诊断维护程序

7. 微型计算机的主机由 CPU、(　　)构成。

A. RAM　B. RAM、ROM 和硬盘

C. RAM 和 ROM　D. 硬盘和显示器

8. 十进制数 101 转换成二进制数是(　　)。

A. 01101001　B. 01100101　C. 01100111　D. 01100110

9. 下列既属于输入设备又属于输出设备的是(　　)。

A. 软盘片　B. CD-ROM　C. 内存储器　D. 软盘驱动器

10. 已知字符 A 的 ASCII 码是 01000001B，字符 D 的 ASCII 码是(　　)。

A. 01000011B　B. 01000100B　C. 01000010B　D. 01000111B

11. 1MB 的准确数量是(　　)。

A. 1024×1024 Words　B. 1024×1024 Bytes

C. 1000×1000 Bytes　D. 1000×1000 Words

12. 一个计算机操作系统通常应具有(　　)。

A. CPU 管理、显示器管理、键盘管理、打印机管理和鼠标器管理五大功能

B. 硬盘管理、软盘驱动器管理、CPU 的管理、显示器管理和键盘管理五大功能

C. 处理器(CPU)管理、存储管理、文件管理、输入/输出管理和作业管理五大功能

D. 计算机启动、打印、显示、文件存取和关机五大功能

13. 下列存储器中,属于外部存储器的是(　　)。

A. ROM　　B. RAM　　C. Cache　　D. 硬盘

14. 计算机系统由(　　)两大部分组成。

A. 系统软件和应用软件　　B. 主机和外部设备

C. 硬件系统和软件系统　　D. 输入设备和输出设备

15. 下列叙述中,错误的一条是(　　)。

A. 计算机硬件主要包括主机、键盘、显示器、鼠标器和打印机五大部件

B. 计算机软件分系统软件和应用软件两大类

C. CPU 主要由运算器和控制器组成

D. 内存储器中存储当前正在执行的程序和处理的数据

16. 下列存储器中,属于内部存储器的是(　　)。

A. CD-ROM　　B. ROM　　C. 软盘　　D. 硬盘

17. 目前微机中广泛采用的电子元器件是(　　)。

A. 电子管　　B. 晶体管

C. 小规模集成电路　　D. 大规模和超大规模集成电路

18. 根据汉字国标码(GB2312-80)的规定,二级次常用汉字个数是(　　)。

A. 3000 个　　B. 7445 个　　C. 3008 个　　D. 3755 个

19. 下列叙述中,错误的一条是(　　)。

A. CPU 可以直接处理外部存储器中的数据

B. 操作系统是计算机系统中最主要的系统软件

C. CPU 可以直接处理内部存储器中的数据

D. 一个汉字的机内码与它的国标码相差 8080H

20. 编译程序的最终目标是(　　)。

A. 发现源程序中的语法错误

B. 改正源程序中的语法错误

C. 将源程序编译成目标程序

D. 将某一高级语言程序翻译成另一高级语言程序

21. 汉字的区位码由一汉字的区号和位号组成,其区号和位号的范围各为(　　)。

A. 区号 1—95　位号 1—95　　B. 区号 1—94　位号 1—94

C. 区号 0—94　位号 0—94　　D. 区号 0—95　位号 0—95

22. 计算机之所以能按人们的意志自动进行工作,主要是因为采用了(　　)。

A. 二进制数制　　B. 高速电子元件　　C. 存储程序控制　　D. 程序设计语言

23. 32 位微机是指它所用的 CPU 是(　　)。
A. 一次能处理 32 位二进制数　　B. 能处理 32 位十进制数
C. 只能处理 32 位二进制定点数　　D. 有 32 个寄存器

24. 用 MIPS 为单位来衡量计算机的性能，它指的是计算机的(　　)。
A. 传输速率　　B. 存储器容量　　C. 字长　　D. 运算速度

25. 计算机最早的应用领域是(　　)。
A. 人工智能　　B. 过程控制
C. 信息处理　　D. 数值计算

26. 二进制数 00111001 转换成十进制数是(　　)。
A. 58　　B. 57　　C. 56　　D. 41

27. 已知字符 A 的 ASCII 码是 01000001B，ASCII 码为 01000111B 的字符是(　　)。
A. D　　B. E　　C. F　　D. G

28. 在微型计算机系统中要运行某一程序时，如果所需内存储容量不够，可以通过(　　)的方法来解决。
A. 增加内存容量　　B. 增加硬盘容量　　C. 采用光盘　　D. 采用高密度软盘

29. 一个汉字的机内码需用(　　)个字节存储。
A. 4　　B. 3　　C. 2　　D. 1

30. 在外部设备中，扫描仪属于(　　)。
A. 输出设备　　B. 存储设备　　C. 输入设备　　D. 特殊设备

31. 微型计算机的技术指标主要是指(　　)。
A. 所配备的系统软件的优劣
B. CPU 的主频和运算速度、字长、内存容量和存取速度
C. 显示器的分辨率、打印机的配置
D. 硬盘容量的大小

32. 用 MHz 来衡量计算机的性能，它指的是(　　)。
A. CPU 的时钟主频　　B. 存储器容量
C. 字长　　D. 运算速度

33. 任意一汉字的机内码和其国标码之差总是(　　)。
A. 8000H　　B. 8080H　　C. 2080H　　D. 8020H

34. 操作系统是计算机系统中的(　　)。
A. 主要硬件　　B. 系统软件　　C. 外部设备　　D. 广泛应用的软件

35. 计算机的硬件主要包括中央处理器(CPU)、存储器、输出设备和(　　)。
A. 键盘　　B. 鼠标器　　C. 输入设备　　D. 显示器

36. 在计算机的存储单元中存储的(　　)。
A. 只能是数据　　B. 只能是字符
C. 只能是指令　　D. 可以是数据或指令

37. 十进制数 111 转换成二进制数是(　　)。
A. 1111001　　B. 01101111　　C. 01101110　　D. 011100001

38. 用 8 个二进制位能表示的最大的无符号整数等于十进制整数(　　)。

A. 127　　B. 128　　C. 255　　D. 256

39. 下列各组设备中,全都属于输入设备的一组是(　　)。

A. 键盘、磁盘和打印机　　B. 键盘、鼠标器和显示器

C. 键盘、扫描仪和鼠标器　　D. 硬盘、打印机和键盘

40. 微型机中,关于 CPU 的“Pentium Ⅲ 866”配置中的数字 866 表示(　　)。

A. CPU 的型号是 866　　B. CPU 的时钟主频是 866MHz

C. CPU 的高速缓存容量为 866KB　　D. CPU 的运算速度是 866MIPS

41. 微机正在工作时电源突然中断供电,此时微机(　　)中的信息全部丢失,并且恢复供电后也无法恢复这些信息。

A. 软盘片　　B. ROM　　C. RAM　　D. 硬盘

42. 根据汉字国标码(GB 2312-80)的规定,将汉字分为常用汉字(一级)和次常用汉字(二级)两级汉字。一级常用汉字按(　　)排列。

A. 部首顺序　　B. 笔画多少　　C. 使用频率多少　　D. 汉语拼音字母顺序

43. 下列字符中,其 ASCII 码值最小的一个是(　　)。

A. 空格字符　　B. 0　　C. A　　D. a

44. 下列存储器中,CPU 能直接访问的是(　　)。

A. 硬盘存储器　　B. CD-ROM　　C. 内存储器　　D. 软盘存储器

45. 微机的性能主要取决于(　　)。

A. CPU 的性能　　B. 硬盘容量的大小

C. RAM 的存取速度　　D. 显示器的分辨率

46. 微机中采用的标准 ASCII 编码用(　　)位二进制数表示一个字符。

A. 6　　B. 7　　C. 8　　D. 16

47. 能直接与 CPU 交换信息的存储器是(　　)。

A. 硬盘存储器　　B. CD-ROM　　C. 内存储器　　D. 软盘存储器

48. 如果要运行一个指定的程序,那么必须将这个程序装入(　　)中。

A. RAM　　B. ROM　　C. 硬盘　　D. CD-ROM

49. 十进制数是 56 对应的二进制数是(　　)。

A. 00110111　　B. 00111001　　C. 00111000　　D. 00111010

50. 五笔字型汉字输入法的编码属于(　　)。

A. 音码　　B. 形声码　　C. 区位码　　D. 形码

# 第二章　Windows 10 操作系统

## 【本章导读】

本章主要包括以下内容：

1. 认识 Windows 10 操作系统，掌握其基本操作和桌面管理功能。

2. Windows 10 文件管理，包括打开、创建、移动、删除、复制、更名、查找及属性设置。

3. Windows 10 系统管理，包括磁盘管理、用户管理等操作。

## 项目一　Windows 10 基本操作

### 【项目描述】

本项目主要介绍 Windows 10 系统的基础操作知识。

### 【学习目标】

1. 自定义桌面图标：将“用户的文件”图标显示在桌面上。

2. 设置屏幕保护：屏幕保护程序为“变幻线”，等待时间为 15 分钟。

3. 在任务栏上定制自己的工具栏：将“地址”工具栏和“文档”加入任务栏中。

4. 更改 Windows 主题颜色，将“Windows 模式”设置为“深色”，将“应用模式”设置为“亮”，并将主题色应用到“标题栏和窗口边框”。

5. 设置在 Windows 系统打开程序时的声音为“Windows 气球. wav”。

6. 更换桌面背景。

### 任务一　Windows 10 操作系统

#### 一、操作系统的概念

操作系统（Operating System，OS）是管理、控制计算机资源，合理地组织计算机工作流程以及方便用户使用的程序集合，是计算机系统软件的核心，是用户与计算机之间的桥梁。

#### 二、操作系统的功能

操作系统的功能有：处理器管理、作业管理、存储器管理、设备管理和文件管理。

#### 三、操作系统的分类

（1）单用户操作系统，例如微软公司（Microsoft）的 MS-DOS、Windows。

(2)批处理操作系统。

(3)分时操作系统。

(4)实时操作系统。

(5)网络操作系统。

## 四、典型操作系统

### (一)Windows 10

Windows 是微软公司成功开发的操作系统。Windows 是一个多任务的操作系统,它采用图形窗口界面,用户对计算机的各种复杂操作只需通过点击鼠标就可以实现。

Windows 10 是由微软公司继 Windows XP、Windows 7 之后开发的操作系统。它比 Windows 7 性能更高、启动更快、兼容性更强,具有很多新特性和优点。

### (二)UNIX

UNIX 是一个强大的多用户、多任务操作系统,支持多种处理器架构。UNIX 按照操作系统的分类,属于分时操作系统。

### (三)Linux

基于 Linux 的操作系统是 20 世纪 90 年代推出的一种多用户、多任务的操作系统。它与 UNIX 完全兼容。它的最大的特点在于它是一个源代码公开及自由开发源码的操作系统,其内核源代码可以自由传播。Linux 发行版可以作为个人计算机操作系统或服务器操作系统,并且在服务器上已成为主流的操作系统。Linux 在嵌入式方面也得到广泛应用,基于 Linux 内核的安卓(Android)操作系统已经成为当今全球最流行的智能手机操作系统之一。

### (四)MacOS

MacOS 是一套运行于苹果 Macintosh 系列电脑上的操作系统。

### (五)iOS

iOS 操作系统是由苹果公司开发的手持设备操作系统。

### (六)Android

Android 是一种以 Linux 为基础的开放源代码操作系统,主要使用于便携设备、智能手机等。

### (七)HarmonyOS

华为鸿蒙 HarmonyOS 是面向万物互联的全场景分布式操作系统,支持手机、平板、智能穿戴、智慧屏等多种终端设备。

## 五、Windows 10 的启动和关机

### (一)开机

接通电源,按下主机箱的电源开关,输入正确的账号及密码即可。通常情况下,先打开显示器,再打开主机箱。

### (二)关机

单击“开始”按钮,然后单击“电源”按钮,如图 2-1 所示,选择所对应的选项。

(1)关机:关闭所有窗口和文件,关闭操作系统,然后关闭计算机电源。

(2)重启:关闭所有窗口和文件,关闭操作系统,然后重新启动计算机。

(3)睡眠:将计算机当前的运行状态保存在内存中,关闭计算机中的其他设备并切断供电,仅保持对内存的供电,睡眠状态中可通过点击键盘、使用鼠标、按电源按钮、打开笔记本盖快速唤醒计算机,使其恢复到睡眠前的状态。

**(三)注销和锁定**

单击“开始”按钮,在开始菜单中单击“用户”图标,如图 2-2 所示,然后选择对应的操作。

(1)注销:关闭所有窗口和文件,退出当前用户的登录状态,跳转到锁定界面。在锁屏界面空白处单击鼠标或按回车键,进入登录界面,然后选择用户并输入密码即可登录 Windows 系统。

(2)锁定:保留当前用户的工作状态,跳转到 Windows 登录界面。如需临时离开计算机时可使用锁定的功能,防止他人在你离开后操作你的计算机。

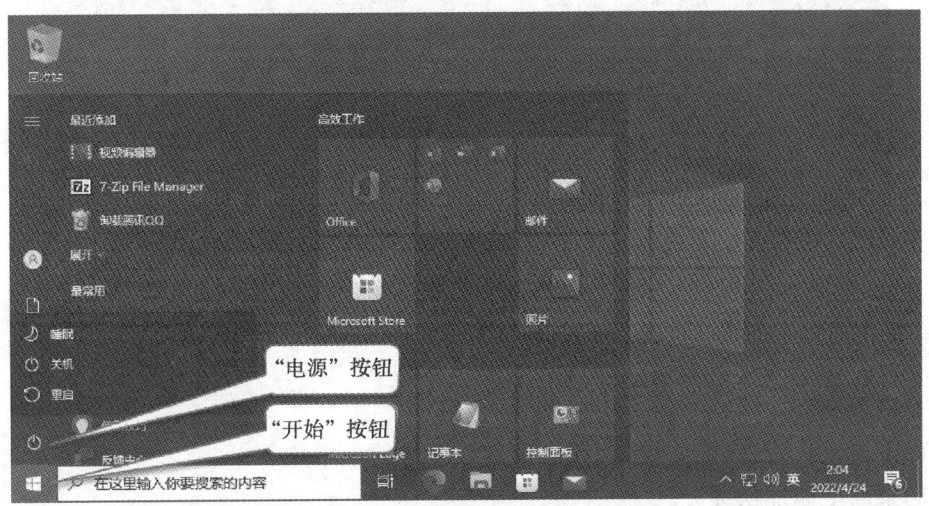


图 2-1　关机操作界面

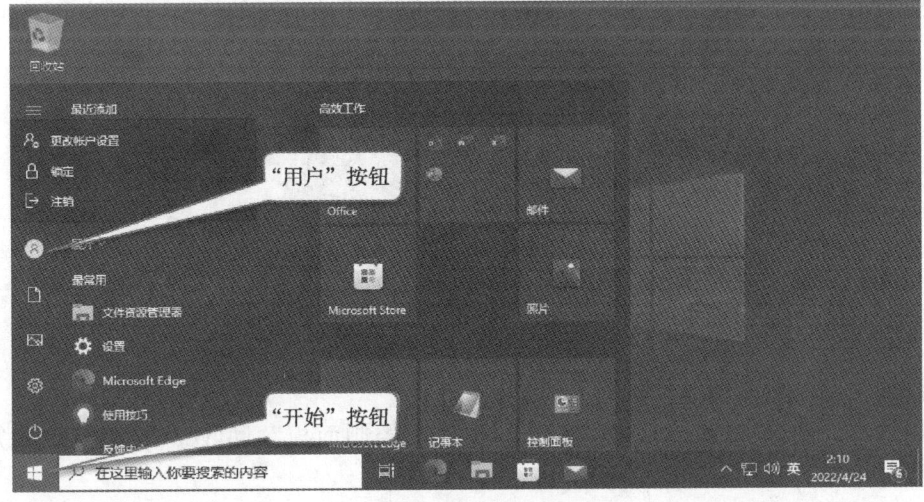


图 2-2　注销操作界面

# 任务二　Windows 10 桌面及基本操作

## 一、Windows 10 桌面组成

Windows 10 桌面主要由任务栏、通知区域、“开始”按钮、任务列表区、语言栏、桌面背景、桌面图标组成，如图 2-3 所示。

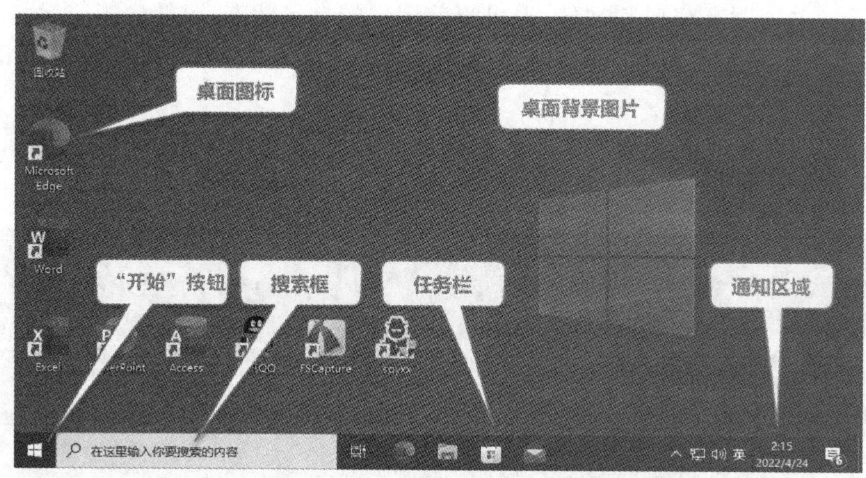


图 2-3　桌面组成

## 二、Windows 10 基本操作

### (一)设置桌面

桌面图标是代表文件、文件夹、程序和其他项目的小图片。

1. 向桌面上添加快捷方式

在“文件资源管理器”中找到要为其创建快捷方式的项目，右击该项目，执行“发送到”命令，然后选择“桌面快捷方式”选项，便在桌面上添加了该项目的快捷方式，如图 2-4 所示。

图 2-4　快捷方式图标

2. 添加常用的桌面图标

常用的桌面图标包括“计算机”“用户的文件”“控制面板”“回收站”“网络”。添加常用的桌面图标操作步骤如下。

第一步:右击桌面上的空白区域,执行“个性化”命令,将弹出系统设置界面。

第二步:在左侧窗格中单击“主题”,再到右侧窗格中的最右边的“相关的设置”下单击“桌面图标设置”,打开“桌面图标设置”对话框。如图 2-5 所示。

第三步:在“桌面图标设置”对话框中,勾选想要添加到桌面上的图标的复选框,单击“确定”按钮即可。

3. 显示桌面隐藏图标

显示桌面隐藏图标操作步骤如下。

第一步:右击桌面上任意空白处,指向“查看”选项。

第二步:取消勾选“显示桌面图标”将隐藏桌面图标。

第三步:勾选“显示桌面图标”可显示桌面图标,如图 2-6 所示。

图 2-5 “桌面图标设置”对话框

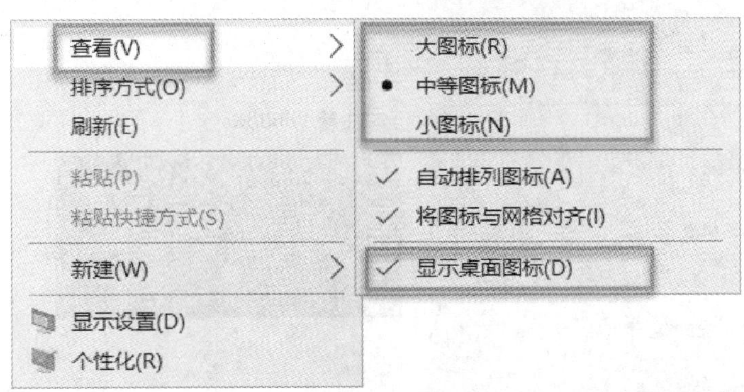


图 2-6 桌面“查看”选项

4. 调整桌面图标大小

桌面图标大小可以通过使用不同的视图进行调整,操作步骤如下。

第一步:右击桌面空白区域,指向“查看”选项。如图 2-6 所示。

第二步:执行“大图标”“中等图标”或“小图标”命令来调整不同视图。

### (二)设置显示器分辨率

设置显示器分辨率:右击桌面空白处,执行“显示设置”命令,在弹出的设置窗口中,移动鼠标到“显示器分辨率”处,选择合适的分辨率即可,如图 2-7 所示。

### (三)设置缩放比例

如果感觉桌面图标和文字以及程序窗口中的文字整体较小,可以调整缩放比例。操作方法:右击桌面空白处,执行“显示设置”命令,在弹出的设置窗口中,移动鼠标到“更改文本、应用等项目的大小”处,选择合适的缩放比例即可,如图 2-7 所示。

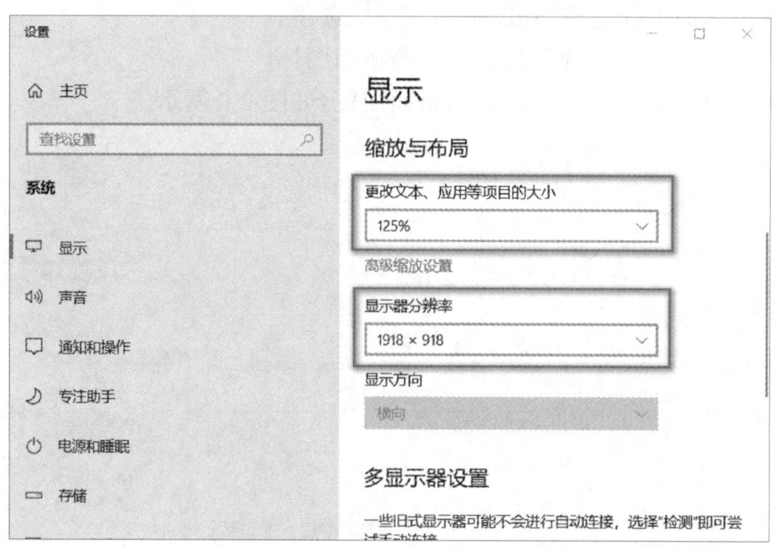


图 2-7 设置“显示器分辨率”界面

### (四)设置主题

主题是桌面背景图片、窗口颜色和声音的组合。它包括背景、颜色、声音、鼠标光标,如图 2-8 所示。

图 2-8 设置“主题”界面

1. 设置桌面背景

右击桌面空白处，执行“个性化”命令，在弹出的设置界面中点击左侧的“背景”，打开设置“背景”界面，选择 Windows 10 自带的背景图片，或者点击“浏览”按钮选择自定义背景图片，如图 2-9 所示。

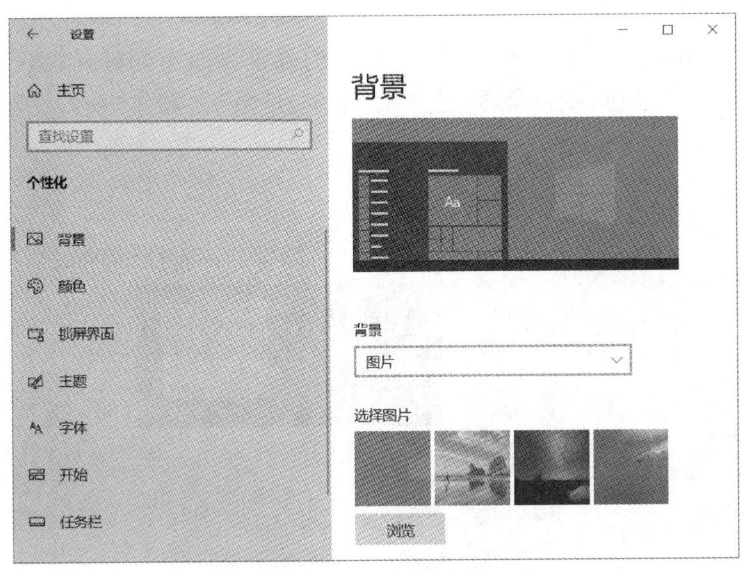


**图 2-9　设置“背景”界面**

2. 设置屏幕保护程序

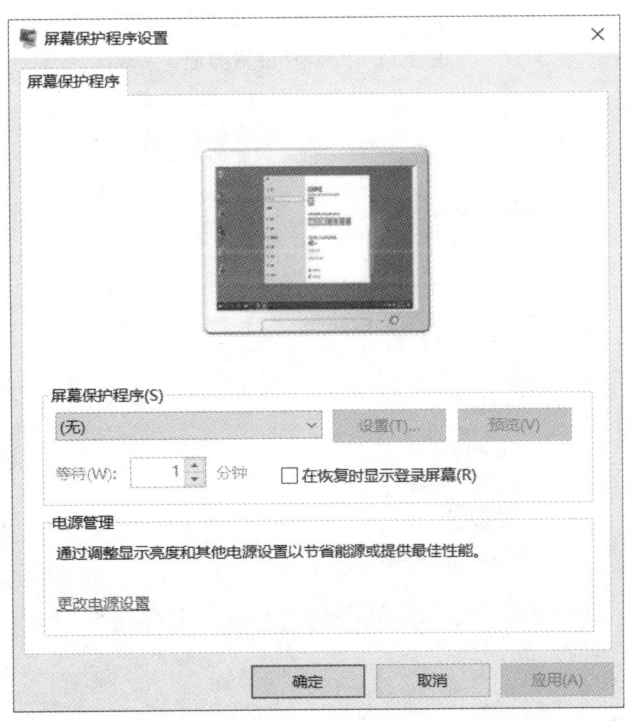


**图 2-10　“屏幕保护程序设置”对话框**

右击桌面空白处,执行“个性化”命令,在弹出的设置界面左侧选择“锁屏界面”,在右侧移动鼠标到底部,点击“屏幕保护程序设置”,弹出“屏幕保护程序设置”对话框,在“屏幕保护程序”下拉列表中选择一种屏幕保护程序,然后设置“等待”时间,最后点击“确定”按钮即可,如图 2-10 所示。

3. 设置窗口颜色和外观

右击桌面空白处,执行“个性化”命令,在弹出的设置界面左侧选择“颜色”,然后在右侧可以设置颜色模式、主题色,以及是否在“开始”菜单、任务栏、操作中心、标题栏和窗口边框显示主题色,如图 2-11 所示。

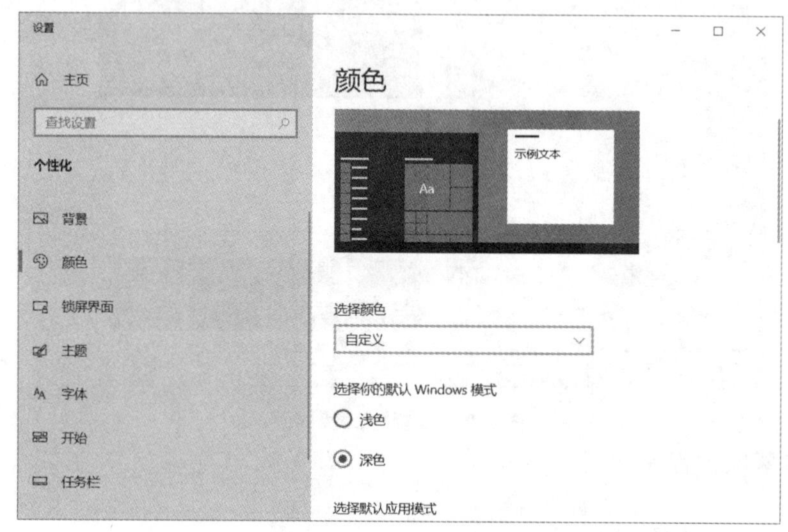


图 2-11 “颜色”设置界面

4. 设置声音方案

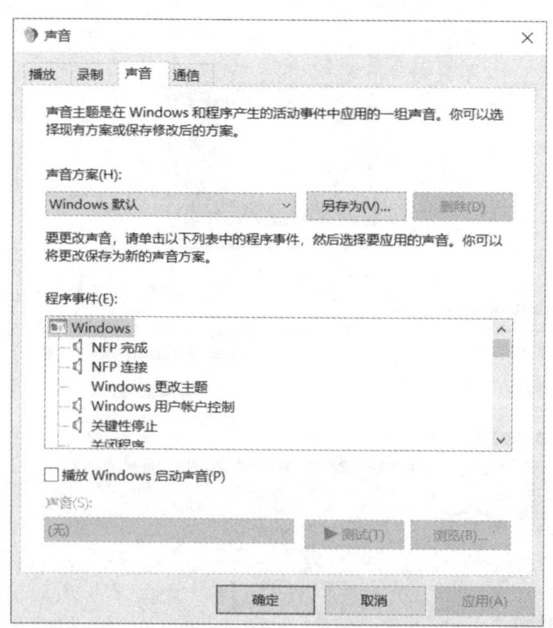


图 2-12 “声音”对话框

右击桌面空白处，执行“个性化”命令，在弹出的设置界面左侧选择“主题”，然后在右侧点击“声音”，在弹出的“声音”对话框中的“声音”选项卡中可以选择声音方案，并为不同的程序事件设置声音，如图 2-12 所示。

**(五)设置任务栏**

任务栏包含“开始”按钮、搜索框、“任务视图”按钮、任务列表、资讯和兴趣以及通知区域，默认情况下以条形栏形式出现在桌面底部，Windows 10 21H2 版本默认任务栏外观如图 2-13 所示。

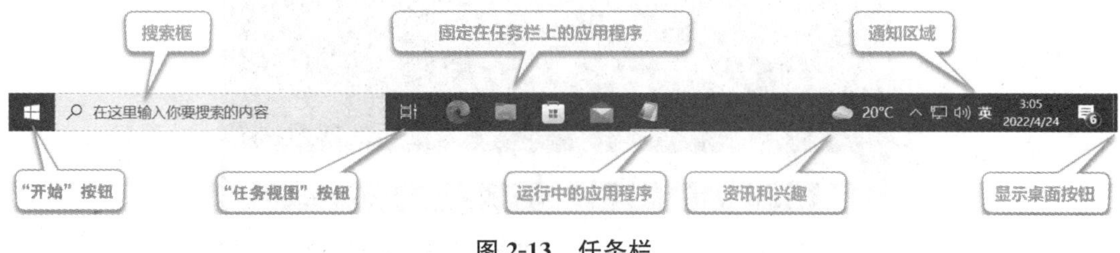


**图 2-13　任务栏**

1. 任务栏的各组成部分

(1)“开始”按钮：单击“开始”按钮可以打开开始菜单。开始菜单是计算机程序、文件和设置的主门户。右击“开始”按钮打开的快捷菜单中包含显示桌面、关机、注销、运行、搜索、文件资源管理器、设置、任务管理器、计算机管理、设备管理器等功能，如图 2-14 所示。

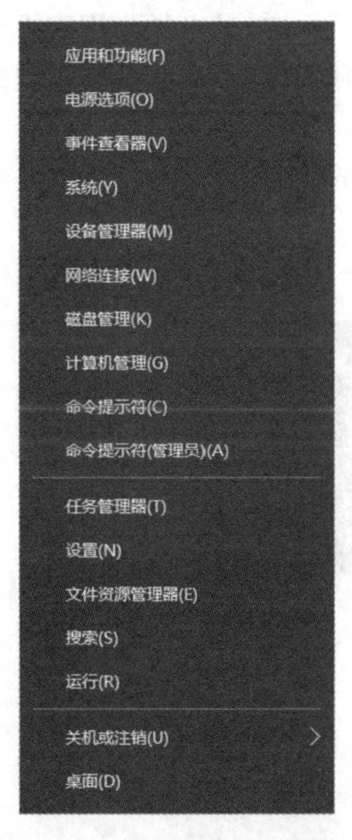


**图 2-14　“开始”按钮右键菜单**

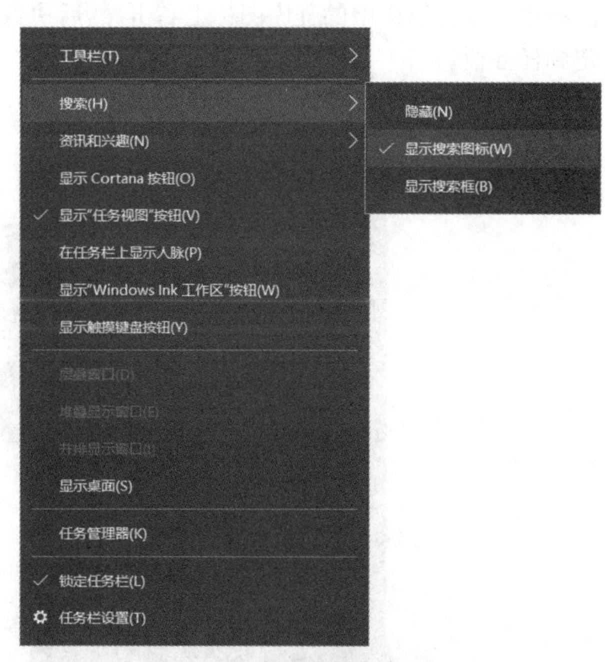


**图 2-15　设置“显示搜索图标”**

(2)搜索框：在搜索框中可以搜索应用、文档、网页、系统设置项等。如果嫌它占用的空间太多，可以在任务栏中空白处右击，在弹出的快捷菜单中的“搜索”选项中勾选“显示搜索图标”，如图 2-15 所示，搜索框将变成一个搜索按钮，点击“搜索”按钮会出现搜索界面，如

图 2-16 所示。

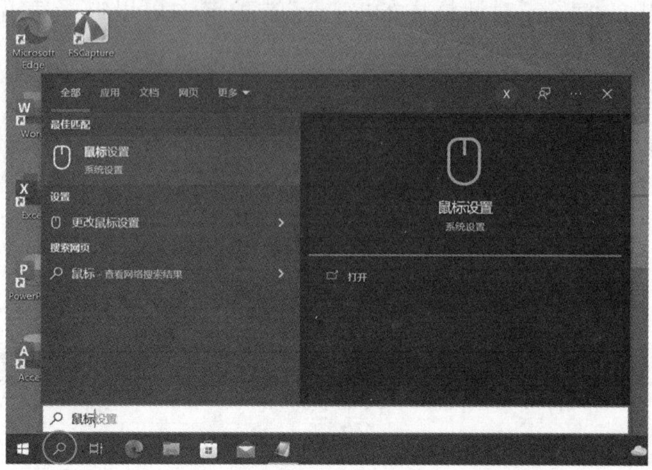


**图 2-16 单击任务栏“搜索按钮”打开“搜索窗口”**

(3)任务视图:单击“任务视图”按钮,将会显示正在运行的程序,以及运行过的程序的历史记录。还可以在“任务视图”中创建虚拟桌面,如果打开的窗口太多,可以把窗口分类放入不同的虚拟桌面中,然后通过任务视图切换不同的桌面。

(4)应用程序栏:单击应用程序栏中的图标可以快速启动或切换到相应的程序。应用程序栏中的图标分两类,一类是运行中的程序,带有“下划线”标志,另一类是固定在任务栏中的程序。在计算机中的程序图标上右击,然后执行“固定到任务栏”命令即可把应用程序固定到任务栏。

(5)资讯和兴趣:任务栏中的资讯和兴趣默认显示当地的实时天气,单击后进一步显示

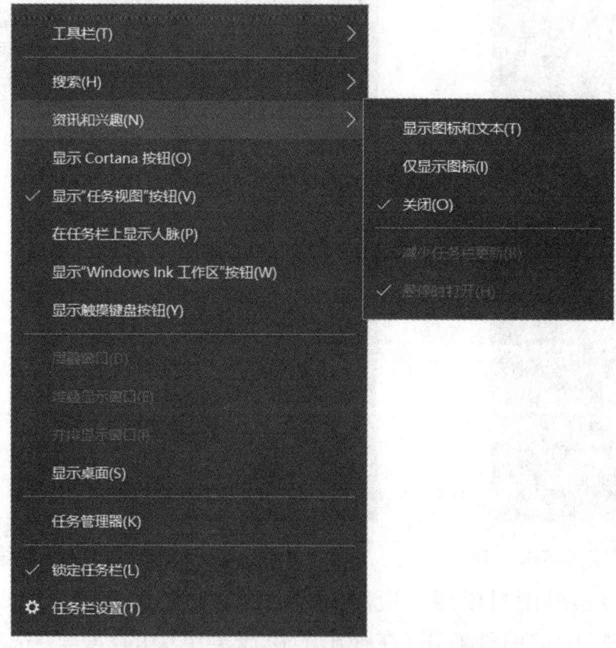


**图 2-17 关闭任务栏中的“资讯和兴趣”**

实时热门资讯以及天气卡、财务卡、运动卡、交通卡四种信息卡。如果不需要此功能,可以在任务栏空白处右击,然后在"资讯和兴趣"中勾选"关闭",如图 2-17 所示。

(6)通知区域:通知区域包含网络、声音、语言和输入法、日期和时间、通知等功能图标。

(7)"显示桌面"按钮:"显示桌面"按钮在任务栏的最右侧,点击此按钮,可以把桌面上打开的所有窗口最小化,然后显示桌面。

2. 任务栏设置

(1)改变任务栏的大小:任务栏默认为锁定状态,需要先解锁(操作方法:在任务栏空白处右击,然后取消勾选"锁定所有任务栏")。任务栏解锁后,把鼠标移到任务栏与桌面的交界处,鼠标指针变成垂直双向箭头,按住鼠标左键拖动,即可改变任务栏大小。操作完成后,建议再次锁定任务栏。

(2)改变任务栏位置:先解锁任务栏,然后在任务栏空白处按住鼠标左键并拖动到屏幕上下左右边缘再松手即可。

(3)自动隐藏任务栏:任务栏也要占用一定的屏幕空间,可以把任务栏设置为自动隐藏,只有当鼠标移动到屏幕底部时,任务栏才会显示,鼠标离开屏幕底部后,任务栏就会自动隐藏。操作方法:在任务栏空白处右击,然后选择"任务栏设置"命令,在弹出的任务栏设置界面中,打开"在桌面模式下自动隐藏任务栏"的开关,如图 2-18 所示。在任务栏设置界面中,也可以改变任务栏在屏幕上的位置。

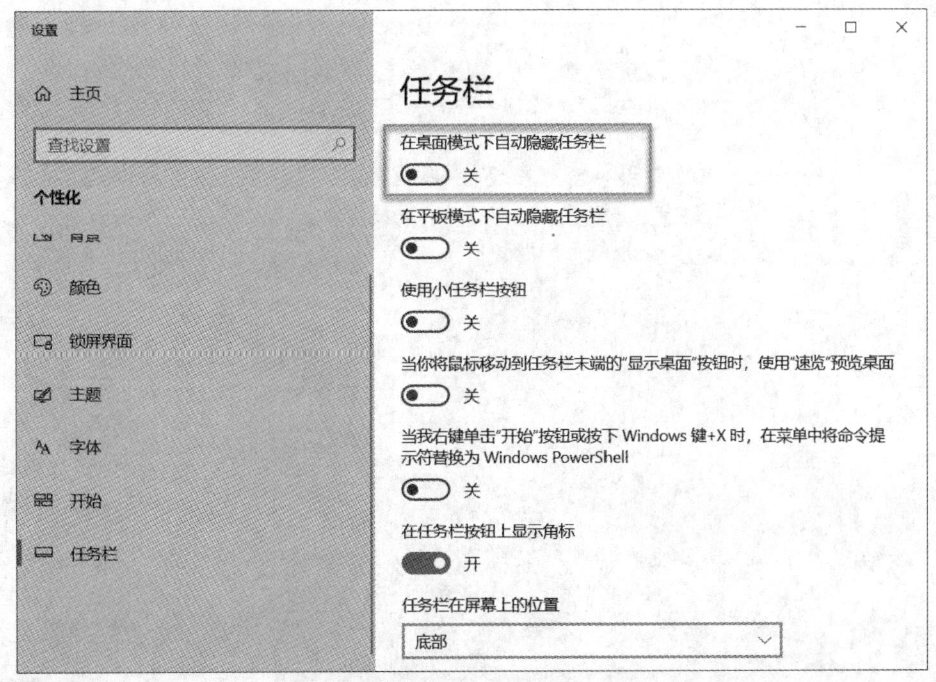


图 2-18　"任务栏"设置界面

### (六)设置开始菜单

Windows 10 开始菜单分为左中右三个部分,如图 2-19 所示。左侧是系统功能区,包含电源、设置、图片、文档、用户等功能按钮。中间是应用程序区,包含系统中已安装的应用程序列表。右侧是动态磁贴区,可以把应用程序固定到这里成为动态磁贴。动态磁贴的特色是可以动态显示应用程序的状态,点击动态磁贴可以打开对应的应用程序。

1. 调整开始菜单的大小

将鼠标移动到开始菜单的顶部或右侧边缘,当鼠标指针变为垂直双向箭头或水平双向箭头时,按住鼠标左键并拖动鼠标即可改变开始菜单的大小。

2. 将应用程序固定到开始菜单

在开始菜单中间的应用程序列表中的图标上右击,然后选择"固定到开始屏幕"命令即可。也可以把计算机中其他位置的应用程序固定到开始菜单中。

3. 动态磁贴分组

拖动动态磁贴区的图标,与周围的图标拉开足够的距离即可成为一个新的分组。每个分组的宽度固定为 3 列,顶部有标题,如图 2-19 中的"高效工作""浏览"等,单击标题可以给分组重命名。

图 2-19　开始菜单

4. 在动态磁贴区创建文件夹

拖动动态磁贴区的图标到另一个图标上与之重叠后松手，即可创建一个文件夹磁贴，这样可以节省占用的开始菜单的空间。单击文件夹磁贴可以展开其中的应用程序列表，再次单击将重新折叠为一个磁贴。

5. 设置动态磁贴

在动态磁贴上右击，弹出的快捷菜单包含以下功能：调整动态磁贴的大小；从“开始”屏幕取消固定。还可以在“更多”中关闭动态磁贴，关闭后将不再动态显示应用的状态，如图 2-20所示。

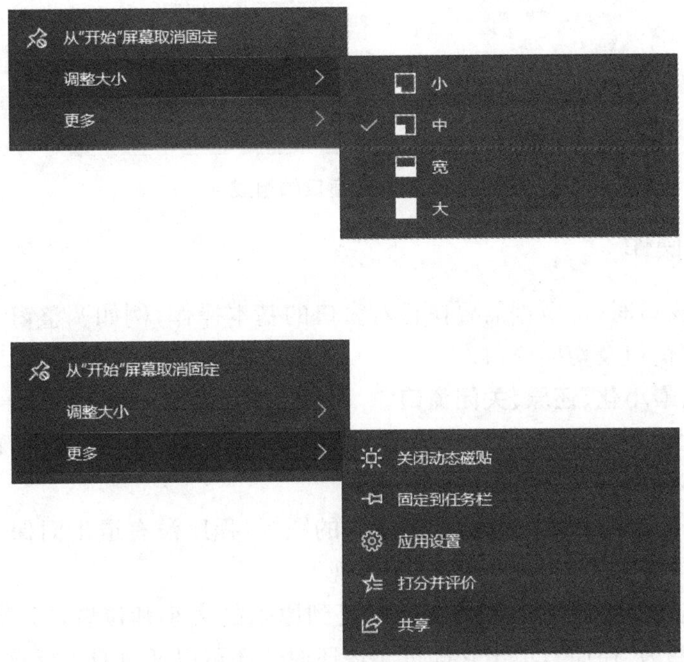


图 2-20　动态磁贴右键菜单

## 任务三　Windows 10 窗口与对话框

### 一、窗口

Windows 10 每启动一个程序都会生成一个程序窗口，同时在任务栏上产生一个按钮，程序、窗口、任务栏按钮基本上是一一对应的。Windows 10 启动几个程序，桌面上就产生几个窗口，任务栏上也就增加几个按钮。

### 二、窗口的组成

如图 2-21 所示就是一个窗口，它通常由标题栏、菜单栏、工具栏、工作区、滚动条及状态栏等组成。

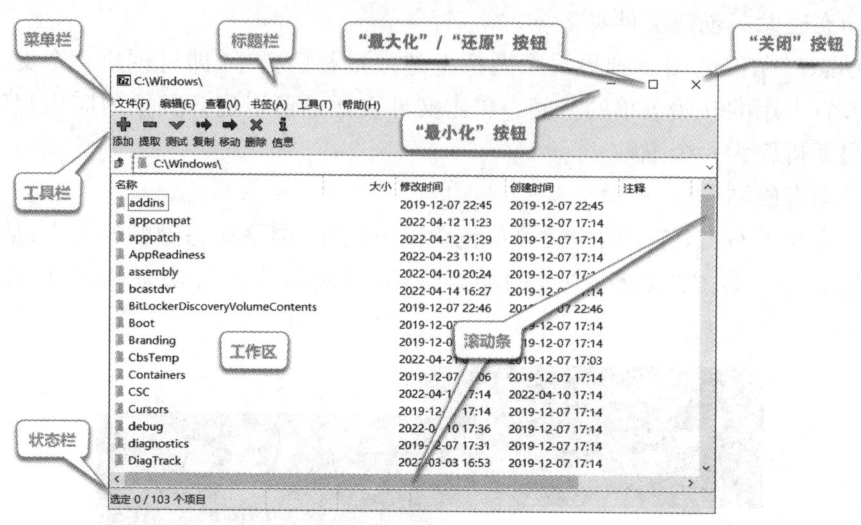


图 2-21 窗口的组成

## 三、窗口的操作

用户在浏览窗口时,可根据需要执行对窗口的基本操作,例如调整窗口大小、最大化或最小化窗口、关闭窗口及切换窗口。

**(一)最大化、最小化、还原、关闭窗口**

最大化:最大化是使窗口占满整个桌面工作区,可以通过点击窗口标题栏右侧的"最大化"按钮或双击标题栏实现。

最小化:最小化是将窗口缩小为任务栏中的图标,程序没有退出而保持继续运行,可以通过点击窗口标题栏右侧的"最小化"按钮实现。

还原:还原是将最大化状态下的窗口恢复到原来的大小和位置,"最大化"按钮的功能在最大化状态下变为"还原",单击它即可实现还原。还可以通过双击标题栏实现还原。

关闭:关闭是关闭窗口并结束程序的运行。可以通过单击窗口标题栏右侧的"关闭"按钮实现。还可以通过双击标题栏最左侧的小图标,或按组合键"Alt+F4"来关闭窗口。

单击标题栏左侧的小图标,或按组合键"Alt+空格"会弹出系统菜单,如图 2-22 所示,通过系统菜单也可以实现上述功能。

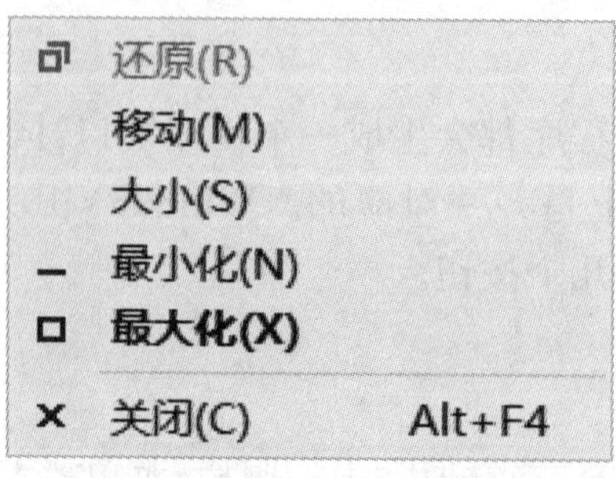


图 2-22 窗口的"系统控制菜单"

### (二)移动窗口和窗口大小

当窗口的大小没有被设为最大化或最小化时,可以将鼠标移至标题栏处,然后单击鼠标左键并按住不放,拖动鼠标即可将窗口在桌面上移动。

要改变窗口的尺寸,则需要将鼠标移到窗口的边框或角上。当鼠标变成双箭头时按住鼠标左键进行拖曳,窗口大小即被改变。

### (三)切换窗口

当用户打开了多个程序或文档,桌面会快速布满杂乱的窗口。通常不容易跟踪已打开的那些窗口,因为一些窗口可能部分或完全覆盖了其他窗口。此时,需要用户经常在窗口之间进行切换。窗口的切换主要使用任务栏或快捷键“Alt+Tab”来实现。

## 四、对话框

对话框是一种特殊的窗口,不能改变窗口大小,但可以移动位置。主要用于输入信息或者显示系统信息。

对话框主要由标题栏、选项卡、文本输入框、列表框、下拉列表框、单选按钮、复选框、数值选择框、命令按钮、“帮助”按钮和“关闭”按钮等组成,如图 2-23 所示。

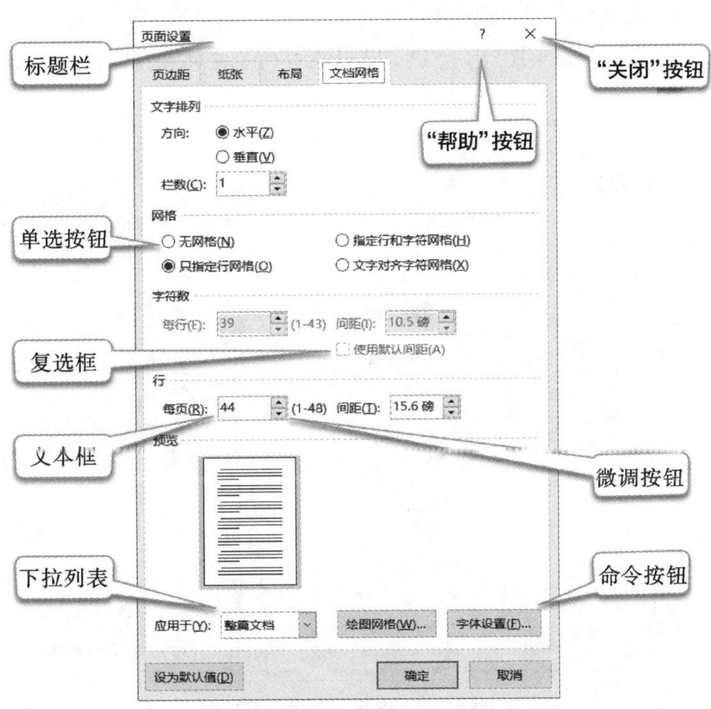


图 2-23　对话框的组成

# 项目二　Windows 10 系统的文件管理

## 【项目描述】

本项目主要介绍 Windows 10 系统中一些基本的文件及文件夹管理知识。

**【学习目标】**

1. 在D盘根目录下建立"图片"文件夹,搜索计算机中BMP格式的图片文件,将它们复制到"图片"文件夹,并将此文件夹设为隐藏属性。

2. 在D盘根目录下新建一个TXT文档,重命名为"我的文档.txt"。

3. 隐藏已知文件类型扩展名。

4. 设置查看显示所有文件和文件夹。

# 任务一　文件资源管理器的使用

Windows 10 系统中的文件资源管理器是用户管理计算机资源,浏览和查看文件的重要窗口。

## 一、启动文件资源管理器的方法

(1)双击桌面上的"此电脑"图标,即可打开"文件资源管理器"窗口,如图 2-24 所示。

(2)右击任务栏上的"开始"按钮,在右键快捷菜单中选择"文件资源管理器"命令。

(3)按"Windows 徽标键+E"组合键。

(4)按"Windows 徽标键+R"组合键,打开"运行"对话框,输入"explorer",然后单击"确定"按钮。

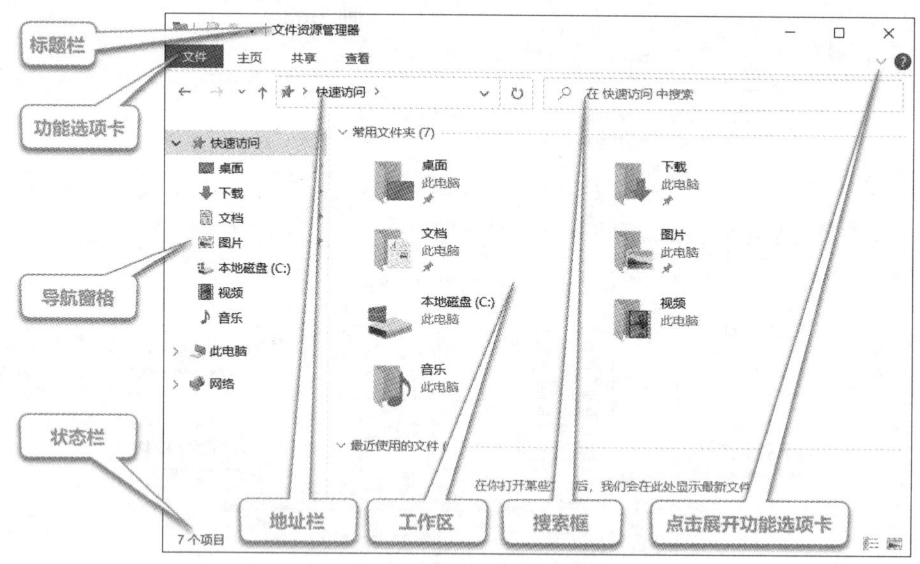


图 2-24　文件资源管理器

## 二、文件资源管理器窗口组成

文件资源管理器窗口由标题栏、功能选项卡、地址栏、搜索框、导航窗格、工作区、状态栏等组成,如图 2-24 所示。

文件资源管理器窗口左侧的导航窗格中列出了"快速访问""此电脑"和"网络"三大类资源,默认显示"快速访问"。双击类别名称或单击类别名称左侧的三角符可以展开或折叠此类别。

Windows 10 文件资源管理器窗口布局相对 Windows 7 最大的变化是采用了 Ribbon 界面，取代了菜单栏和工具栏，将各项功能放到不同的功能选项卡中，每个功能选项卡中又将各项功能放到不同的功能组中，如图 2-25 所示。

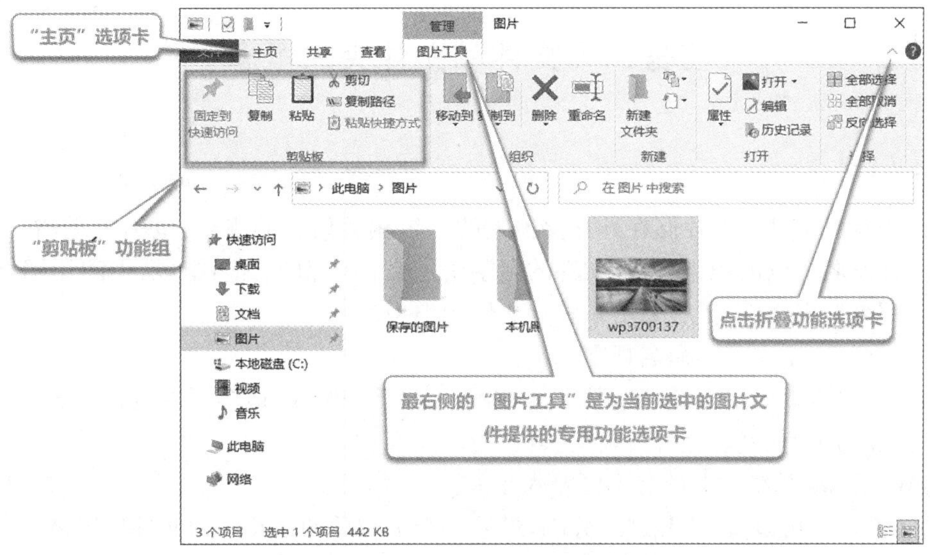


**图 2-25　文件资源管理器 Ribbon 界面**

Windows 10 文件资源管理器将各项功能放置到"主页""共享""查看"三个选项卡中，功能选项卡默认于折叠状态，点击右侧的 ∨ 即可展开功能区。以"主页"选项卡为例，展开后，可以看到其中的功能分为"剪贴板""组织""新建""打开""选择"五个功能组。以"选择"功能组为例，其中的功能都是与选择相关的。

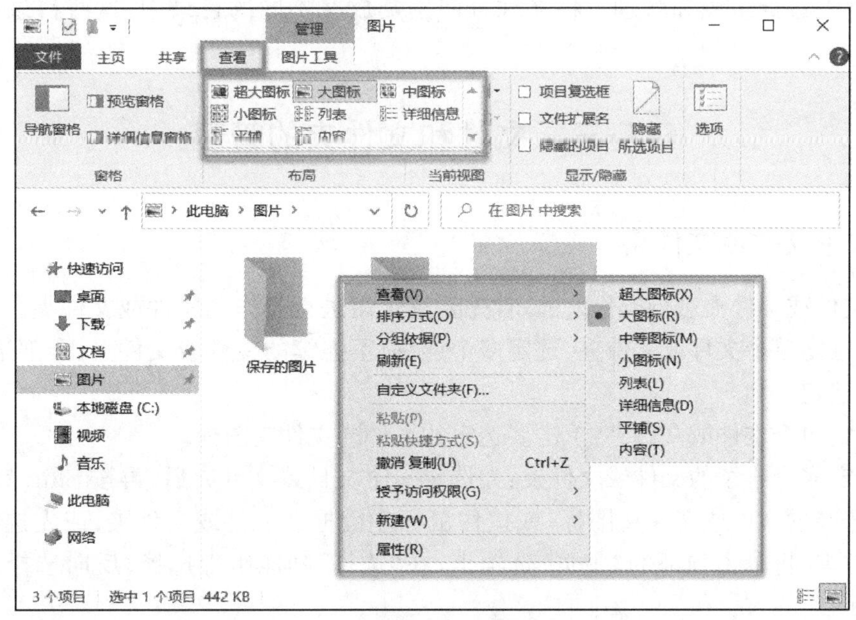

**图 2-26　文件资源管理器查看方式**

文件资源管理器窗口查看方式有超大图标、大图标、中图标、小图标、列表、详细信息、平铺、内容,默认为平铺。单击工具栏中的“查看”选项卡,然后在“布局”功能组中可以更改查看方式,也可以在窗口中部的工作区空白处右击,在弹出的快捷菜单中的“查看”中选择查看方式,如图 2-26 所示。

## 任务二　文件和文件夹的概念

### 一、文件

文件是具有文件名的存储在外存储器上的一组相关信息的集合,也称为文档。计算机对文件实行按名存取的操作方式,文件的名字由主文件名和扩展名组成,中间用圆点隔开。主文件名用来标识文件,扩展名用来表示文件的类型。

Windows 10 中文件的命名规则如下:

(1)文件名可以由字母、数字、汉字、空格和一些字符组成,最多可以包含 255 个字符。

(2)文件名中不能包括字符:\、/、|、:、”、?、*、<、>。

(3)Windows 系统中文件名不区分大小写。

(4)文件名中可以多个圆点“.”分隔,最后一个圆点后的字符作为文件扩展名。

(5)文件名的命名最好见名知义。文件夹的命名与文件的命名规则基本相同,只是一般文件夹不需要扩展名。

### 二、文件夹

文件夹是可以在其中存储文件或文件夹的容器。Windows 10 采用树型文件夹结构对文件和文件夹进行组织和管理。将文件分门别类放在不同的目录中,这些目录被称为文件夹。

## 任务三　文件和文件夹的管理

### 一、选中文件或文件夹

在对文件或文件夹进行操作之前,首先要选定需进行操作的文件或文件夹。常用的选定操作有:选定单个文件或文件夹、选定多个连续/不连续的文件或文件夹、全部选定、方向选择、取消选定。

(1)选定单个文件或文件夹:单击要选定的文件或文件夹图标。

(2)选定多个连续的文件或文件夹:先选定一个文件或文件夹后,再按 Shift 键,然后单击其他要选择的文件或文件夹图标;或按住鼠标左键框选文件或文件夹;或先选择不要的文件或文件夹,再单击顶部的“主页”选项卡,在“选择”功能组中选择“反向选择”命令,如图 2-27所示。

(3)选定多个不连续的文件或文件夹:先按住键盘上的 Ctrl 键,再逐个单击想要选择的

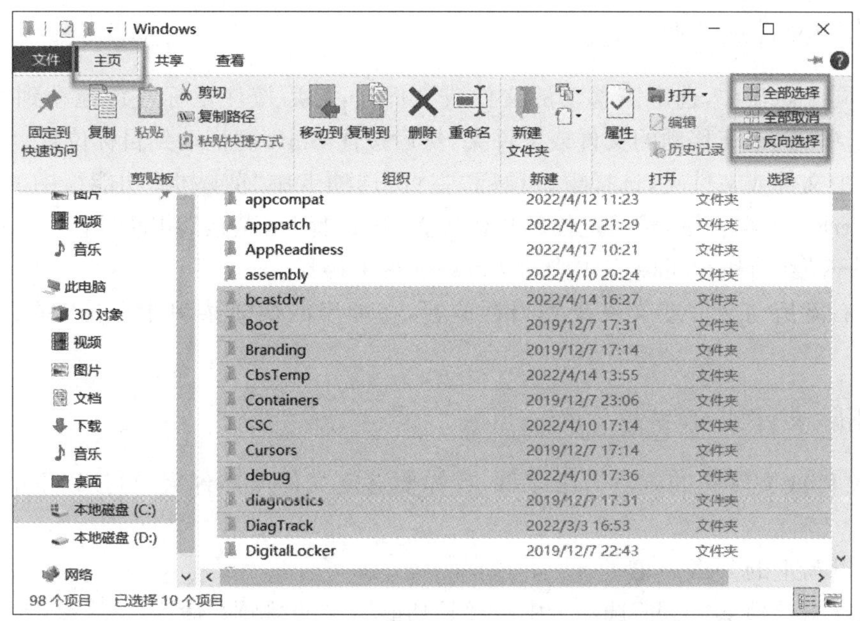


**图 2-27　“文件资源管理器”反向选择**

文件或文件夹图标。

(4)选定全部文件或文件夹:单击顶部的“主页”选项卡,在“选择”功能组中选择“全部选择”命令,或按“Ctrl+A”组合键。

## 二、新建文件或文件夹

新建文件或文件夹时有两种方法。方法一:在窗口顶部的“主页”选项卡中的“新建”功能组中选择“新建文件夹”命令。方法二:在窗口工作区域的空白处右击,在弹出的快捷菜单中指向“新建”选项,然后选择文件夹或文件模板。

## 三、复制文件或文件夹

复制文件或文件夹是将一个文件夹下的文件或子文件复制一份发送到另一文件夹,同时原文件夹中的文件或子文件夹仍然存在。复制文件或文件夹常用的方法有以下几种:

(1)在同一磁盘中,选定要复制的文件或文件夹,然后按住 Ctrl 键拖动到目标位置。在不同磁盘中,选定要复制的文件或文件夹,拖动到目标位置。

(2)用右键拖动文件或文件夹到目标位置,在弹出的快捷菜单中选择“复制到当前位置”命令。

(3)选择窗口顶部“主页”选项卡中“剪贴板”功能组中的“复制”命令,或按“Ctrl+C”组合键,然后定位到目标位置,选择“剪贴板”功能组中的“粘贴”命令,或者按“Ctrl+V”组合键完成复制操作。

## 四、移动文件或文件夹

(1)在同一磁盘中,选定需移动的文件或文件夹,然后按住鼠标左键拖动到目标位置。在不同磁盘中,选定需移动的文件或文件夹,然后按住 Shift 键拖动到目标位置。

(2)选中文件或文件夹,选择窗口顶部“主页”选项卡中“剪贴板”功能组中的“剪切”命令,或按“Ctrl+X”组合键,然后定位到目标位置,再选择“剪贴板”功能组中的“粘贴”命令,或按“Ctrl+V”组合键也可以完成移动文件或文件夹操作。

(3)用右键拖动文件或文件夹到目标位置,在弹出的快捷菜单中选择“移动到当前位置”命令。

## 五、删除文件或文件夹

删除文件或文件夹的方法有很多种,首先要选定文件或文件夹,再按以下的任意一种方法操作:

(1)按键盘上的 Delete 键。

(2)选择窗口顶部“主页”选项卡中“组织”功能组中的“删除”命令。

(3)直接把文件或文件夹拖到“回收站”中。

(4)右击选定的文件或文件夹,在弹出的快捷菜单中选择“删除”命令。

(5)按“Shift+Delete”组合键,会弹出一个对话框,要求确认是否永久删除此文件,如图 2-28 所示,单击“是”完成删除。注意用这种操作方式删除后,不能从“回收站”中恢复。

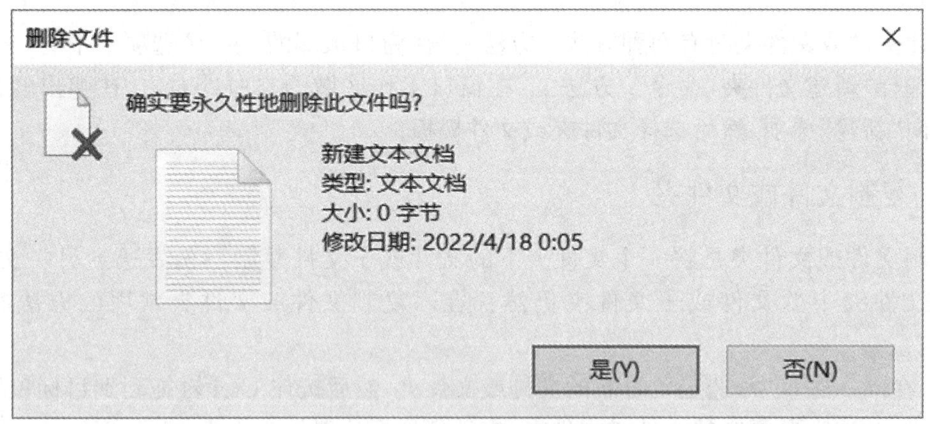


**图 2-28 “删除文件”对话框**

## 六、以不同的方式查看文件

### (一)文件的显示方式

Windows 10 为用户提供了 8 种查看方式:“超大图标”“大图标”“中图标”“小图标”“列表”“详细信息”“平铺”和“内容”。单击文件资源管理器窗口顶部的“查看”选项卡,在“布局”功能组中可以选择各种显示方式,也可以在工作区中右击,在弹出的快捷菜单中的“查看”中选择查看方式，如图 2-29 所示。

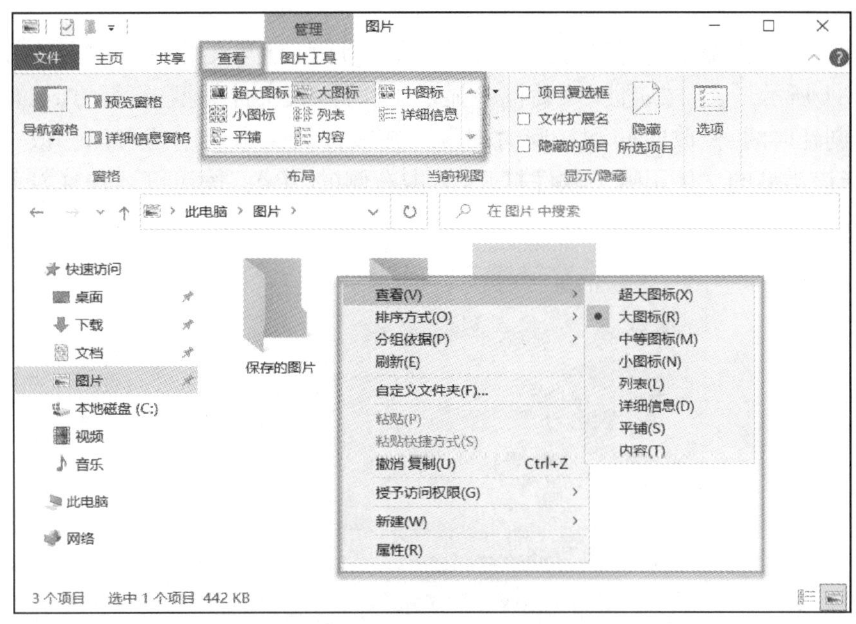


**图 2-29 “文件资源管理器”查看方式**

**(二)以不同的方式排列文件**

在文件资源管理器窗口进行浏览时，除了可以使用不同的显示方式外，还可以使用不同的排序方式。单击文件资源管理器窗口顶部的“查看”选项卡，在“当前视图”功能组“排序方式”下拉列表中可以选择各种排序方式并设置递增或递减的顺序。也可以在工作区中右击，在弹出的快捷菜单中的“排序方式”中选择排序方式，如图 2-30 所示。

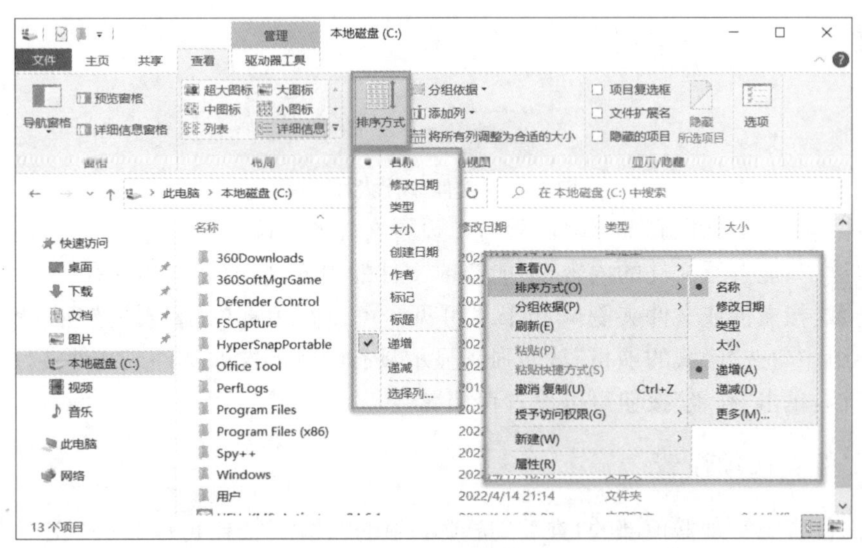


**图 2-30 “文件资源管理器”排序方式**

## 七、查看和设置文件或文件夹属性

在文件或文件夹上右击,然后选择"属性"命令,即可打开文件或文件夹的"属性"对话框,如图 2-31 所示。文件"属性"对话框中显示了文件名、文件类型、打开方式、位置、大小、占用空间、创建时间、修改时间和访问时间等。在文件名文本框中还可以修改文件名。打开方式是指该类型的文件用哪个软件打开,单击右侧的"更改"按钮可以选择打开此类型文件使用的软件。

**图 2-31　文件"属性"对话框**

在文件"属性"对话框底部"属性"处可以设置文件的只读、隐藏、存档等属性。

(1)只读:只能查看文件的内容,不能修改文件的内容,修改后不能保存。

(2)隐藏:指文件或文件夹隐藏起来不可见。可以在顶部的"查看"选项卡中的"显示/隐藏"功能组中勾选"隐藏的项目"从而强制显示具有隐藏属性的文件或文件夹。

(3)存档:单击"高级"按钮可以设置存档属性。

## 八、文件夹选项设置

单击文件资源管理器顶部的"查看"选项卡中的"选项"按钮可以打开"文件夹选项"对话框,在此可以设置文件夹的各种功能和行为。在"文件夹选项"对话框中有三个选项卡:"常规""查看"和"搜索",下面主要介绍"常规"和"查看"选项卡。

### (一)“常规”选项卡

“常规”选项卡如图 2-32 所示。

(1)打开文件资源管理器时打开:用于设置文件资源管理器默认打开“快速访问”还是“此电脑”。

(2)浏览文件夹:用于设置在文件资源管理器中打开文件夹时,是在当前窗口打开还是在新窗口打开。

(3)按如下方式单击项目:用于设置通过单击还是双击操作来打开文件和文件夹。

(4)隐私:用于设置是否根据在文件资源管理器中的操作记录在“快速访问”中显示最近使用的文件和文件夹。单击“清除”按钮可以清除历史记录。

单击“还原为默认值”按钮可以将“常规”选项卡中的设置还原为系统默认值。

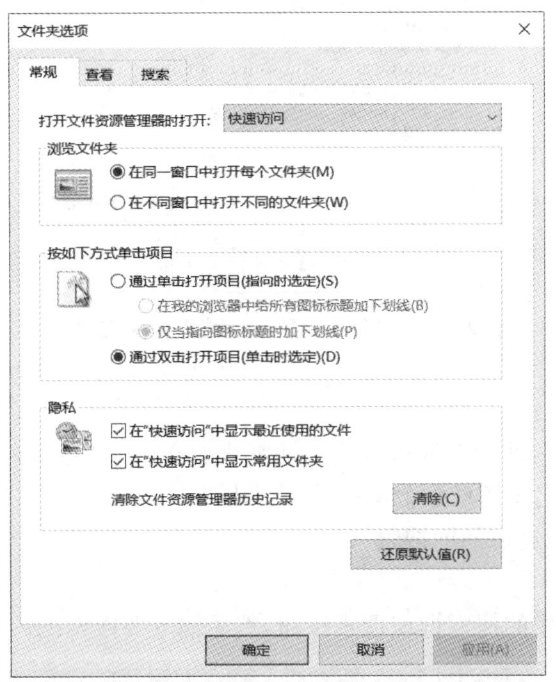


**图 2-32　“文件夹选项”对话框“常规”选项卡**

### (二)“查看”选项卡

“查看”选项卡如图 2-33 所示,主要控制文件资源管理器中显示的内容和显示方式,它主要包含“文件夹视图”和“高级设置”两部分。

(1)“文件夹视图”:单击“应用到文件夹”按钮可以把针对此文件夹的各项设置应用到计算机中所有的同类文件夹。单击“重置文件夹”按钮可以把此文件夹的各项设置恢复为系统默认值。

(2)“高级设置”:此处常用的选项有:“鼠标指向文件夹和桌面项时显示提示信息”“隐藏已知文件类型的扩展名”“在标题栏中显示完整路径”。另外,“隐藏文件和文件夹”中的两个单选按钮可以指定是否显示当前文件夹中具有隐藏属性的文件和文件夹。

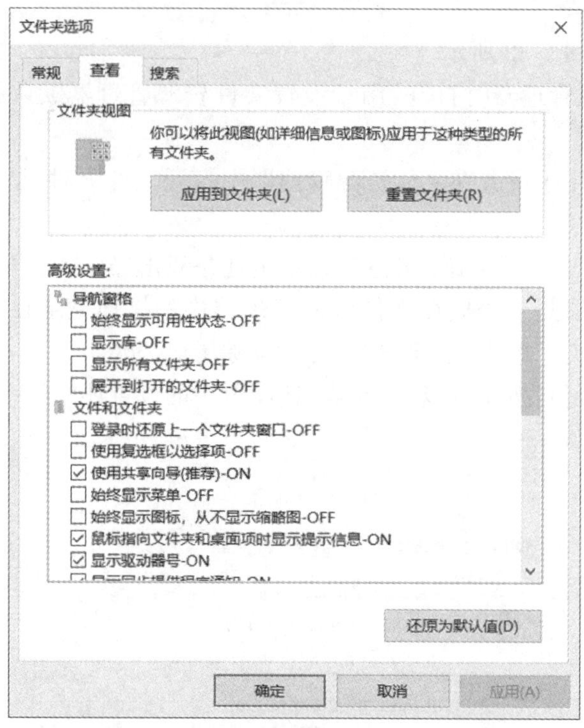


图 2-33　"文件夹选项"对话框"查看"选项卡

## 九、文件搜索

Windows 10 提供的搜索功能可以快速地查找放在不同位置的文件和文件夹。其中英文半角的通配符"＊"代表任意多个字符,"?"代表任意一个字符。还可以利用修改日期、文件大小等文件属性信息进行辅助搜索。

搜索操作方法:

(1)单击"任务栏"中的搜索框或搜索按钮,然后输入要搜索的内容,如图 2-34 所示。

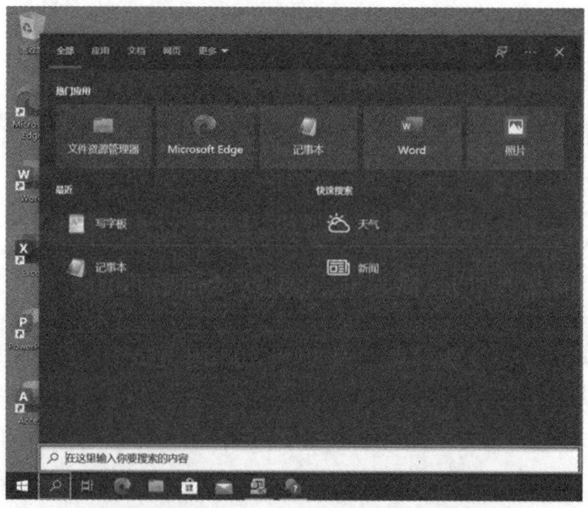


图 2-34　通过"任务栏"搜索按钮打开"搜索"窗口

(2)在文件资源管理器窗口的“搜索框”中输入要搜索的内容,如图 2-35 所示。

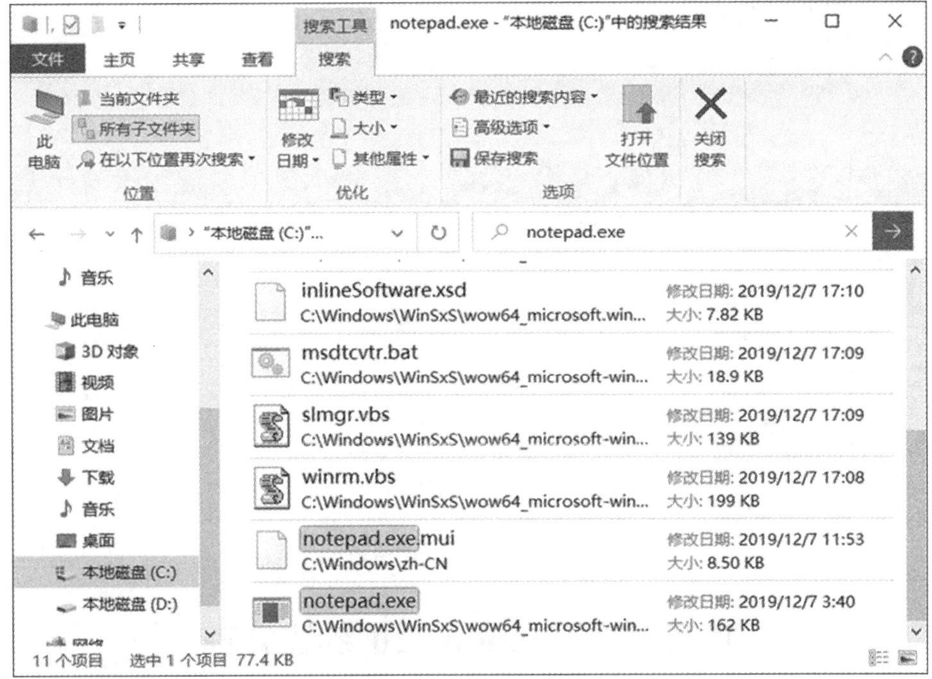


**图 2-35　在文件资源管理器中搜索文件**

# 任务四　剪贴板和回收站

## 一、剪贴板

剪贴板是在 Windows 程序和文件之间传递信息的临时存储区域。由于剪贴板内容存储于内存中,所以断电后剪贴板中的信息会丢失。

## 二、回收站

“回收站”是专门用来存放用户删除的文件或文件夹的磁盘区域,这些文件或文件夹在需要时可恢复,一旦用户把“回收站”清空,删除掉的文件或文件夹就被永远删除了,如图 2-36所示为“回收站”窗口。

当用户发现误删了有价值的文件或文件夹时,可以从“回收站”中将其恢复,还原至原来的位置。方法是:在“回收站”图标上单击右键,选择“还原”命令来完成。

如果要永久删除“回收站”中的文件,可以在“回收站”图标上单击鼠标右键,选择“清空回收站”命令来完成。

图 2-36　"回收站"窗口

# 项目三　Windows 10 系统管理

## 【项目描述】

本项目主要介绍 Windows 10 系统一些基本的管理知识,讲解控制面板、磁盘管理程序的使用方法。

## 【学习目标】

1. 会设置系统日期和时间;添加"微软拼音"输入法。
2. 将鼠标样式设置为"Windows 黑色(大)(系统方案)",调节鼠标双击的速度,移动鼠标指针时会产生"移动轨迹"的效果。
3. 降低键盘的响应速度,调整光标的闪烁速度为"中等速度"。
4. 设置系统保护的磁盘空间最大使用量为 50%。
5. 创建一个名为"KS"的用户,设置密码为"135"。

## 任务一　Windows 设置

在 Windows 10 以前的 Windows 操作系统中,"控制面板"是对计算机硬件进行设置和对系统进行配置的重要工具。Windows 10 推出了"Windows 设置"来逐步取代"控制面板",同时仍然保留了"控制面板"。"Windows 设置"主页可以通过单击或右击"开始按钮",然后选择"设置"来打开,如图 2-37 所示。可以在搜索框中搜索设置项目(如"控制面板")找到并打开。

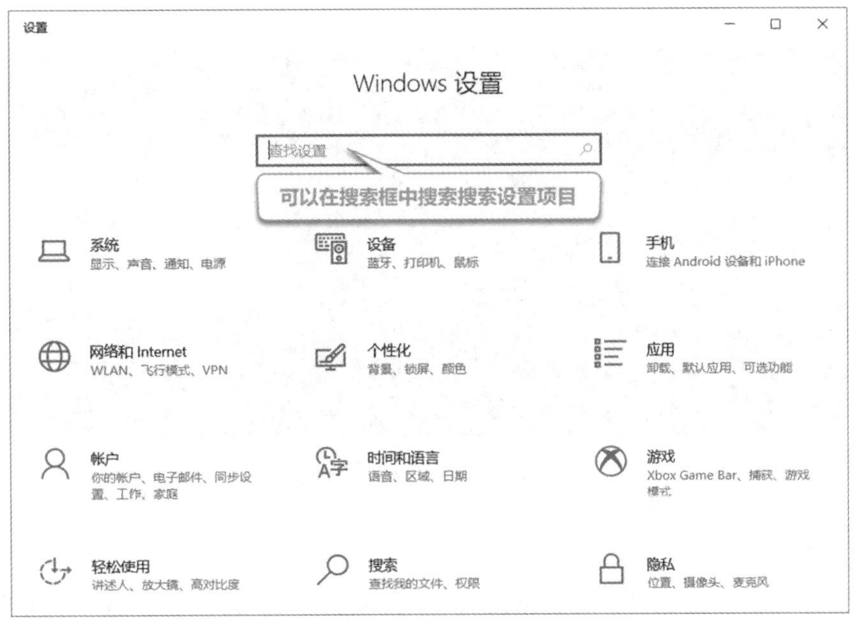


**图 2-37　"Windows 设置"主页**

## 一、日期和时间的设置

在"Windows 设置"主页选择"时间和语言"，或在搜索框中搜索"时间"然后选择"更改日期和时间"，即可打开设置日期和时间界面，如图 2-38 所示。默认情况下，系统时间会自动与时间服务器联网同步，如果需要手动设置时间，可先关闭"自动设置时间"，然后单击"手动设置日期和时间"下方的"更改"按钮，就可以修改日期和时间，如图 2-39 所示。建议使用时还是打开"自动设置时间"。

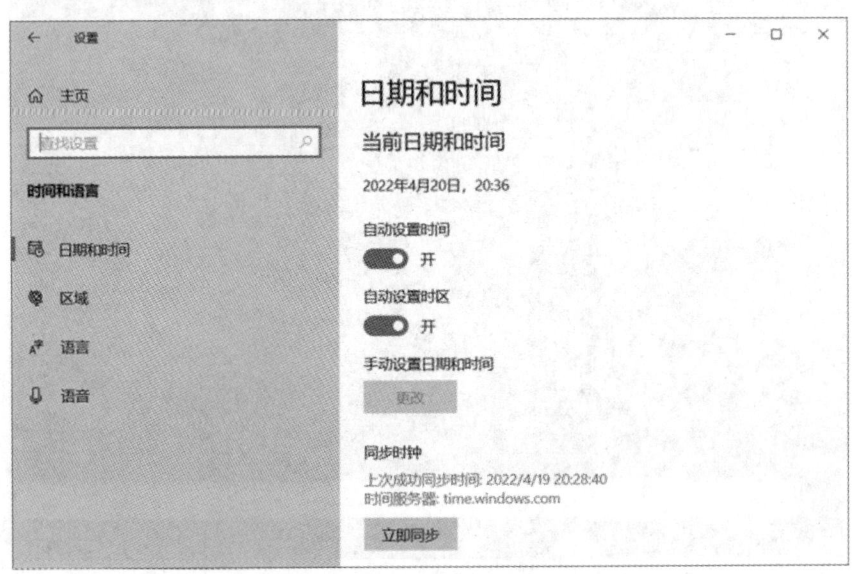


**图 2-38　设置日期和时间**

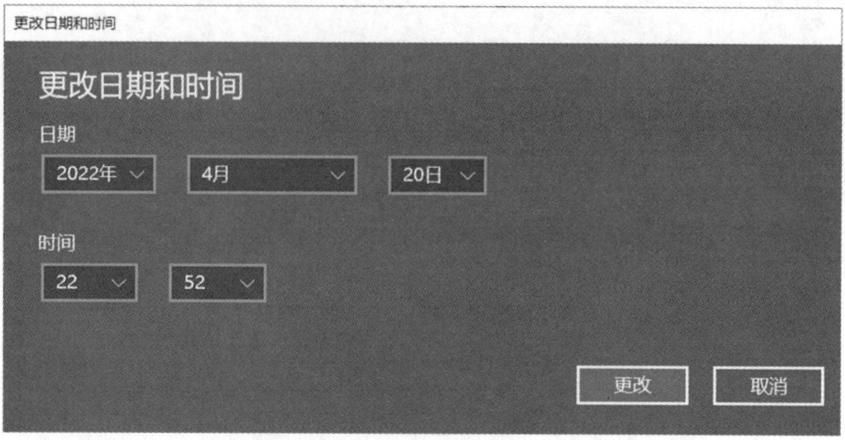

图 2-39　更改日期和时间

## 二、键盘的设置

Windows 10 的“键盘属性”对话框需要从“控制面板”中打开，将“控制面板”的查看方式改为“大图标”或“小图标”，然后单击“键盘”即可打开“键盘属性”对话框。另一种相对快捷的操作方式是：单击任务栏中的搜索框或搜索按钮，然后输入“键盘”，在搜索结果中单击“键盘”即可，如图 2-40 所示。“键盘属性”对话框如图 2-41 所示，在此对话框中可以设置键盘的重复延迟、重复速度和光标闪烁速度等。

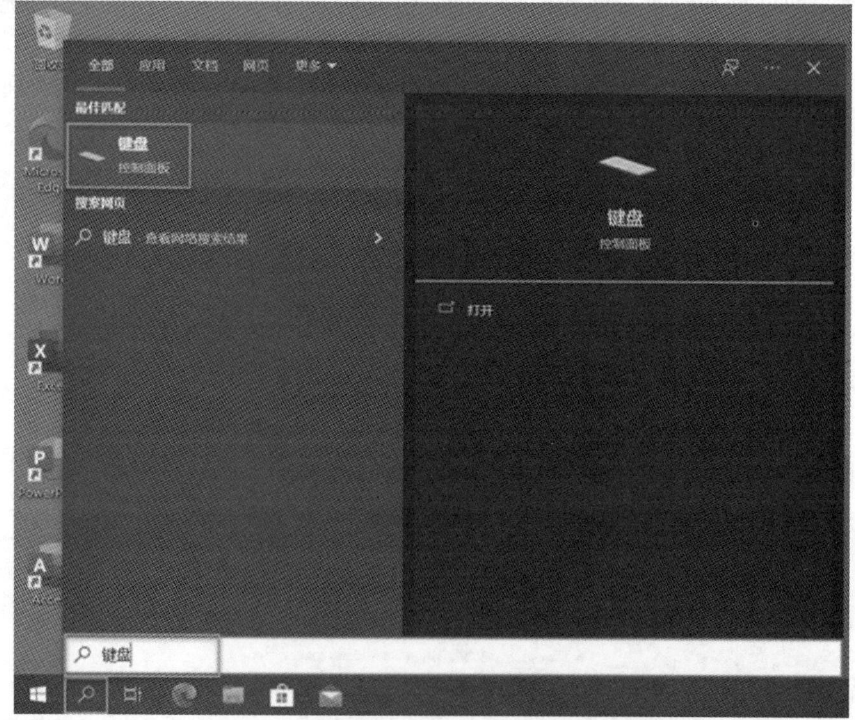


图 2-40　搜索键盘设置

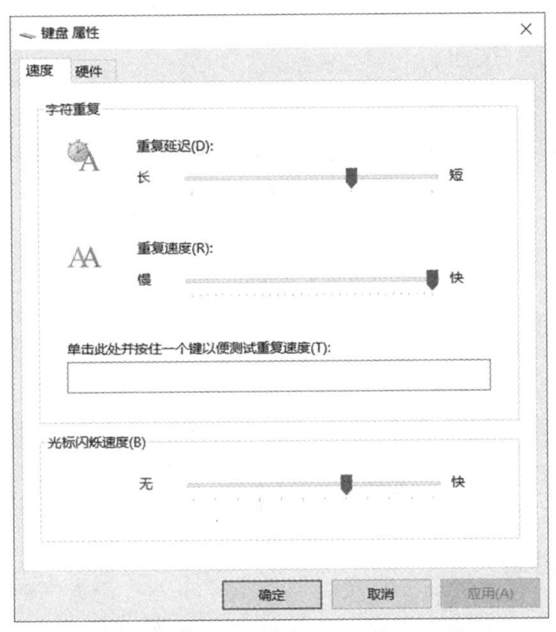


图 2-41　“键盘属性”对话框

## 三、鼠标的设置

在“Windows 设置”中搜索“鼠标”，或从任务栏中搜索“鼠标”，然后选择“鼠标设置”，即可打开设置鼠标界面，如图 2-42 所示，可以设置鼠标的主按钮、光标速度、每次滚动的行数等，在此界面底部的相关设置中还可以调整鼠标和光标大小，还包含其他鼠标设置选项。

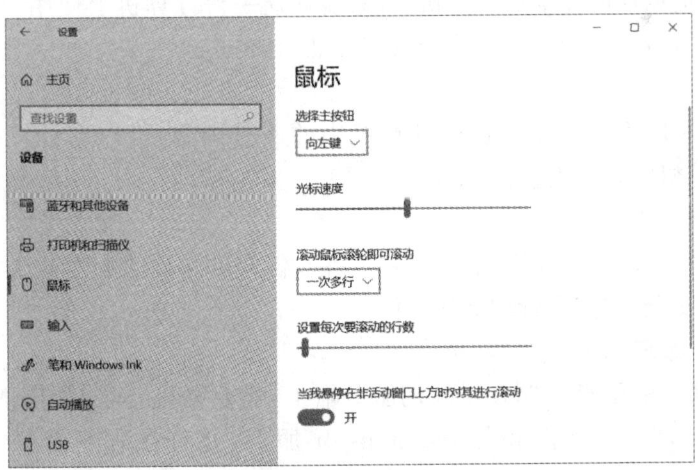


图 2-42　设置鼠标

## 四、添加和删除输入法

在“Windows 设置”主页，选择“时间和语言”，然后在左侧窗格选择“语言”，在右侧窗格滚动到“首选语言”，选择其中的“中文(简体，中国)”，然后单击新出现的“选项”按钮，在新出现的窗口滚动到“键盘”，单击“添加键盘”即可添加输入法。Windows 10 自带的简体中文输入法有微软拼音和微软五笔，如图 2-43 所示。如果要删除输入法，可以先单击已添加的输入法，然后单击“删除”按钮。

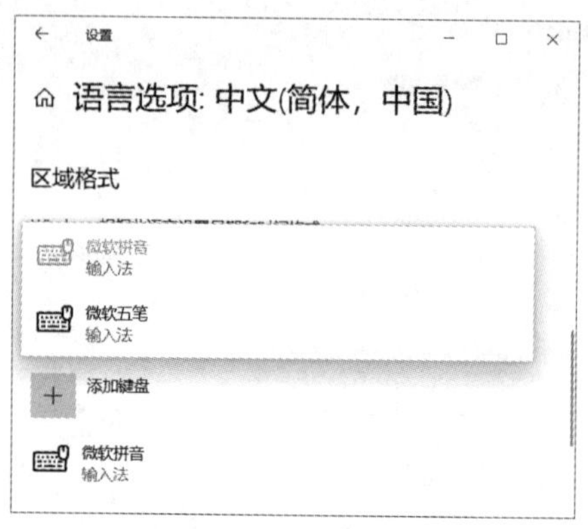


**图 2-43　添加输入法界面**

## 五、用户账户的设置

Windows 10 是个多用户操作系统，用户账户的作用是给每一个使用这台计算机的人设置一个满足个性化需求的工作环境，这样多个人使用同一台计算机就不会互相干扰，每个人都可以按照自己的需要来设置计算机。

### (一)分类

在 Windows 10 中，账户有两种，分为本地账户和 Microsoft 账户。

1. 本地账户

本地账户的信息存储在本地计算机上，只能在这一台计算机上使用。本地账户根据权限的不同，又有两种账户类型，分为管理员和标准用户。

(1)管理员

管理员账户可以不受限制地访问计算机中的所有内容，可以在计算机中安装应用程序，可以更改计算机的各项设置。

(2)标准用户

标准用户账户可以使用计算机的大多数功能，但是如果要进行的设置更改会影响计算机的其他用户或安全，则需要管理员的许可。

2. Microsoft 账户

Microsoft 账户的信息存储在微软的服务器上，需要联机登录，使用 Microsoft 账户可以跨设备访问你的应用、文件和各项 Microsoft 服务，并且在这些设备之间同步设置和文件。

### (二)创建账户

1. 创建 Microsoft 账户

在“Windows 设置”主页选择“账户”，在右侧窗格中单击“改用 Microsoft 账户登录”，将会打开“Microsoft 账户”对话框，在此对话框中单击“创建一个”，如图 2-44 所示，然后按照提示完成“Microsoft 账户”的创建。创建完成后，按照之前的操作步骤再次打开此对话框，就可以使用“Microsoft 账户”登录 Windows。

图 2-44　“Microsoft 账户”对话框

2. 创建本地账户

在“Windows 设置”主页选择“账户”，然后在左侧窗格中选择“家庭和其他用户”，接下来在右侧窗格滚动到“其他用户”，单击“将其他人添加到这台电脑”，将会弹出“Microsoft 账户”对话框。在“Microsoft 账户”对话框中，如果询问“此人将如何登录”，选择“我没有这个人的登录信息”，如果提示“创建账户”，选择“添加一个没有 Microsoft 账户的用户”，直到到达“为这台电脑创建用户”界面，然后按照提示创建本地账户，如图 2-45 所示。

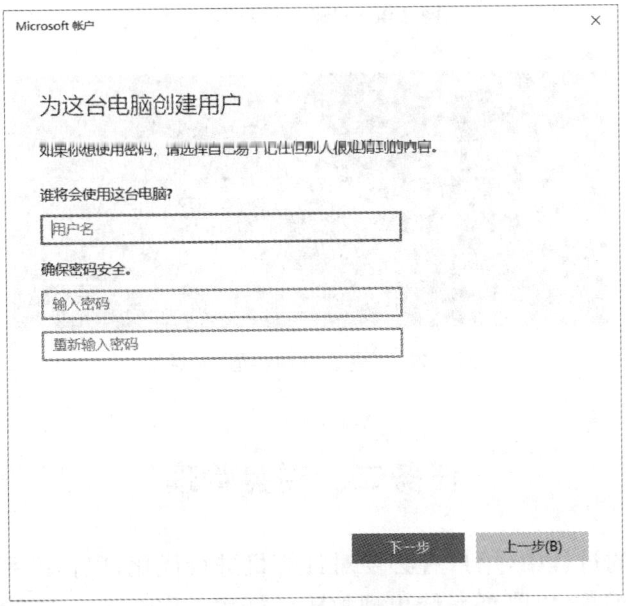

图 2-45　“为这台电脑创建用户”界面

### (三)更改账户设置

在“Windows 设置”主页单击“账户”,进入设置“账户”界面,在这里可以进行创建密码、设置头像、更改账户类型、删除账户等操作。

如果是使用“Microsoft 账户”登录的,进入设置“账户”界面后,在右侧点击“管理我的 Microsoft 账户”,如图 2-46 所示,将会打开微软官方的“Microsoft 账户”网站,在网站中可以对“Microsoft 账户”进行各种管理操作。

如果是使用本地账户登录的,修改登录密码请按下列步骤操作:进入设置“账户”界面后,在左侧点击“登录选项”,在右侧找到“密码”,单击“更改”按钮即可修改密码。修改账户类型请按下列步骤操作:进入设置“账户”界面后,在左侧单击“家庭和其他用户”,在右侧“其他用户”下单击要修改的用户,单击“更改账户类型”按钮,即可修改账户类型,如图 2-47 所示。

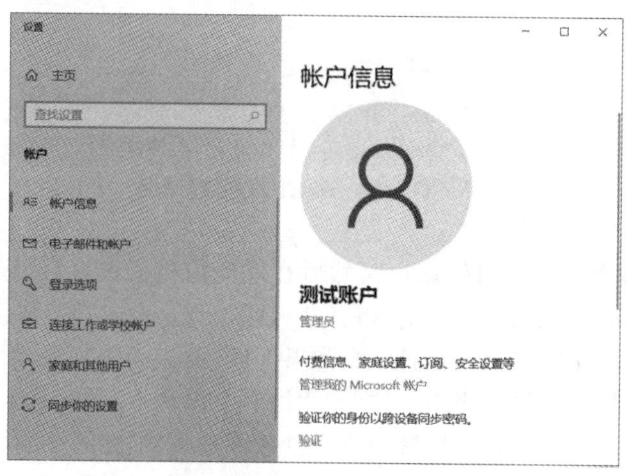


图 2-46 “账户信息”界面

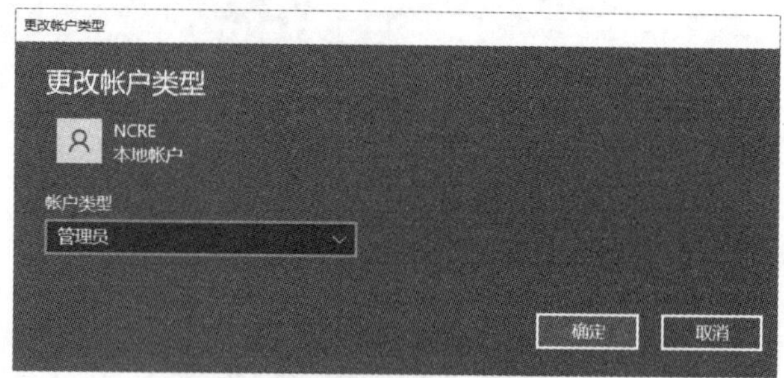


图 2-47 “更改账户类型”对话框

## 任务二 磁盘管理

在使用计算机的过程中,用户有必要对计算机进行优化,以提高系统的性能,同时,应定期对计算机进行维护,以降低系统出现故障的概率。Windows 10 操作系统自身就带有很多小工具,可以帮助用户维护和优化系统。

## 一、本地磁盘属性

在文件资源管理器窗口中左侧导航窗格中，单击“此电脑”，然后在右侧窗格中可以看到至少一个“本地磁盘”，在任意一个“本地磁盘”上右击，然后选择“属性”，即可打开“磁盘属性”对话框。“磁盘属性”对话框主要用于查看磁盘的基本信息以及对磁盘进行管理。在“磁盘属性”对话框中共有七个选项卡：常规、工具、硬件、共享、安全、以前的版本和配额。这里主要介绍“常规”和“工具”选项卡。

(1)“常规”选项卡主要包括类型、文件系统、空间大小、卷标信息等常规信息，如图 2-48 所示。

(2)“工具”选项卡主要包括查错、碎片整理等功能，如图 2-49 所示。

图 2-48　磁盘属性对话框“常规”选项卡

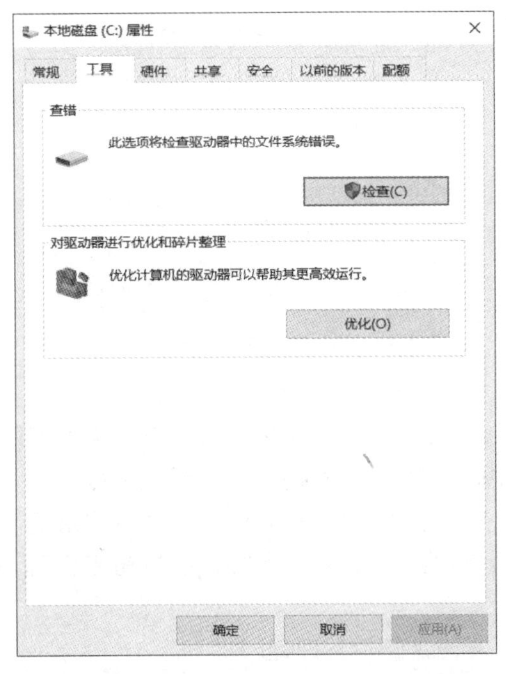


图 2-49　磁盘属性对话框“工具”选项卡

## 二、磁盘清理程序

磁盘清理程序是 Windows 系统中的垃圾文件清理工具，该程序可删除临时文件、清空回收站并删除指定的系统文件和其他不需要的文件。使用扫描磁盘程序可以查找出计算机内各种不需要的文件并删除，从而实现释放计算机硬盘空间的目的。

### 1. 清理文件

操作步骤如下：

(1)在“磁盘属性”对话框中单击“磁盘清理”按钮。

(2)在弹出的“磁盘清理”对话框中勾选要删除的文件，然后单击“确定”按钮，即可开始清理文件，如图 2-50 所示。

(3)如果需要清理系统文件，在“磁盘清理”对话框中单击“清理系统文件”按钮，在弹出的对话框中可以看到更多可清理的文件以及“其他选项”选项卡，如图 2-51 所示，勾选要清理的文件，然后单击“确定”按钮即可开始清理。

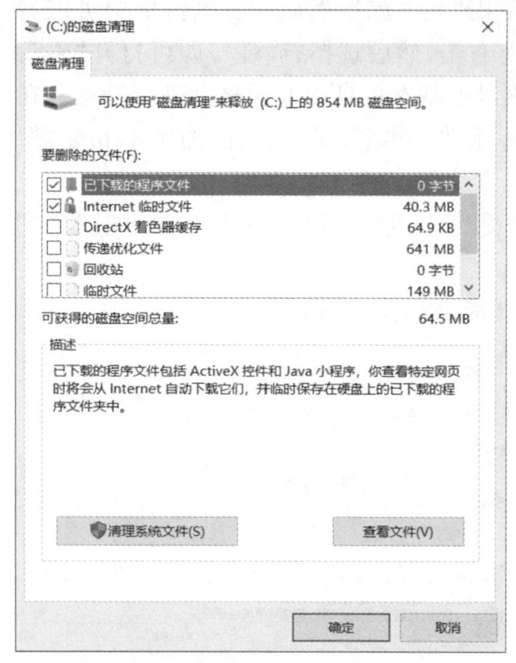


图 2-50　“磁盘清理”对话框

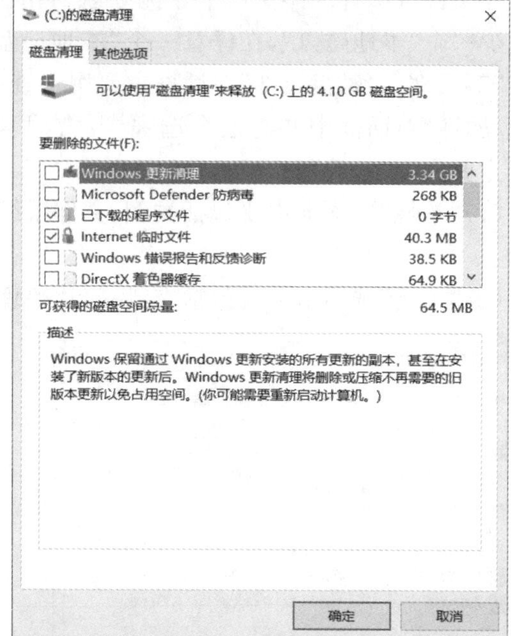


图 2-51　点击“清理系统文件”后的“磁盘清理”对话框

2. 清理程序、功能及还原点

利用磁盘清理工具，不仅可以删除不使用的垃圾文件，还可以在“其他选项”选项卡中，通过卸载程序、删除还原点来释放磁盘空间，操作步骤如下：

在“磁盘清理”对话框中单击“清理系统文件”按钮，在弹出的对话框中单击“其他选项”选项卡，然后单击对应的“清理”按钮来清理不使用的程序或功能或删除还原点，如图 2-52 所示。

3. 磁盘碎片整理程序

磁盘碎片整理是合并卷的碎片数据，以便磁盘能够更高效地工作。磁盘中的文件是以簇为单位分布在磁盘的多个位置，其中零散的簇称为文件碎片，又称为磁盘碎片。磁盘上的文件碎片越多、越零散，Windows 对文件的操作速度也就越慢。磁盘碎片整理是将分散在磁盘内的文件碎片集合起来，连续地存放在一起，以提高系统对文件的操作速度。

(1)磁盘碎片整理介绍。当用户保存、更改或删除文件时，随着时间的推移，磁盘上会产生碎片。所保存的更改后的文件通常存储在磁盘上的位置与原始文件所在位置不同，因此会改变组成文件的信息片段在实际磁盘中的存储位置。随着时间的推移，文件和磁盘本身都会碎片化，计算机运行速度也会跟着变慢。磁盘碎片整理程序是重新排列卷上的数据并重新合并碎片数据的工具，它有助于计算机更高效地运行。在 Windows 10 中，磁盘碎片整理程序可以按计划自动运行，因此用户无须自行去运行程序。

(2)利用窗口界面整理磁盘碎片，操作步骤如下：

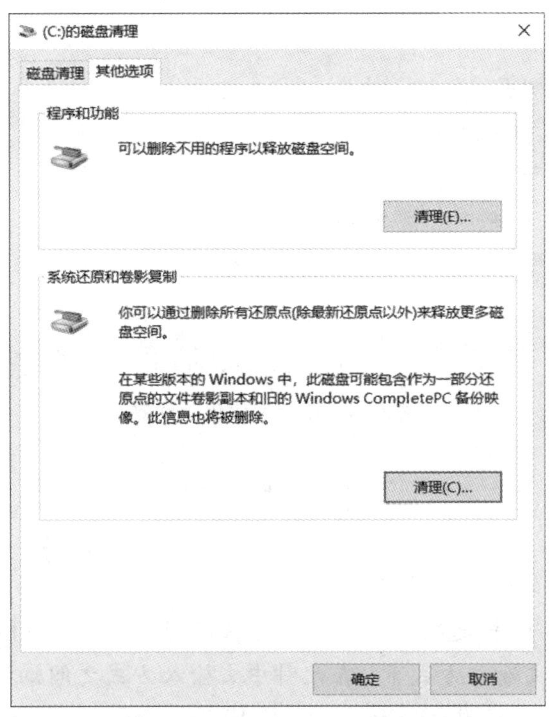


图 2-52　“磁盘清理”对话框的“其他选项”选项卡

单击任务栏中的搜索按钮或搜索框，输入“碎片”，然后在搜索结果中选择“碎片整理和优化驱动器”，将打开“优化驱动器”窗口。在“优化驱动器”窗口中，选择要优化的驱动器，然后单击“优化”按钮即可开始碎片整理和优化驱动器工作，如图 2-53 所示。

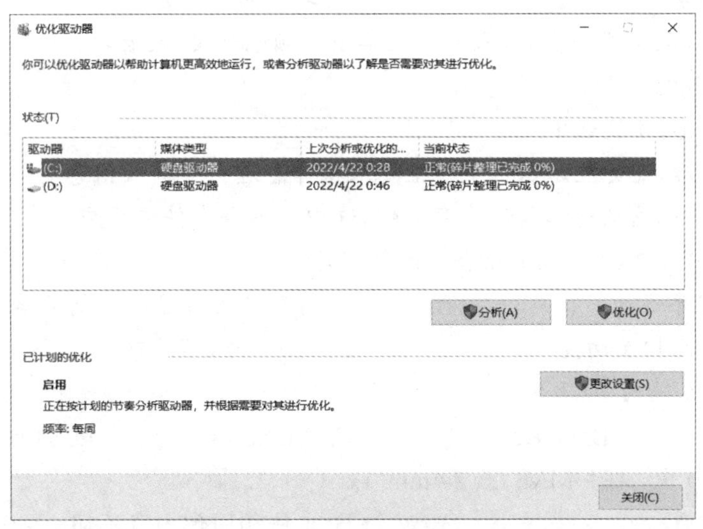


图 2-53　“优化驱动器”窗口

(3)碎片整理和优化驱动器可以设置为按计划自动运行。在“优化驱动器”窗口中，单击“更改设置”按钮，在弹出的对话框中可以设置自动执行优化驱动器任务的频率和驱动器，如图 2-54 所示。

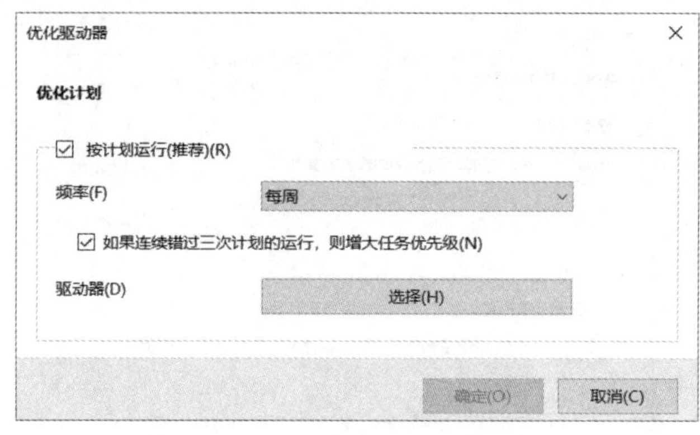


**图 2-54　按计划优化驱动器**

# 习　题　二

1. 将鼠标指针移到窗口的(　　)位置上拖曳,可以移动窗口。

A. 工具栏　　B. 标题栏　　C. 状态栏　　D. 编辑栏

2. 在 Windows 10 的中文输入方式下，在几种中文输入方式之间切换应按(　　)组合键。

A. Ctrl＋Alt　　B. Ctrl＋Shift　　C. Shift＋Space　　D. Ctrl＋Space

3. 在 Windows 10 中,剪贴板是用来在程序和文件间传递信息的临时存储区,此存储区是(　　)。

A. “回收站”的一部分　　B. 硬盘的一部分

C. 内存的一部分　　D. 软件的一部分

4. 在 Windows 10 菜单操作中,如果某个菜单项的颜色暗淡,则表示(　　)。

A. 只要双击,就能选中

B. 必须连续三击,才能选中

C. 单击被选中后,还会显示出一个方框要求操作者进一步输入信息

D. 在当前情况下,这项选择是没有意义的,选中它不会有任何反应

5. 在 Windows 10 中“Alt＋Tab”组合键的作用是(　　)。

A. 关闭应用程序　　B. 打开应用程序的控制菜单

C. 应用程序之间相互切换　　D. 打开“开始”菜单

6. 以下不是操作系统的是(　　)。

A. Java　　B. UNIX　　C. Windows　　D. DOS

7. 在 Windows 10 中,文件 MM. txt 和 mm. txt (　　)。

A. 是同一个文件　　B. 文件相同但内容不同

C. 不确定　　D. 是两个文件

8. 下列关于硬盘的说法中错误的是(　　)。

A. 硬盘属于外存　　B. 格式化硬盘后信息不会丢失

C. 断电后,硬盘原有信息不会丢失　　D. 硬盘读写速度比内存慢

9. Windows 10 中，文件名中不能包括的符号是(　　)。

A. ＃　　B. ＞　　C. ～　　D. ；

10. 在Windows 10 的"回收站"中，可以恢复(　　)。

A. 从硬盘中删除的文件或文件夹

B. 从 U 盘中删除的文件或文件夹

C. 剪切掉的文档

D. 从光盘中删除的文件或文件夹

11. 以下文件类型中，不属于音频文件的是(　　)。

A. AVI　　B. WAV　　C. MP3　　D. MIDI

12. 下列文件中，是可执行文件的为(　　)。

A. MSDOS. SYS　　B. IO. SYS　　C. TOEEC. BAK　　D. UTEC. EXE

13. Windows 窗口常用的"复制"命令，其功能是把选中的内容复制到(　　)。

A. 回收站　　B. 库　　C. Word　　D. 剪贴板

14. Windows 的桌面上可以同时打开多个窗口，其中当前活动窗口是(　　)。

A. 第一个打开的窗口　　B. 第二个打开的窗口

C. 最后打开的窗口　　D. 无当前活动窗口

15. 在搜索文件或文件夹时，若用户输入"＊. ＊"，则将搜索(　　)。

A. 所有含有＊的文件　　B. 所有扩展名中含有＊的文件

C. 所有文件　　D. 以上都不对

16. 要弹出快捷菜单，可用鼠标(　　)来实现。

A. 右击　　B. 左击　　C. 双击　　D. 拖动

17. Windows 10 系统是(　　)。

A. 单用户单任务系统　　B. 单用户多任务系统

C. 多用户多任务系统　　D. 多用户单任务系统

18. 当一个应用程序窗口被最小化后，该应用程序将(　　)。

A. 被终止执行　　B. 被转入后台执行

C. 被暂停执行　　D. 继续在前台执行

19. 文件夹中不可存放(　　)。

A. 文件　　B. 多个文件　　C. 字符　　D. 文件夹

20. 在 Windows 窗口中，"查看"菜单可以提供不同的显示方式，下列选项中，不可以实现的是(　　)。

A. 按日期显示　　B. 按文件类型显示

C. 按文件大小显示　　D. 按文件创建者名称显示

# 第三章　文字处理软件 Word

## 【本章导读】

本章主要包括以下内容：

1. 杂志基本排版——Word 2016 的编辑、排版。
2. 杂志高级排版——Word 2016 图文混排。
3. 制作名片——Word 2016 的各种对象插入。
4. 制作成绩表——Word 2016 的表格制作。
5. 批量制作期末成绩单——Word 2016 的邮件合并。
6. 制作论文目录——Word 2016 的高级应用。

## 项目一　杂志基本排版——Word 2016 的编辑、排版

## 【项目描述】

本项目主要介绍 Word 2016 编辑、排版的基本知识，并举例进行了实际操作。

## 【学习目标】

1. 熟悉 Word 操作环境。
2. 掌握文档内容的输入与编辑方法。
3. 掌握字符设置、段落设置、边框底纹设置、特殊格式设置(分栏、首字下沉)。
4. 掌握设置项目符号和编号的方法。

### 任务一　Word 2016 基本操作

一、工作环境简介

**(一)启动和退出**

启动：在 Windows 10 环境下，单击“开始”按钮，点击 Word 2016 快捷方式，打开 Word 2016 应用程序窗口，点击“空白文档”，系统自动创建文档编辑窗口，并用“文档 1”命名。

退出：点击应用程序窗口右上角“关闭”按钮；使用快捷键“Alt+F4”。Word 2016 的界面如图 3-1 所示。

**(二)几种视图**

在 Word 2016 中提供了多种视图模式供用户选择，这些视图模式包括“页面视图”“阅读版式视图”“Web 版式视图”“大纲视图”和“草稿”五种视图模式，如图 3-2 所示。

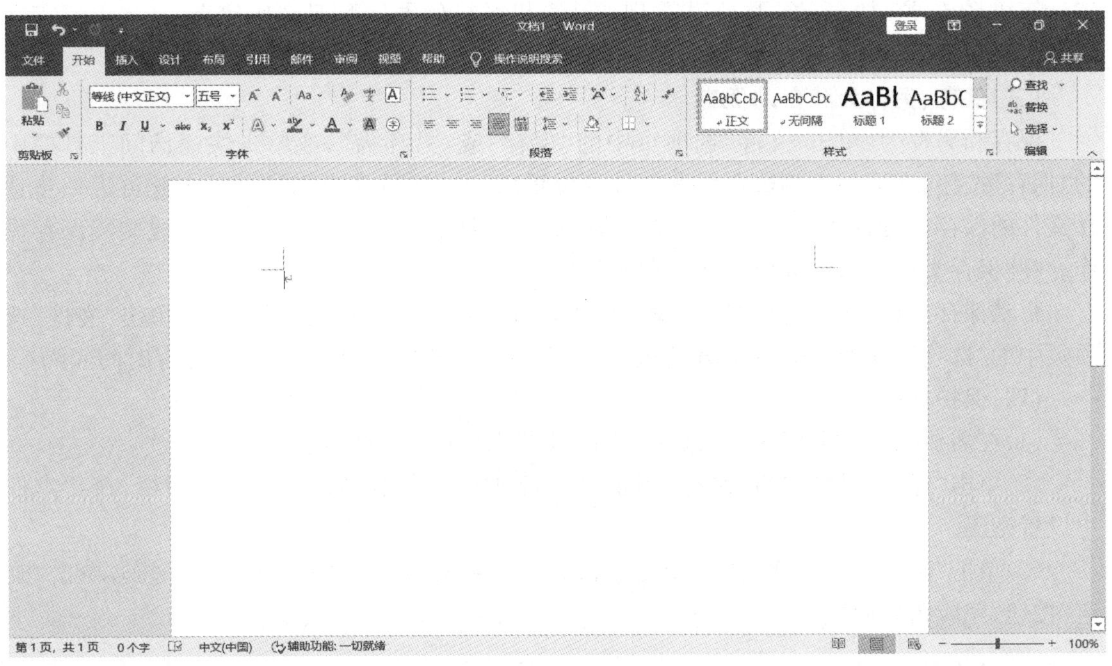


图 3-1　Word 2016 界面

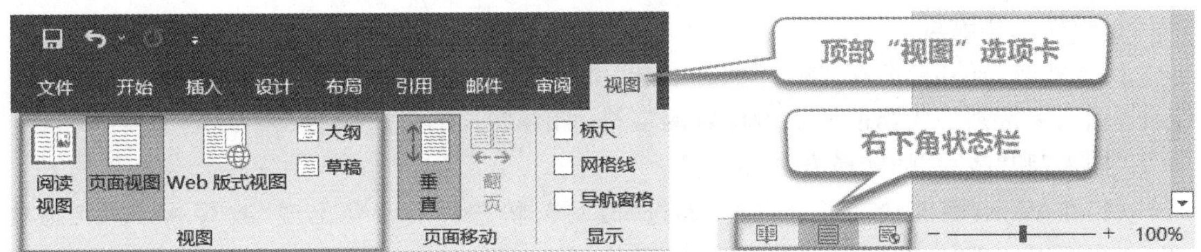


图 3-2　五种视图模式

1. 页面视图

页面视图可以显示 Word 文档的打印结果外观，主要包括页眉和页脚、图形对象、分栏设置、页面边距等元素，是最接近打印结果的页面视图。

2. 阅读版式视图

阅读版式视图以图书的分栏样式显示 Word 文档，选项卡及组等窗口元素被隐藏起来。在阅读版式视图中，用户还可以单击“工具”按钮选择各种阅读工具。

3. Web 版式视图

Web 版式视图以网页的形式显示文档，Web 版式视图适用于发送电子邮件和创建网页。

4. 大纲视图

大纲视图主要用于设置 Word 文档标题的层级结构，可以方便地折叠和展开各种层级的文档。大纲视图广泛用于长文档的快速浏览和设置。

5. 草稿

草稿视图取消了页面边距、分栏、页眉/页脚和图片等元素，仅显示标题和正文，是最节省计算机系统硬件资源的视图方式。现在计算机系统的硬件配置都比较高,基本上不存在硬件配置偏低而使 Word 2016 运行遇到障碍的问题。

**(三)保存、另存为和自动保存**

保存和另存为:单击“文件”选项页中的“保存”或“另存为”,或单击快速访问工具栏中的“保存”按钮,在页面右侧选择保存文件的位置后,弹出“另存为”对话框,在此可进一步选择文件的保存位置,在“文件名”文本框中输入新文件名,单击“保存”按钮,完成文档保存操作。在“保存类型”中,可以更改文件存储类型。

自动保存:自动保存是指在指定时间间隔中自动保存文档的功能。通过单击“文件”选项页中的“选项”,在弹出的“Word 选项”对话框中,点击“保存”可指定自动保存时间间隔。

**(四)保护文档**

(1)在需要保护的文档编辑窗口中单击“文件”选项页中的“信息”。

(2)单击“保护文档”按钮,选择“用密码进行加密”,弹出“加密文档”对话框,在文本框中设置密码。

(3)单击“确定”按钮,弹出“重新输入密码”对话框。再次输入所设置的密码,单击“确定”按钮,完成密码设置。

## 二、文档编辑

**(一)插入和改写**

插入和改写的区别:在“插入”状态下,即可在插入点位置直接输入字符;若在“改写”状态下,输入字符则替代当前插入点位置的字符,如图 3-3 所示。

“插入”和“改写”的转换方法如下:

(1)在 Word 底部状态栏上右击,勾选“改写”,状态栏上就会出现“改写/插入”状态按钮,点击可以实现“改写”状态和“插入”状态的切换。

(2)“改写”和“插入”状态的转换也可以通过按键盘上的 Insert 键实现。

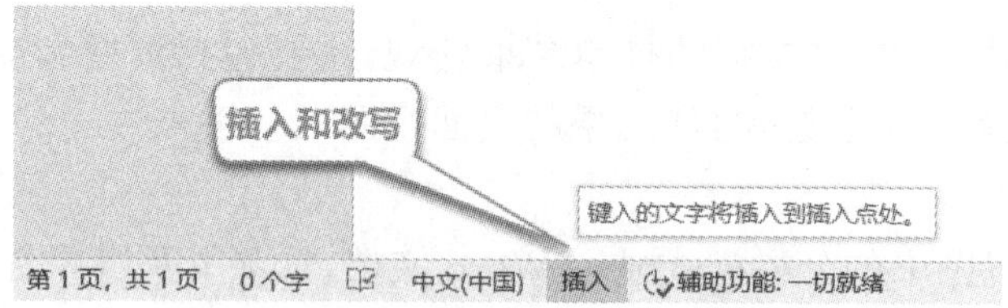


**图 3-3　插入和改写**

**(二)插入符号**

在文本录入时,可能经常需要输入一些键盘上没有的特殊符号,例如①、☆、⊙等,方法如下:

(1)单击“插入”选项卡,选择“符号”按钮,点击“其他符号”,弹出“符号”对话框,如图 3-4 所示。

(2)使用输入法自带的软键盘进行输入,如图 3-5 所示。

(3)在搜狗输入法状态下,可用 V 模式来输入特殊字符。

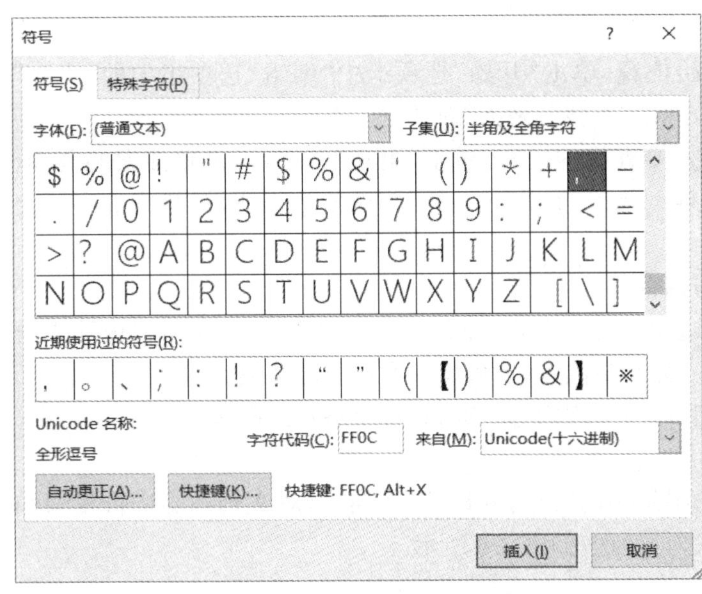


图 3-4　“符号”对话框

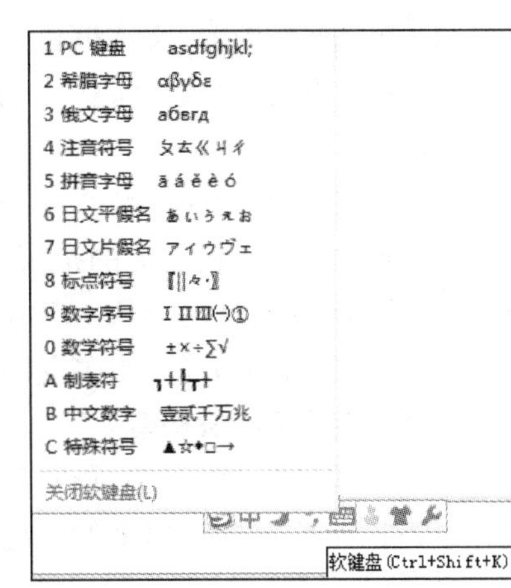


图 3-5　输入法自带的软键盘

**(三)选定文本**

操作方法如下：

(1)用鼠标指针从要选定文本的起始位置拖动到要标记文本的结束位置，鼠标经过的文本区域被选定。

(2)如果将鼠标指针移动到文档某段落中，连续点击鼠标左键三下，则可选定该段落。

(3)将鼠标指针移动到需要选定的字符前，按住 Alt 键，单击并拖动鼠标，可选定鼠标经过的矩形区域。

(4)在 Word 中，在按住 Ctrl 键的情况下，通过鼠标拖动可以分别选择多个区域。

(5)点击“开始”选项卡，在“编辑”选项组“选择”下拉菜单中选择“全选”或按快捷键“Ctrl＋A”可选择全部文档。

(6)在选定区点击鼠标，按简单记忆口诀“一行二段三全部”进行操作。

**(四)复制或移动文本**

(1)选定要复制或移动的文本内容，单击“开始”选项卡中“剪贴板”选项组中的“复制”或“剪切”按钮，将鼠标指针移动到目标位置，单击“剪贴板”选项组中的“粘贴”按钮，即可实现文件的复制。连续执行“粘贴”操作，可将一段文本复制到文档的多个地方。

(2)用鼠标拖动也可以移动或复制文本。选定要移动或复制的文本内容，移动鼠标指针到选定目标处，此时鼠标指针成为一个箭头，按住鼠标左键拖动到目标位置完成移动操作，如果在拖动时按住 Ctrl 键，则执行复制操作。

(3)利用快捷键“Ctrl＋X”(剪切)、“Ctrl＋C”(复制)、“Ctrl＋V”(粘贴)完成。

**(五)撤销与重复**

如果在编辑中出现错误操作，可单击快速访问工具栏中的“撤销”按钮恢复原来的状态，“重复”按钮用来将撤销的命令重新执行。撤销的快捷键是“Ctrl＋Z”，重复的快捷键是“Ctrl＋Y”。

**(六)查找与替换**

(1)将插入点移至要查找的起始位置,单击“开始”选项卡中“编辑”选项组中的“查找”框下拉按钮,选择“高级查找”选项,弹出“查找和替换”对话框。

(2)在“查找内容”文本框内输入要查找的内容,单击“更多”按钮,可设置搜索的范围、查找对象的格式、查找的特殊字符等。单击“查找下一处”按钮依次查找,被找到的字符会反白显示。

(3)完成操作后,关闭“查找”对话框。

替换功能是查找功能的扩展,适用于替换多处相同的内容。在“替换”文本框内输入要替换的内容,系统既可以每次替换一处查找内容,也可以一次性全部替换。

单击对话框下方的“更多”按钮,可以实现内容不变,只替换格式的操作。

**(七)拼写及语法检查**

单击“审阅”选项卡中“校对”选项组中的“拼写和语法”按钮,可对文档内容进行拼写和语法检查,然后对检查出来的问题进行处理,如图 3-6 所示。

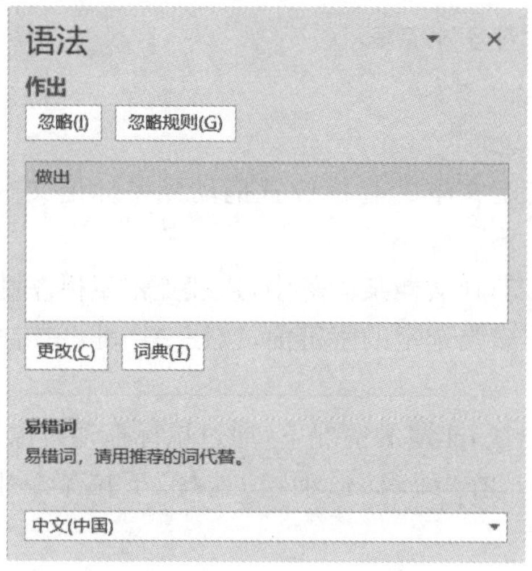


**图 3-6　“拼写和语法”任务窗格**

## 三、字符设置

设置字符格式,操作方法如下:

(1)先选定要格式化的文字,然后使用“开始”选项卡“字体”选项组来设置格式,如图 3-7 所示。

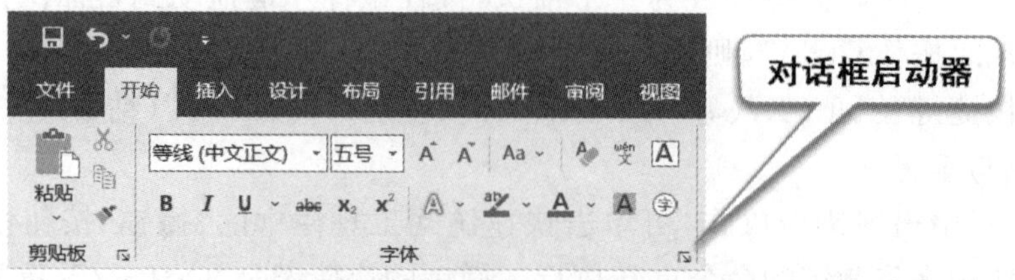


**图 3-7　“开始”选项卡“字体”选项组**

(2)先选定要格式化的文字,然后单击“开始”选项卡“字体”选项组右下角的对话框启动器按钮,打开“字体”对话框,在此对话框中可以进行更丰富的格式设置,如图 3-8 所示。

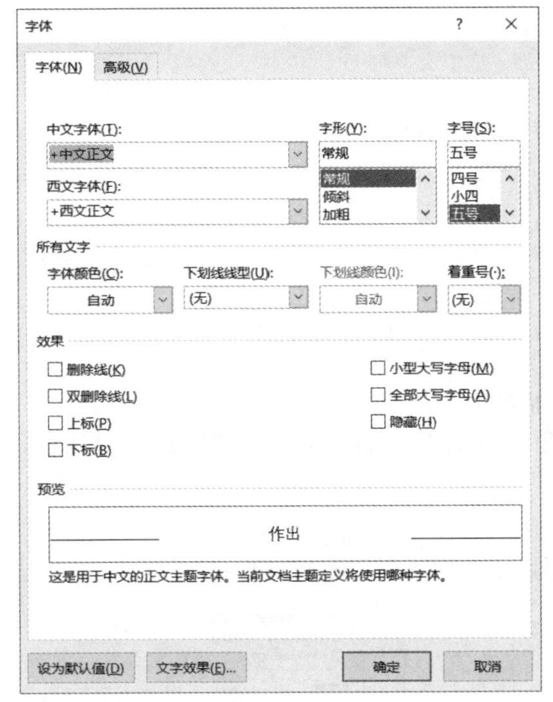

**图 3-8　“字体”对话框**

(3)使用快捷键可以很方便地格式化文本。

“Ctrl++”:设置下标;“Ctrl+Shift++”:设置上标;“Ctrl+B”:设置加粗;“Ctrl+I”:设置斜体。

(4)选定已设置好格式的一段文本,单击“开始”选项卡中“剪贴板”选项组中的“格式刷”按钮,当鼠标指针变成小刷子时,拖动小刷子选择要进行格式复制的文本,小刷子经过的文本会变为所要的文本格式。若要复制到多处,则双击“格式刷”按钮,再拖动鼠标进行多次格式的复制,操作完成后再次单击“格式刷”按钮取消复制格式状态。

## 四、段落设置

段落是文档的基本组成单位。段落可由任意数量的文字、图形、对象(例如公式、图表)及其他内容所构成。每次按下 Enter 键时,就插入一个段落标记,表示一个段落的结束。段落标记的作用是存放整个段落的格式。如果不小心删除了一个段落标记,这个段落就会与下一个段落合并,下一个段落格式也会消失,取而代之的是当前段落的格式。

### (一)设置段落格式

操作方法如下:

(1)使用“开始”选项卡“段落”选项组来设置段落格式,如图 3-9 所示。

(2)用页面标尺设置段落格式,如图 3-10 所示。显示标尺的操作方法:勾选“视图”选项卡中的“显示”选项组中的“标尺”即可。

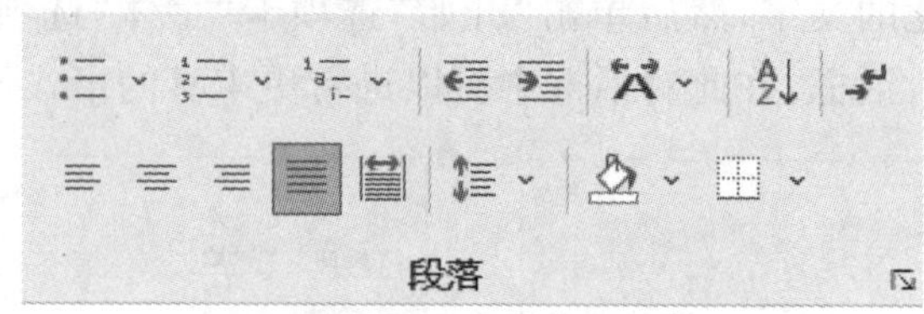


图 3-9 "开始"选项卡"段落"选项组

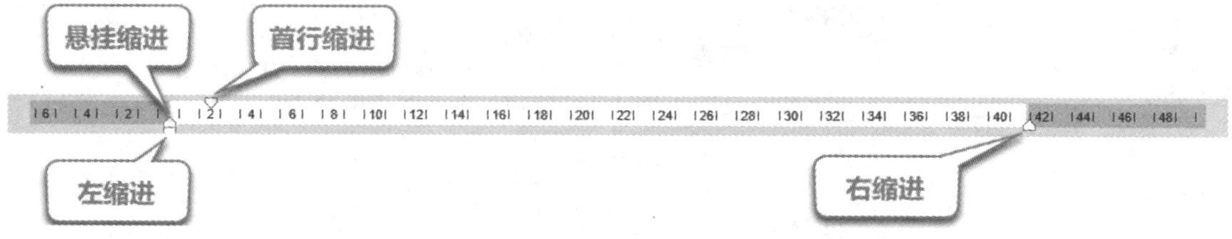


图 3-10 标尺

(3)单击"开始"选项卡"段落"选项组右下角的对话框启动器按钮打开"段落"对话框,然后设置段落格式,如图 3-11 所示。

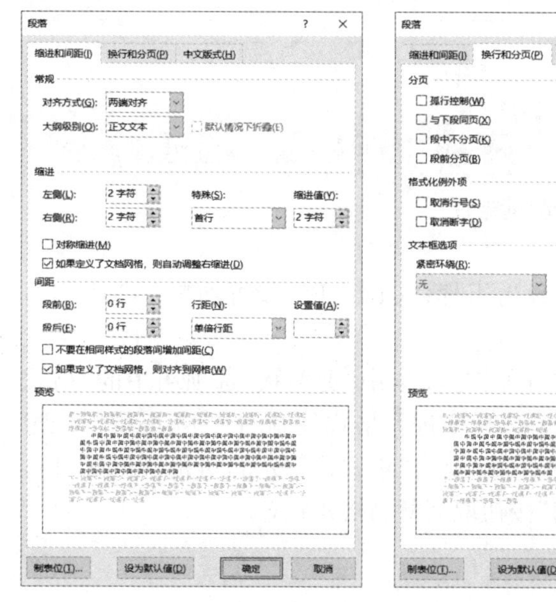


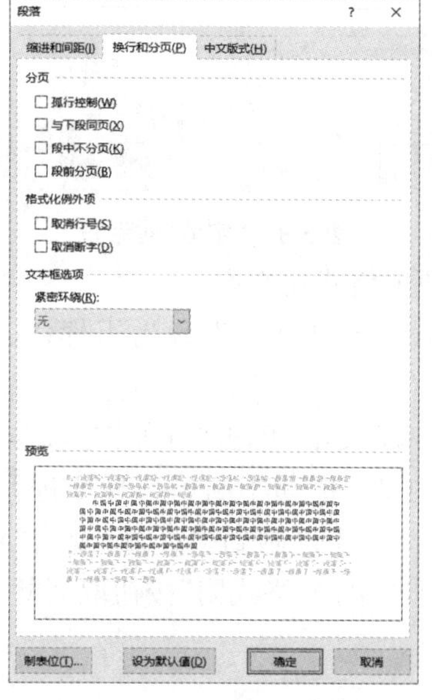


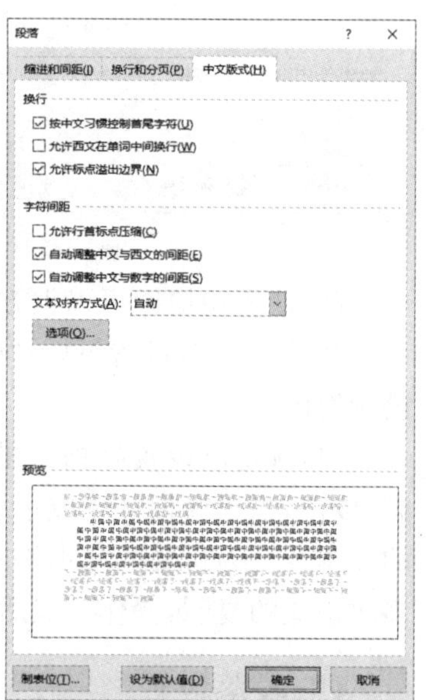


图 3-11 "段落"对话框

## (二)段落对齐

Word 提供了左对齐、居中、右对齐、两端对齐和分散对齐五种对齐方式,这五种分别对应"开始"选项卡中"段落"选项组中的五个按钮。

## (三)段落缩进

(1)段落缩进是指文档中为突出某个段落所设置的、在段落两边留出空白位置。段落缩进包括首行缩进、悬挂缩进、左缩进、右缩进四种。

(2)利用标尺、格式工具栏和"段落"对话框三种方式可以进行段落缩进的设置。

(3)"开始"选项卡中的"段落"选项组中有两个缩进按钮,单击"增加缩进量"按钮可使所选段落右移一个汉字，单击“减少缩进量”按钮可使所选段落左移一个汉字。

**(四)段落间距**

段落间距是指段落中行与行之间的距离、段落与段落之间的距离，“段前”“段后”选项可设置所选段落与前后段落之间的距离。

## 五、设置分栏和首字下沉

**(一)分栏**

分栏就是将文章分几列排版，常用于论文、报纸和杂志的排版中。可以对整个文章进行分栏操作，也可只对某个段落进行分栏，方法如下：

(1)选定要分栏的段落，单击“布局”选项卡“页面设置”选项组中的“分栏”按钮，选择“更多分栏”选项，弹出“分栏”对话框，如图 3-12 所示。

(2)在对话框中设置分栏参数后，单击“确定”按钮完成设置操作。

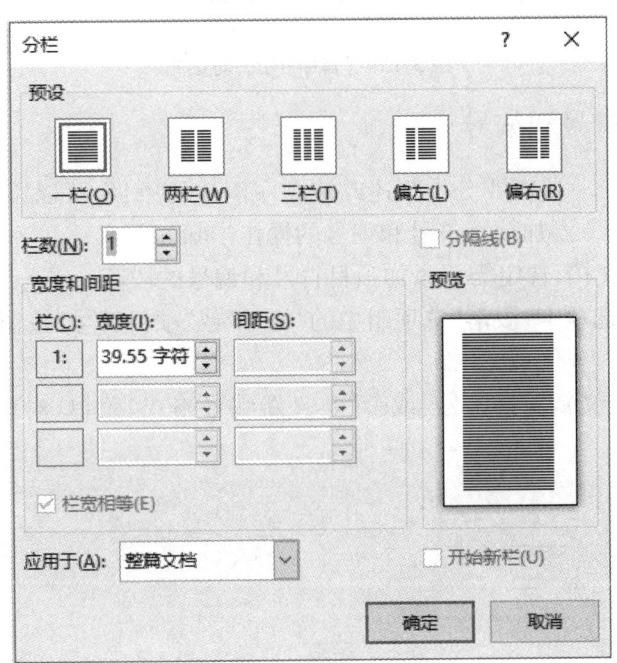


图 3-12 “分栏”对话框

**(二)首字下沉**

首字下沉是指文章段落的第一个字符放大显示。

设置首字下沉的操作步骤如下：

(1)将插入点移到要设置首字下沉的段落，单击“插入”选项卡“文本”选项组中的“首写下沉”按钮，再选择“首字下沉选项”，弹出“首字下沉”对话框，如图 3-13 所示。

(2)在“位置”选项组中选择“下沉”选项，在“字体”下拉列表框中设置首字字体，在“下沉行数”文本框中选择下沉的行数。

(3)单击“确定”按钮，完成首字下沉操作。

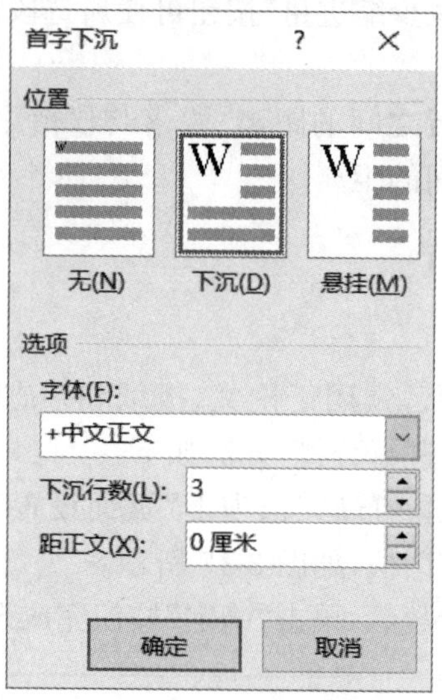


图 3-13　“首字下沉”对话框

## 六、设置项目符号和编号

在 Word 中，对于一些需要分类阐述或按顺序阐述的条目，可以添加项目符号和编号，使文档层次更加清晰。添加项目符号和编号的操作步骤如下：

(1)打开 Word 文档，选定需要添加项目符号和编号的段落。

(2)单击“开始”选项卡“段落”选项组中的“编号”或“项目符号”按钮，如图 3-14 所示，完成设置。

(3)可以单击“定义新项目符号”或者“定义新编号格式”菜单，对预设的符号或编号进行修改编辑。

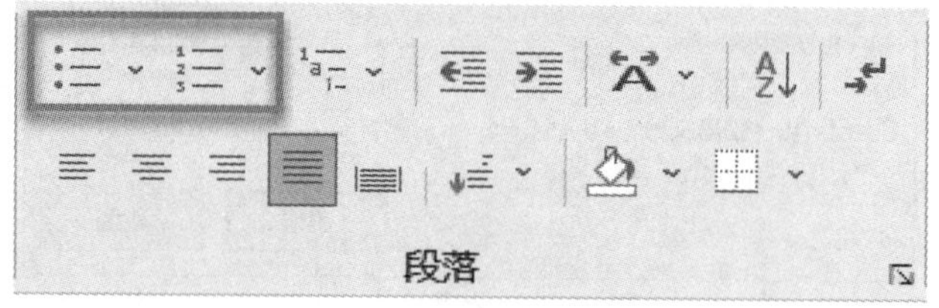


图 3-14　“段落”选项组

## 七、边框和底纹设置

给文字添加边框和底纹是对文档内容添加修饰，可以使文档的选项内容更加醒目，实现段落的特殊效果，方法如下：

(1)单击“开始”选项卡“段落”选项组“边框”按钮旁边的下拉按钮，在下拉列表中选择“边框和底纹”，然后在弹出的“边框和底纹”对话框中设置。

(2)单击“设计”选项卡“页面背景”选项组中的“页面边框”按钮，然后在弹出的“边框和底纹”对话框中设置，如图 3-15 所示。

方法(1)可以对选中的文字、段落、表格、单元格进行设置，方法(2)主要针对整个文档设置,“底纹”选项卡针对选定内容设置底纹。

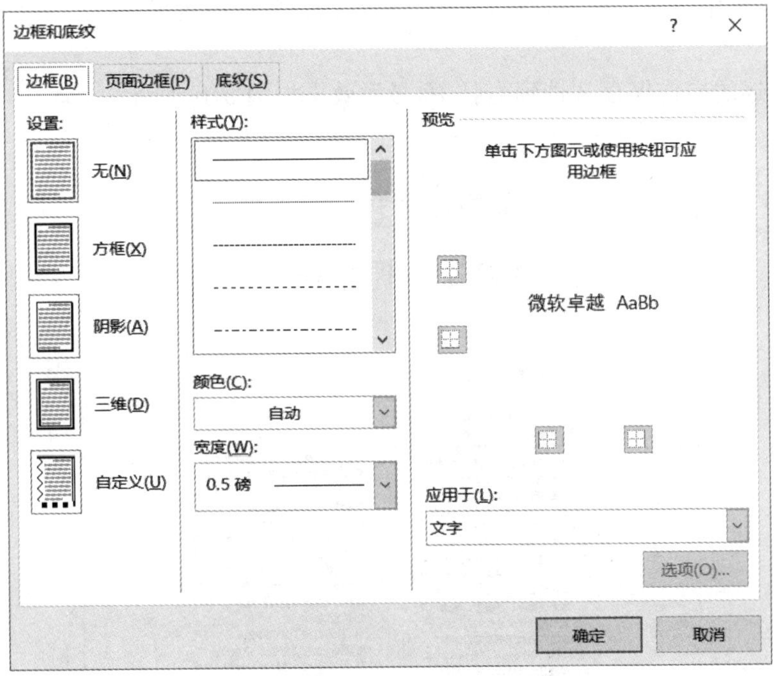

图 3-15　“边框和底纹”对话框

## 任务二　项目实施

小罗大学毕业后去了一家杂志社担任平面设计师,每天的工作就是页面排版,需要使用 Word 文字处理软件,他发现这个软件不像想象中那么简单,为此,他决定向经验丰富的同事小裴请教,小裴很愿意帮助小罗,为了让他尽快掌握 Word 软件,小裴将手头上正在做的杂志排版工作一步步演示给小罗看,小罗很快就掌握了 Word 文字处理软件的功能。小裴的演示操作如下:

1. 打开 Word 2016 文字处理软件

点击“开始”菜单,点击“Word 2016”快捷方式,打开 Word 2016 应用程序窗口。

2. 录入文字

素材路径:“素材:杂志文字素材.txt”。

3. 设置字符格式

选定要格式化的文字,然后单击“开始”选项卡“字体”选项组右下角的“字体”按钮,打开“字体”对话框,按照样张效果进行字体、字号、下划线等相应的设置。

4. 设置段落格式

选定要格式化的文字,然后单击“开始”选项卡“段落”选项组右下角的“段落设置”按钮,打开“段落”对话框,按照样张效果进行行距、对齐等相应的设置。

5. 设置分栏

(1)选定要分栏的段落,单击“布局”选项卡“页面设置”选项组中的“分栏”按钮,选择

“更多分栏”选项,弹出“分栏”对话框。

(2)在对话框中设置分栏参数后,单击“确定”按钮完成设置操作。

6. 保存

按前文叙述的操作保存文档到电脑中,最后效果如图 3-16 所示。

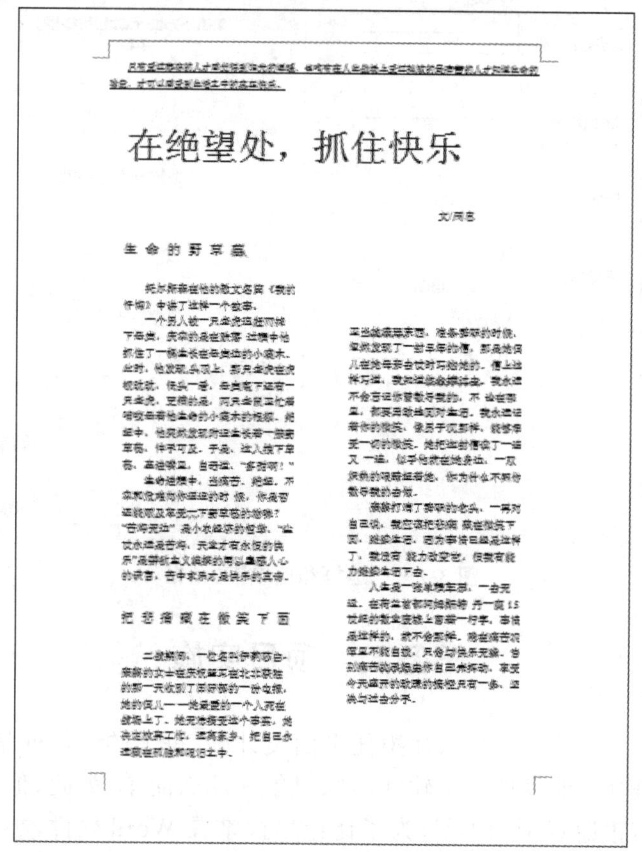

在绝望处，抓住快乐

文/网名

生命的野草莓

把悲痛藏在微笑下面

图 3-16　样张效果

# 项目二　杂志高级排版——Word 2016 的图文混排

## 【项目描述】

为了达到更好的视觉效果,本项目在基本排版的基础上,主要介绍了 Word 2016 高级排版——图文混排的基本操作方法。

## 【学习目标】

1. 掌握图片、艺术字的插入和编辑方法。
2. 页面格式设置:页面参数设置,插入页眉、页脚、页码。
3. 页面背景设置、水印设置。
4. 打印的相关设置。

# 任务一　Word 2016 的图文混排

## 一、设置艺术字

艺术字就是文字的特殊效果。

方法：在“插入”选项卡的“文本”选项组点击“艺术字”，如图 3-17 所示。

编辑：选中艺术字，菜单栏会增加一个“绘图工具”面板，可以对艺术字进行相应的修改。

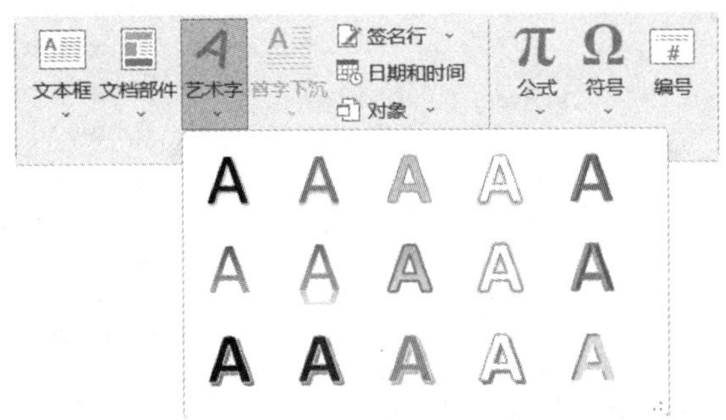


**图 3-17　设置艺术字**

## 二、设置图片

单击“插入”选项卡，在“插图”选项组点击“图片”按钮，选择图片素材，单击“确定”按钮。

### (一)编辑图片

图片的许多操作都需要使用图片工具，选中需要编辑的图片就会出现“图片工具”面板，单击“图片格式”选项卡中的按钮，可以完成图片的编辑工作，如图 3-18 所示。

**图 3-18　“图片工具”面板**

### (二)图片环绕方式

插入文档中的图片与文字存在着位置关系与叠放次序的问题。可以为插入文档中的图片设置环绕的方式和与文字的层次关系。方法如下：

(1)选中图片后，出现“图片工具”面板，单击“图片格式”选项卡“排列”选项组中的“位置”按钮，显示各种文字环绕格式，选择“其他布局选项”，弹出“布局”对话框。

(2)该对话框包括两个选项卡，在其中的“文字环绕”选项卡中可以进行环绕方式设置。

(3)改变环绕方式后，在图片上右击，在右键菜单中可以使用“置于顶层”和“置于底层”菜单选项调整图片的叠放次序。

(4)环绕方式和叠放次序如图 3-19 所示。

图 3-19　环绕方式和叠放次序

## 三、插入页眉、页脚、页码

单击“插入”选项卡“页眉和页脚”选项组中的按钮可以插入页眉和页脚,如图 3-20 所示。当处于页眉和页脚编辑状态时,会出现“页眉和页脚”选项卡,可以进行相关的设置,设置完成后,只有单击“关闭页眉和页脚”按钮,才能退出页眉和页脚的编辑状态。

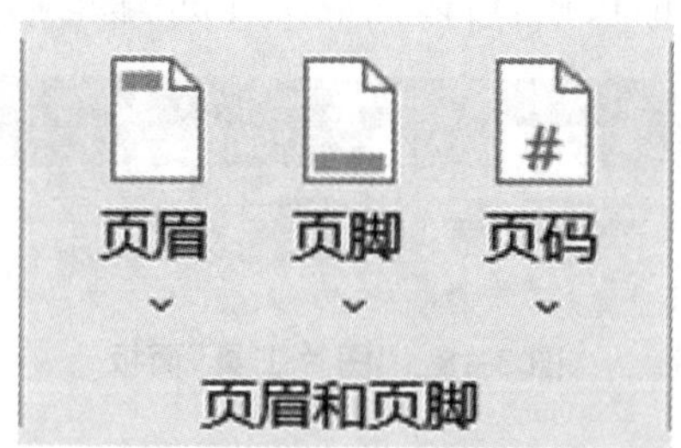


图 3-20　“插入”选项卡“页眉和页脚”选项组

## 四、设置页面背景、水印

方法:利用“设计”选项卡“页面背景”选项组可以设置“页面颜色”和“水印”,单击“水印”按钮,在下拉面板中选择“自定义水印”,会弹出“水印”对话框,可以对水印进行更多设置,如图 3-21 所示。

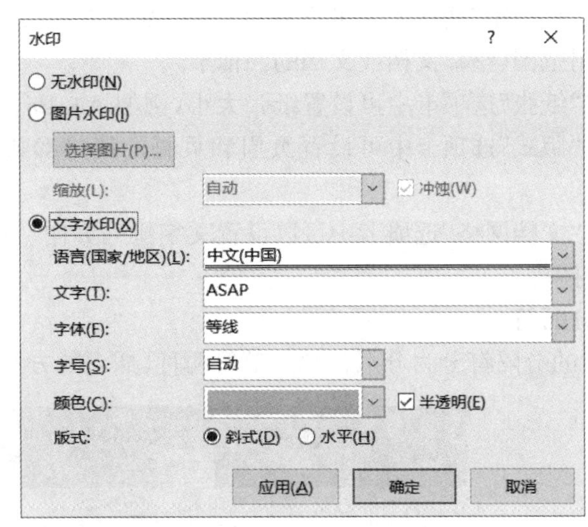


图 3-21　设置页面背景与水印

## 五、页面设置

### (一)页面布局

在“布局”选项卡中点击“页面设计”选项组右下角的“页面设置”按钮,将弹出如图 3-22 所示的“页面设置”对话框,可在此进行页面布局的设置。

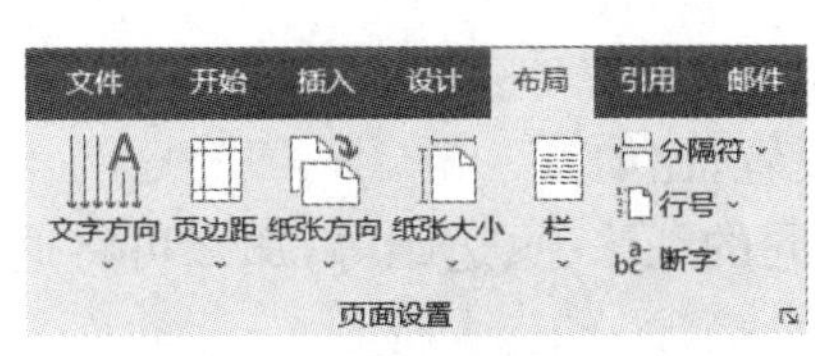


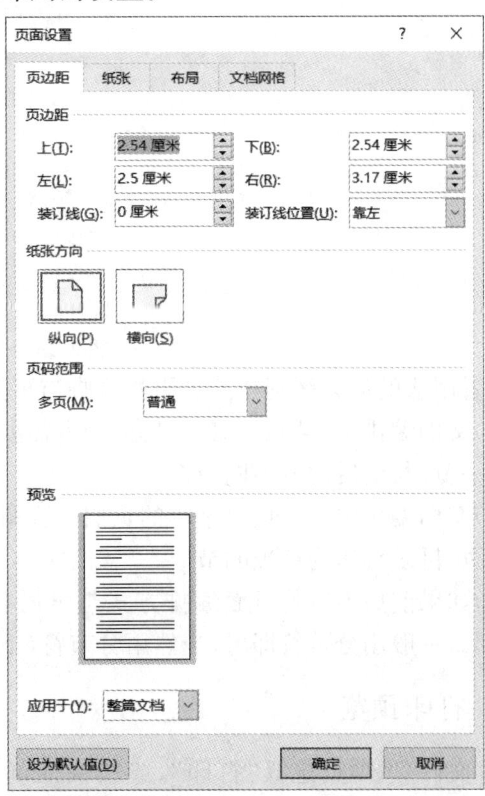


图 3-22　“页面设置”对话框

(1)在“页边距”选项卡中可设置页边距、纸张方向(纵向或横向)、多页设置,以及页面设置的作用范围(整篇文档或文档的当前节)。

(2)在“纸张”选项卡中可设置纸张大小,例如 A4、B5、16 开等。

(3)在“版式”选项卡中可设置页眉和页脚的编排形式、页眉和页脚与页边线之间的距离等。

(4)在“文档网格”选项卡中可以设置文字排列方向、每页的行数与字符数、绘图网格尺寸、默认字体等。

**(二)分隔符**

Word 的分隔符分为分页符和分节符两种,插入的方法如图 3-23 所示。

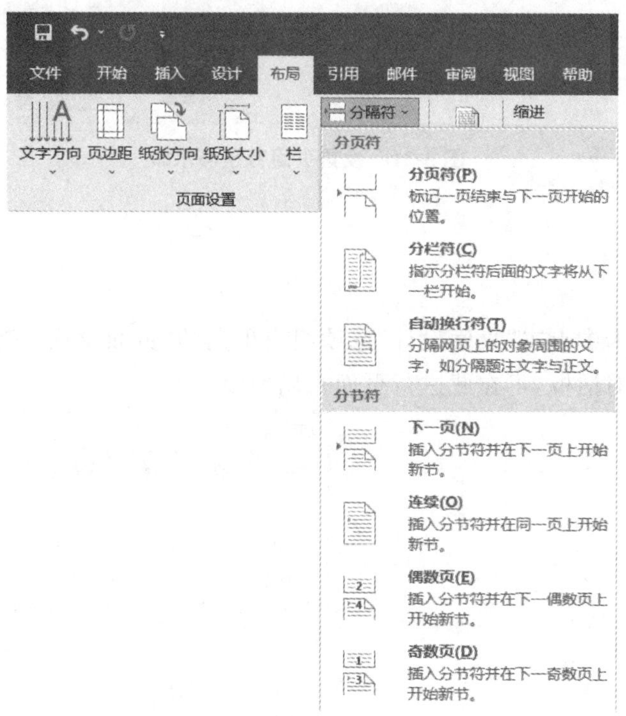


**图 3-23　分隔符**

两者用法的最大区别在于页眉和页脚与页面设置,比如:

(1)文档编排中,某几页需要横排,或者需要不同的纸张、页边距等,那么可将这几页单独设为一节,与前后内容不同节。

(2)文档编排中,首页、目录等的页眉和页脚、页码与正文部分需要进行不同设置,那么可将首页、目录等作为单独的节。

(3)如果前后内容的页面编排方式与页眉和页脚都一样,只是需要新的一页开始新的一章,那么一般用分页符即可,当然用分节符(下一页)也行。

## 六、打印预览

在“文件”选项页选择“打印”,或按快捷键 Ctrl+P,将打开打印预览界面,如图 3-24 所示。

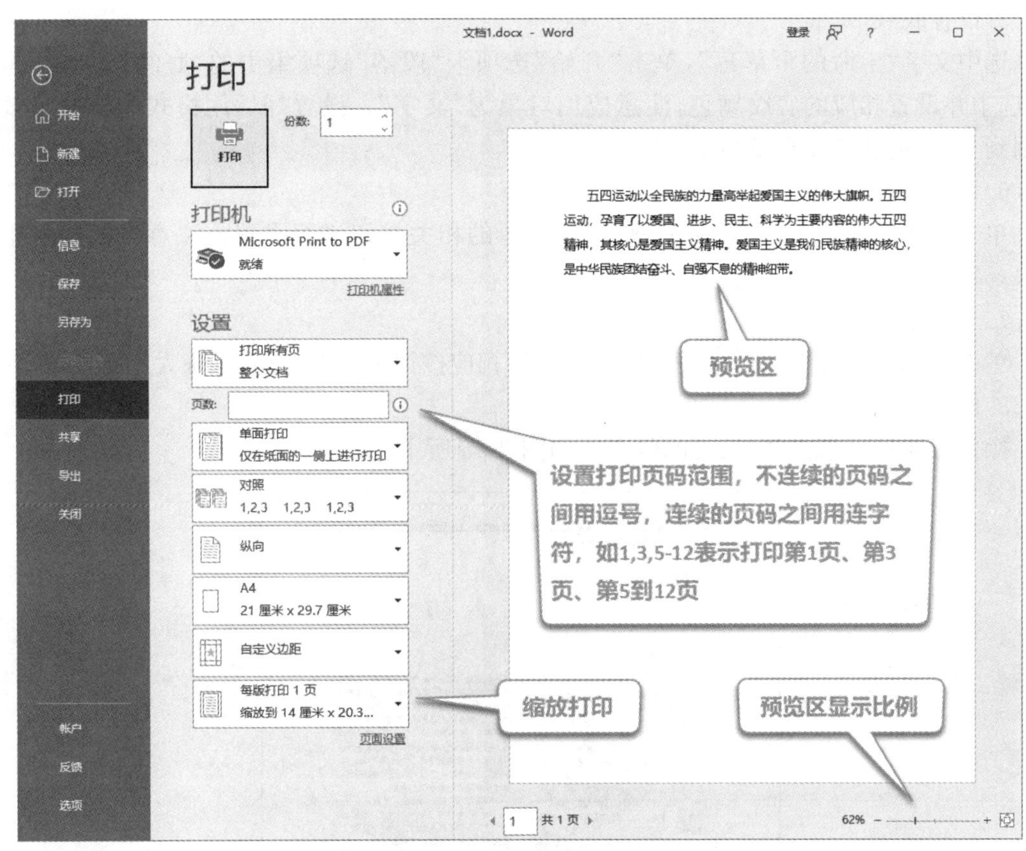


图 3-24 打印预览

# 任务二 项目实施

基本排版完成后，小裴告诉小罗仅仅这样还不够，页面太单调，需要使用图片等进行美化设计，这样视觉效果会更好。操作如下：

1. 打开项目文件

打开本章项目一中的杂志排版文件。

2. 插入艺术字

选中标题文字，单击“插入”选项卡“文本”选项组中的“插入艺术字”按钮，选择一种艺术字样式。单击“艺术字”，会出现“绘图工具”面板，可以进行一系列的设置。

3. 插入图片

光标定位到文章末尾，单击“插入”选项卡“插图”选项组中的“图片”按钮，打开“插入图片”对话框，找到图片素材(素材：蝴蝶.jpg)，单击“插入”按钮。

4. 设置水印

单击“设计”选项卡，选择“页面背景”选项组，单击“水印”按钮下的“自定义水印”，打开“水印”对话框，选中“图片水印”单选按钮，找到图片素材(素材：心灵鸡汤.jpg)，单击“确定”按钮。

5. 设置底纹

选中文字“生命的野草莓”,单击“开始”选项卡“段落”选项组中的“底纹”边的下拉按钮,选中并设置相应的底纹颜色,注意应用对象为“文字”。设置好后用格式刷将底纹效果应用到文字“把悲痛藏在微笑下面”。

6. 设置页眉页脚

单击“插入”选项卡“页眉和页脚”选项组中的相关按钮进行设置。注意观察样张中的效果。

7. 页面布局

单击“布局”选项卡“页面设置”选项组中的相应按钮进行页边距、纸张大小等的设置。

8. 保存文档

操作完成后保存文档,最终的效果图如图 3-25 所示。

图 3-25　样张效果

# 项目三　制作名片——Word 2016 的各种对象插入

## 【项目描述】

本项目主要介绍在 Word 2016 中插入各种对象的方法,以便进一步提高自己的设计排版能力。

## 【学习目标】

1. 掌握 Word 中文本框的使用方法。

2. Word 中插入的各种对象,包括形状、SmartArt 图形等。

# 任务一　Word 2016 的各种对象插入

## 一、设置文本框

“文本框”可以看作特殊的图形对象，主要用来在文档中建立特殊文本。例如在广告、报纸等文档中，通常利用文本框来设计特殊标题，还可轻松地给图片加上图注，在文本框中可以放置图片、图形、艺术字、表格、公式等对象。使用文本框可以制作特殊的标题样式：文中标题、栏间标题、边标题、局部竖排文本效果。

方法：单击“插入”选项卡“文本”选项组中的“文本框”，如图 3-26 所示。

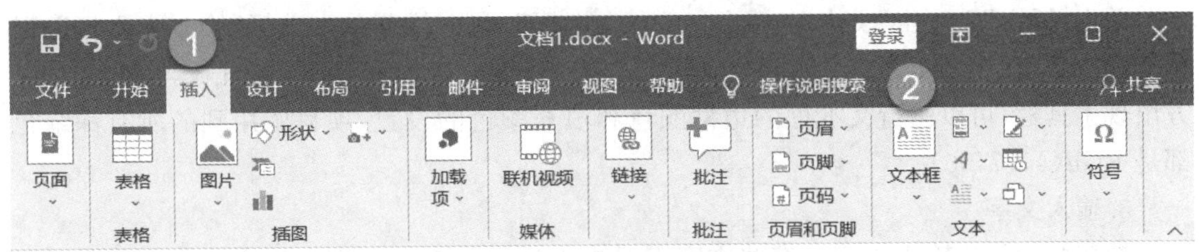


**图 3-26　插入文本框**

## 二、插入形状

### (一)方法

(1)单击“插入”选项卡“插图”选项组中的“形状”，在随后出现的“形状”下拉列表中，选择“线条”下面的“任意多边形”“自由曲线”“曲线”等选项即可自己绘制图形。

(2)选中图形，使用“绘图工具”面板下的工具可对图形进行修饰，如图 3-27 所示。

### (二)具体编辑操作

具体编辑操作可包括：

(1)在图形中添加文字：这是自选图形的一大特点，并可修饰所添加的文字。

(2)设置图形内部填充色和边框线颜色。

(3)设置阴影和三维效果。

(4)旋转和翻转：强调图形里的文字不会随着图形的旋转而旋转。

(5)组合或取消组合图形对象(按住 Shift 键选取，在右键菜单中选择“组合”)。

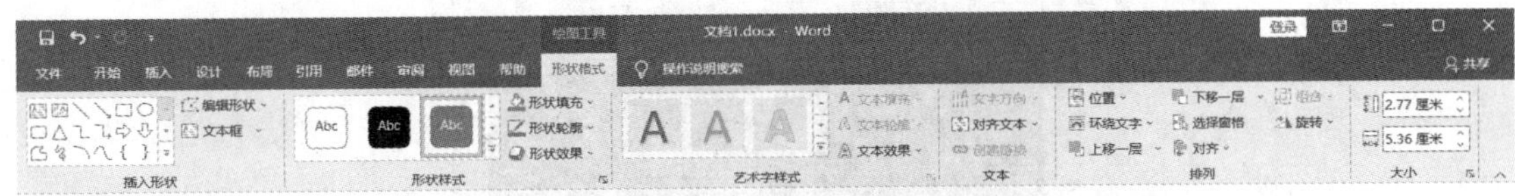


**图 3-27　绘图工具面板**

## 三、插入 SmartArt 图形

单击“插入”选项卡“插图”选项组中的“SmartArt”，在打开的“选择 SmartArt 图形”对话框中选择一种样式即可。单击 SmartArt 图形,上方也会出现相应的工具栏,可以进行美化设置。

## 任务二　项目实施

通过学习,小罗已经掌握了 Word 文字处理软件的基本应用,为了进一步加强自己的设计排版能力,他决定尝试用 Word 软件为自己设计一张名片,具体操作如下。

1. 新建空白 Word 文档

在桌面上新建空白的 Word 文档,重命名为“名片. docx”。

2. 使用文本框划分出名片的正反面以及内容布局

单击“插入”选项卡“文本”选项组中的“文本框”,在下拉菜单中选择“绘制文本框”,鼠标变成“+”,在 Word 文档中绘制相应的文本框——名片正面和背面。单击文本框,文档上方出现工具栏,可以进行文本框的边框颜色和填充颜色的设置,项目中用到的所有深绿色都是 RGB(4,77,50)。

3. 输入文字

按照样张效果输入文字。有些文字需要事先插入文本框再进行文字的输入,例如“平面设计师”“电话:131 **** 5591”,以及名片背面文字等。

4. 插入图片

图片路径:“素材:名片正面图. jpg”和“素材:名片背面图. jpg”。

5. 绘制形状

单击“插入”选项卡“插图”选项组中的“形状”,在下拉列表中找到“矩形”形状,如样张效果所示绘制矩形形状,填充颜色为 RGB(4,77,50),蓝色的线条可以用“矩形”形状制作,也可以用“直线”形状制作,颜色为 RGB(4,77,50)。

6. 保存文档

最后效果图如图 3-28 所示。

图 3-28　样张效果图

# 项目四　制作成绩表——Word 2016 的表格制作

## 【项目描述】

本项目主要介绍 Word 2016 中表格的基本制作方法，并演示制作期末成绩表。

## 【学习目标】

1. 熟悉 Word 2016 中表格的绘制。
2. 掌握表格内容的输入与编辑方法。
3. 掌握表格行高、列宽的调整，添加、删除行、列的方法。
4. 表格边框、底纹的设置。
5. 表格中公式、排序的使用。

## 任务一　Word 2016 中表格的基本操作

### 一、插入表格

创建表格主要有两种方法：

（1）利用相关按钮创建。单击“插入”选项卡“表格”选项组中的“表格”，如图 3-29 所示。

（2）用绘表工具创建。

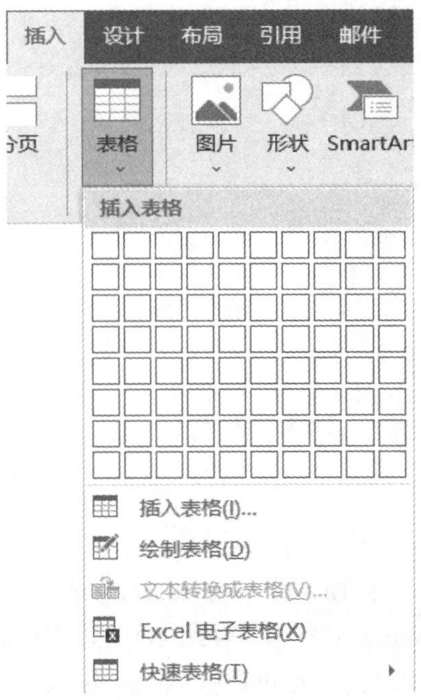


图 3-29　插入表格

选择表格后，按 Backspace 键是删除整个表格，按 Delete 键是删除表格内容（表格样式保留）。

## 二、编辑表格

表格绘制完成后，会出现“表格工具”面板，其中“表设计”和“布局”两个选项卡提供了制作、编辑和格式化表格中的常用按钮，如图 3-30 所示。

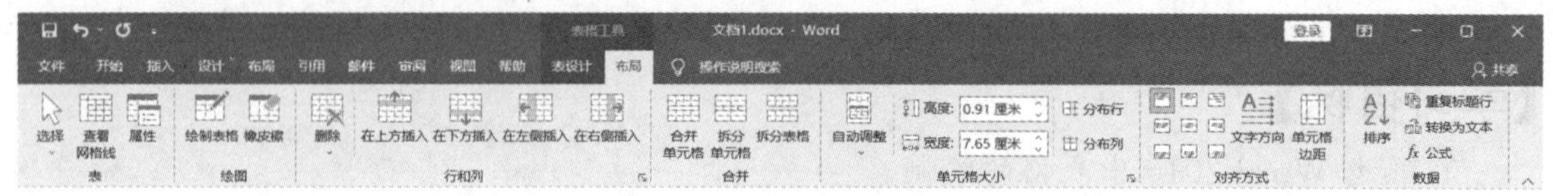


**图 3-30　“表格工具”面板**

(1)选定。对表格操作前要先选定表格中的行、列或者单元格。单元格是表格中行和列交叉所形成的框。

(2)调整行高和列宽，插入与删除单元格、行和列，拆分和合并表格、单元格。

方法：选定表格所需设置项，在“表格工具”面板中的“布局”选项卡中进行设置。

在表尾快速增加行，移动鼠标指针到表尾的最后一个单元格中，按 Tab 键，或移动鼠标指针到表尾最后一个单元格外，按 Enter 键，均可增加新的表行。

(3)边框和底纹设置。在“表格工具”面板中的“表设计”选项卡中进行设置，如图 3-31 所示。

**图 3-31　边框和底纹设置**

(4)绘制斜线表头。在 Word 2003 和 Word 2007 版本中，都有“绘制斜线表头”的选项，但是在 2016 版本中没有这项功能，只是可以插入一个斜线，文字需要自己手动添加文本框。多条斜线表头的表格，我们不提倡使用 Word 2016 制作。

方法：在“表格工具”面板中，单击“设计”选项卡“边框”选项组中的“边框”按钮，选择

“斜下框线”，如图 3-32 所示。

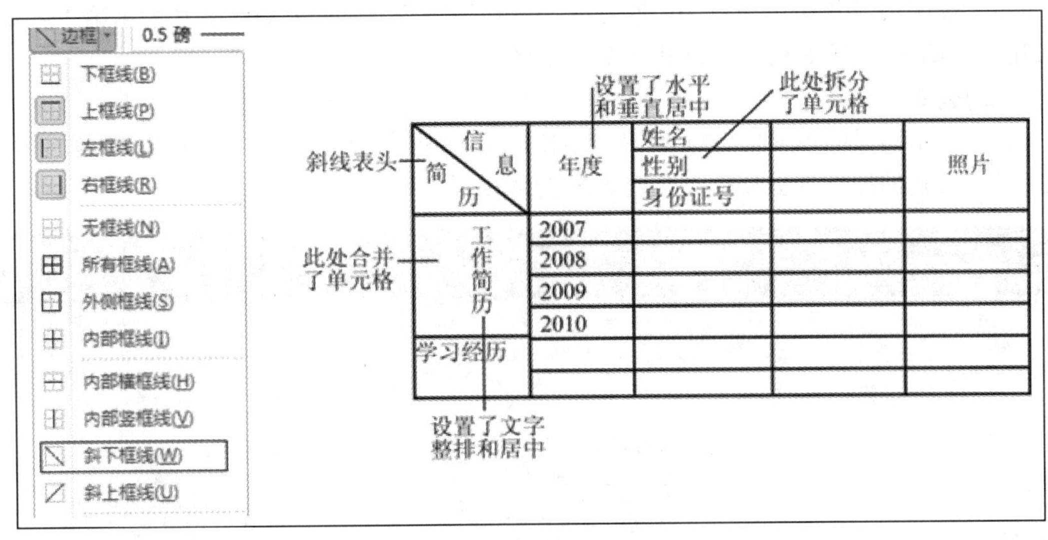


图 3-32　绘制斜线表头

## 三、表格公式的计算

在 Word 2016 中，也可以进行表格数据的计算，但是我们一般不建议用它来做大量的数据运算。

### (一)单元格的引用方法

单元格的引用方法如图 3-33 所示。

| | A | B | C | D |
|---|---|---|---|---|
| 1 | A1 | B1 | C1 | D1 |
| 2 | A2 | B2 | C2 | D2 |
| 3 | A3 | B3 | C3 | D3 |

| 图例 | 单元格的引用 | 图例 | 单元格的引用 |
|---|---|---|---|
| | (b:b) | | (a1:c2) |
| | (b1:b3) | | (1:1,2:2) |
| | (a1:b2) | | (a2,b1,c2) |

图 3-33　单元格引用示例

行号和列号：列号用字母 A、B、C、…表示，行号用数字 1、2、3、…表示。

单个单元格：用“列号行号”的形式表示，如：“C2”表示第 2 行第 3 个单元格。

整列：用“列号：列号”的形式表示，如：“A：A”表示第 1 列，“A：C”表示第 1 列到第 3 列。

整行：用“行号：行号”的形式表示，如：“1：1”表示第 1 行，“2：3”表示第 2 行到第 3 行。

连续矩形区域：用“左上角列号行号：右下角列号行号”的形式表示，如：“A1：B2”表示第

1 行第 1 列到第 2 行第 2 列共 4 个单元格。

不连续区域:用“列号行号,…,列号行号”的形式表示,如:“A2,B1,C2”表示第 1 列第 2 行、第 2 列第 1 行、第 3 列第 2 行共 3 个单元格。

**(二)公式**

选中显示结果的单元格,然后单击“表格工具”面板中“布局”选项卡“数据”选项组中的“公式”。公式的操作方法及相关参数如图 3-34 所示。

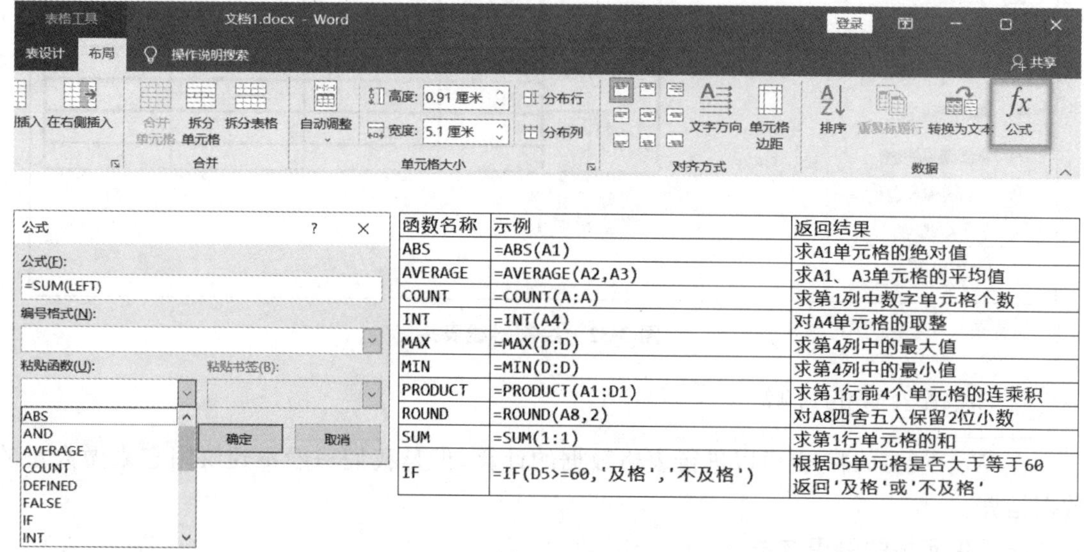


| 函数名称 | 示例 | 返回结果 |
|---|---|---|
| ABS | =ABS(A1) | 求A1单元格的绝对值 |
| AVERAGE | =AVERAGE(A2,A3) | 求A1、A3单元格的平均值 |
| COUNT | =COUNT(A:A) | 求第1列中数字单元格个数 |
| INT | =INT(A4) | 对A4单元格的取整 |
| MAX | =MAX(D:D) | 求第4列中的最大值 |
| MIN | =MIN(D:D) | 求第4列中的最小值 |
| PRODUCT | =PRODUCT(A1:D1) | 求第1行前4个单元格的连乘积 |
| ROUND | =ROUND(A8,2) | 对A8四舍五入保留2位小数 |
| SUM | =SUM(1:1) | 求第1行单元格的和 |
| IF | =IF(D5>=60,'及格','不及格') | 根据D5单元格是否大于等于60返回'及格'或'不及格' |

**图 3-34　公式的操作方法及相关参数**

在表格公式中还可以使用位置参数,LEFT 表示同一行左侧所有单元格,RIGHT 表示同一行右侧所有单元格,ABOVE 表示同一列上方所有单元格,BELOW 表示同一列下方所有单元格。如:“=SUM(LEFT)”表示对公式所在单元格同一行左侧所有单元格求和。

## 四、表格排序

在表格中,可以按照升序或降序对表格的内容进行排序。为使排序有意义,表格一般应为比较规范的表格。

操作方法如下:

(1)选中全表。

(2)在“表格工具”面板中,单击“布局”选项卡“数据”选项组中的“排序”,弹出“排序”对话框。

(3)在“主要关键字”下拉列表框中选择“总分”选项,选中“降序”单选按钮和“有标题行”单选按钮。在 Word 中,最多可以指定按三个关键字排序。如果要取消排序,可以按快捷键“Ctrl+Z”。

(4)单击“确定”按钮,表格将按“总分”降序排序,如图 3-35 所示。

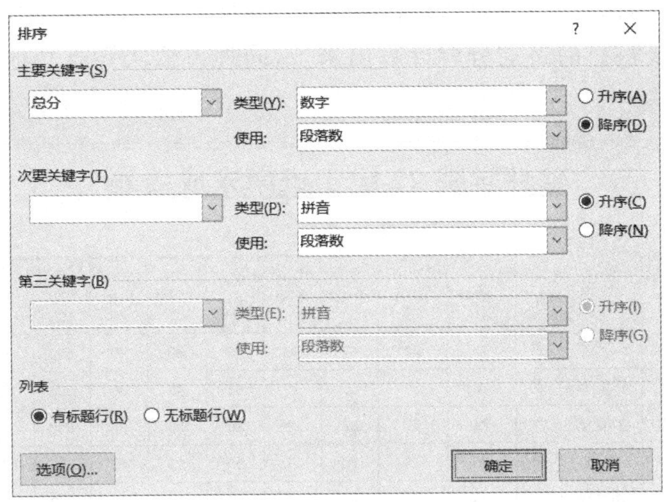


图 3-35　表格排序对话框

## 任务二　项目实施

依依是软件学院学生会主席，平时经常帮助李老师做些教学辅助的工作。期末考试刚刚结束，她准备利用 Word 文字处理软件帮李老师制作成绩表，具体操作如下。

1. 新建空白文档

在桌面上新建空白文档，重命名为“成绩表. docx”。

2. 输入标题文字，加下划线

在文档中输入标题文字“软件学院 22 级 1 班期末成绩表”，并为标题添加下划线。

3. 插入表格

单击“插入”选项卡，在“表格”选项组中单击“表格”按钮，在下拉选项中选择“插入表格”，在打开的“插入表格”对话框中输入列数和行数均为 12，其他选项默认，单击“确定”按钮，完成表格的插入操作。

4. 输入表格内容

输入表格内容，然后全选表格，在“表格工具”面板“布局”选项卡中设置内容居中显示。注意最后一行的第 1、2、3 单元格要合并。

5. 设置边框、底纹

单击“表格工具”面板“设计”选项卡“边框”选项组中的“边框”，在下拉列表中选择“边框和底纹”选项，在打开的“边框和底纹”对话框中进行相应的设置，效果如样张所示。

6. 公式计算

计算总分和平均分。

选中第二行倒数第二个单元格，单击“表格工具”面板中的“布局”选项卡，找到“数据”组中的“公式”按钮，打开“公式”对话框，在“公式”中输入“＝sum(left)”，单击“确定”按钮，闫冠文同学的总分成绩就计算出来了，同理再依次计算其他同学的总分成绩。

选中最后一行的第二个单元格，单击“表格工具”面板中的“布局”选项卡，找到“数据”

组中的“公式”按钮,打开“公式”对话框,在“公式”中输入“＝AVERAGE(ABOVE)”,单击“确定”按钮,C 语言科目的平均分就计算出来了,同理再依次计算其他科目的平均分,如图 3-36 所示。

软件学院 22 级 1 班期末成绩表

| 序号 | 姓名 | 性别 | C 语言 | 语文 | 英语 | 数学 | CMS 建站 | 体育 | flash | 总分 | 排名 |
|---|---|---|---|---|---|---|---|---|---|---|---|
| 1 | 闫冠文 | 男 | 72 | 82 | 62 | 88 | 78 | 80 | 90 | 552 | 5 |
| 2 | 甘雪晴 | 女 | 80 | 56 | 65 | 72 | 65 | 81 | 89 | 508 | 10 |
| 3 | 余雅洁 | 女 | 81 | 77 | 88 | 78 | 89 | 85 | 92 | 590 | 1 |
| 4 | 鲁磊 | 男 | 85 | 78 | 76 | 73 | 90 | 93 | 83 | 578 | 2 |
| 5 | 周润英 | 女 | 93 | 65 | 60 | 78 | 72 | 56 | 88 | 512 | 9 |
| 6 | 闵丹 | 女 | 61 | 63 | 89 | 84 | 78 | 77 | 87 | 539 | 6 |
| 7 | 何津 | 男 | 55 | 70 | 90 | 85 | 56 | 78 | 80 | 514 | 8 |
| 8 | 王雯 | 女 | 91 | 81 | 74 | 87 | 77 | 65 | 85 | 560 | 3 |
| 9 | 陈凯伦 | 男 | 83 | 76 | 69 | 80 | 69 | 63 | 78 | 518 | 7 |
| 10 | 占彪 | 男 | 77 | 80 | 80 | 72 | 80 | 76 | 94 | 559 | 4 |
| 平均分 | | | 77.8 | 72.8 | 75.3 | 79.7 | 75.4 | 75.4 | 86.6 | 543 | |

**图 3-36　样张效果**

7. 排名

选中全表,单击“表格工具”面板“布局”选项卡“数据”选项组中的“排序”按钮,打开“排序”对话框,“主要关键字”项选择“总分”,“类型”为“数字”,按照“降序”排列,单击“确定”按钮,表格中的数据就按照总分进行降序排列了,再依次将名次填入“排名”列。

8. 保存文档

单击“保存”按钮,然后关闭该文档,成绩表即制作完毕。

## 项目五　批量制作期末成绩单——Word 2016 的邮件合并

### 【项目描述】

本项目主要介绍 Word 2016 邮件合并的方法及其应用领域。

### 【学习目标】

掌握 Word 2016 中邮件合并的使用方法。

### 任务一　Word 2016 的邮件合并

一、邮件合并简介

在 Office 中,先建立两个文档——一个包括所有文件共有内容的主 Word 文档(例如未填写的信封等)和一个包括变化信息的数据源 Excel 文档(填写的收件人、发件人、邮编等),然后使用邮件合并功能在主文档中插入变化的信息,合成后的文件用户可以保存为 Word 文档,可以打印出来,也可以以邮件形式发出去。

## 二、应用领域

(1)批量打印信封:按统一的格式,将电子表格中的邮编、收件人地址和收件人打印出来。

(2)批量打印信件:主要是从电子表格中调用收件人,换一下称呼,信件内容基本固定不变。

(3)批量打印请柬:批量打印请柬的应用与批量打印信件一致。

(4)批量打印工资条:从电子表格中调用数据。

(5)批量打印个人简历:从电子表格中调用不同字段数据,每人一页,对应不同信息。

(6)批量打印学生成绩单:从电子表格成绩中取出个人信息,并设置评语字段,编写不同评语。

(7)批量打印各类获奖证书:在电子表格中设置姓名、获奖名称和等级,在 Word 中设置打印格式,可以打印众多证书。

(8)批量打印准考证、明信片、信封等个人报表。

总之,只要有数据源(电子表格、数据库等),只要是一个标准的二维数表,就可以很方便地按一个记录一页的方式从 Word 中用邮件合并功能打印出来。

## 三、操作方法

打开 Word 2016 文档窗口,单击“邮件”选项卡,在“开始邮件合并”选项组中单击“开始邮件合并”,并在打开的菜单中选择“邮件合并分步向导”命令,按照向导提示一步一步完成邮件合并。

# 任务二　项目实施

李老师计划给每一位同学打印一张个人成绩表,依依非常乐意帮忙,可她发现做起来很烦琐,工作量大,于是向李老师请教有没有便捷的方法能够完成这项工作,李老师很耐心地演示了 Word 文字处理软件的邮件合并功能,依依很快就完成了工作,也学会了新的知识。具体方法如下:

1. 准备成绩信息

如图 3-37 所示(文件路径:“素材:成绩表. xlsx”)。

| | A | B | C | D | E | F | G | H | I | J | K | L |
|---|---|---|---|---|---|---|---|---|---|---|---|---|
| 1 | 序号 | 姓名 | 性别 | 语文 | 数学 | 英语 | 物理 | 历史 | 化学 | 地理 | 总分 | 排名 |
| 2 | 1 | 闫冠文 | 男 | 72 | 82 | 62 | 88 | 78 | 80 | 90 | 552 | 5 |
| 3 | 2 | 甘雪晴 | 女 | 80 | 56 | 65 | 72 | 65 | 81 | 89 | 508 | 10 |
| 4 | 3 | 余雅洁 | 女 | 81 | 77 | 88 | 78 | 89 | 85 | 92 | 590 | 1 |
| 5 | 4 | 鲁磊 | 男 | 85 | 78 | 76 | 73 | 90 | 93 | 83 | 578 | 2 |
| 6 | 5 | 周润英 | 女 | 93 | 65 | 60 | 78 | 72 | 56 | 88 | 512 | 9 |
| 7 | 6 | 闵丹 | 女 | 61 | 63 | 89 | 84 | 78 | 77 | 87 | 539 | 6 |
| 8 | 7 | 何津 | 男 | 55 | 70 | 90 | 85 | 56 | 78 | 80 | 514 | 8 |
| 9 | 8 | 王雯 | 女 | 91 | 81 | 74 | 87 | 77 | 65 | 85 | 560 | 3 |
| 10 | 9 | 陈凯伦 | 男 | 83 | 76 | 69 | 80 | 69 | 63 | 78 | 518 | 7 |
| 11 | 10 | 占彪 | 男 | 77 | 80 | 80 | 72 | 80 | 76 | 94 | 559 | 4 |
| 12 | | | | | | | | | | | | |

**图 3-37　成绩信息**

2. 制作成绩单模板

如图 3-38 所示(文件路径:“素材:期末成绩单模板. docx”)。

黄冈科技职业学院 15 级软件 1 班

2015—2016 学年第二学期 期末考试 各科成绩单

同学，你的期末各科成绩如下：

| 科目 | 成绩 | 备注 |
|---|---|---|
| 语文 | | |
| 数学 | | |
| 英语 | | |
| 物理 | | |
| 历史 | | |
| 化学 | | |
| 地理 | | |
| 总分 | | |
| 班级名次 | | |

软件学院

2016年8月

图 3-38 成绩单模板

3. 邮件合并

在打开的“期末成绩单模板”文档中进行如下操作:

(1)先将鼠标光标定位到“同学”之前,单击“邮件”选项卡“开始邮件合并”选项组中的“开始邮件合并”,选择“邮件合并分布向导”选项,如图 3-39 所示。

(2)在打开的“邮件合并”对话框中选择“信函”选项,如图 3-40 所示,单击“下一步:开始文档”。

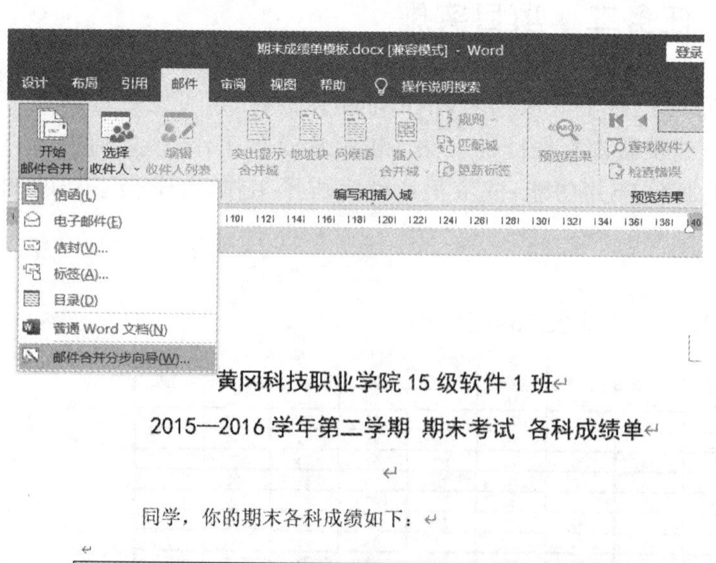


图 3-39 邮件合并

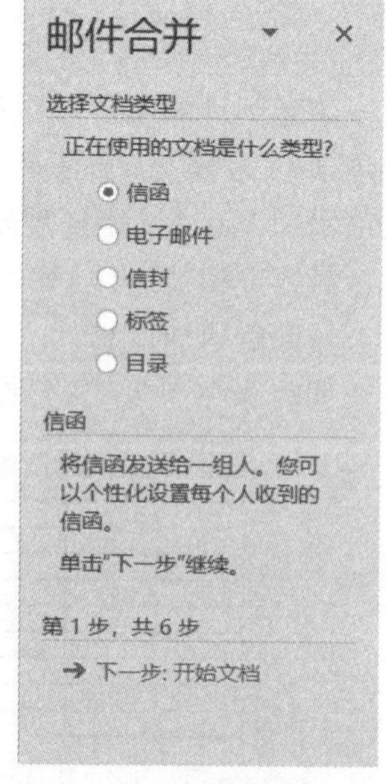


图 3-40 邮件合并向导(一)

(3)在打开的“邮件合并”对话框选择“使用当前文档”选项，如图 3-41 所示，单击“下一步：选择收件人”。

(4)在打开的“邮件合并”对话框选择“浏览”选项，如图 3-42 所示，找到“成绩表”素材，单击“打开”按钮，“确定”后，再单击“下一步：撰写信函”。

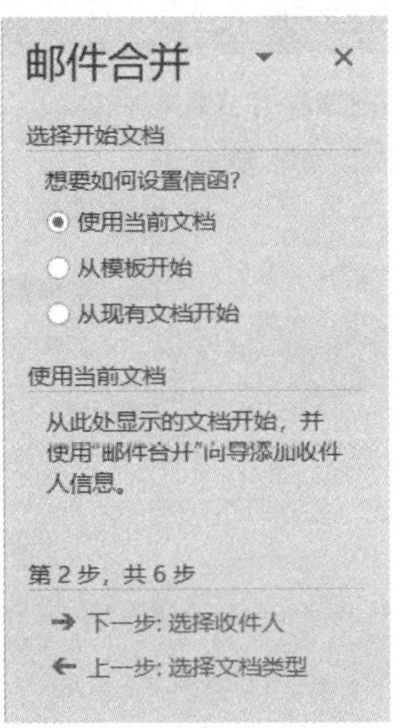


图 3-41　邮件合并向导(二)

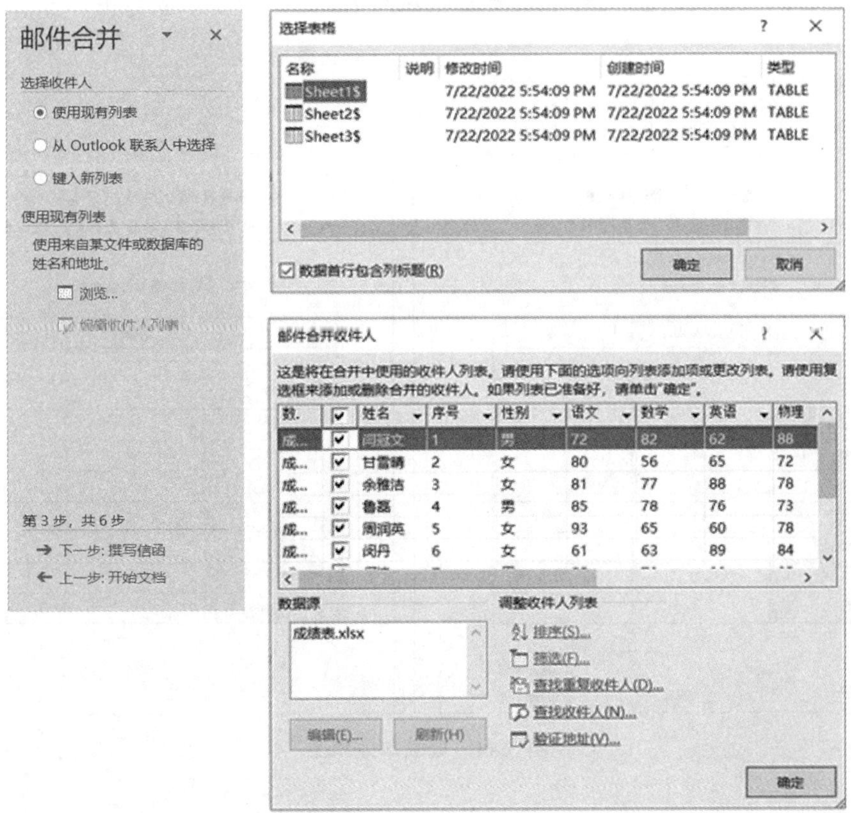


图 3-42　邮件合并向导(三)

(5)如图 3-43 所示,在文档中,将光标定位到“同学”两字前,在右侧任务窗格中单击其他项目,在弹出的“插入合并域”对话框中,选择“姓名”后单击“插入”按钮即可将信息插入文档中。使用同样的方法,把各项信息都插入文档中。

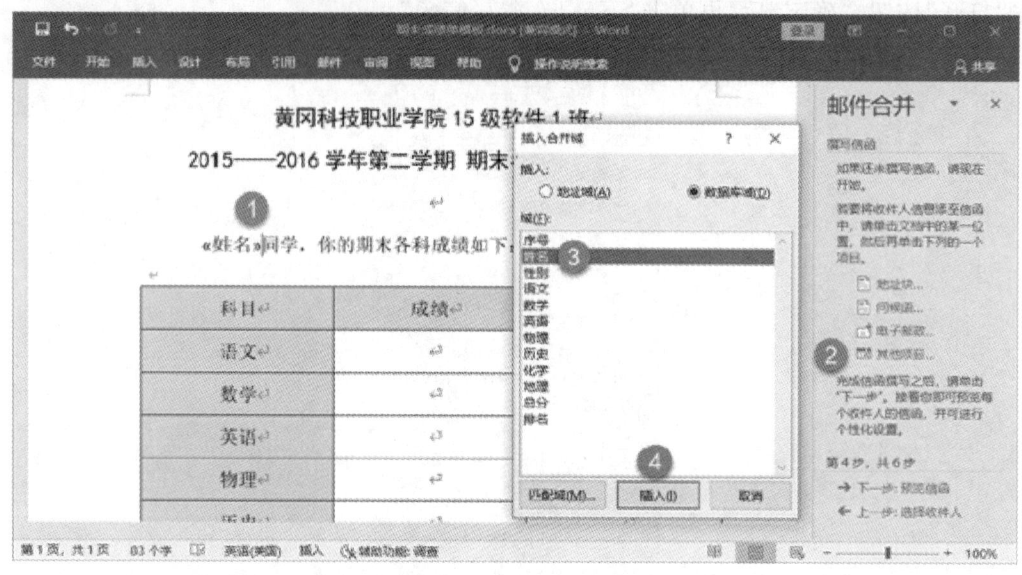


图 3-43　邮件合并向导(四)

(6)单击“下一步:预览信函”,检查无误后单击“下一步:完成合并”,完成成绩单的制作。

(7)打印成绩单。

最后效果图如图 3-44 所示。

黄冈科技职业学院 15 级软件 1 班

2015—2016 学年第二学期 期末考试 各科成绩单

闫冠文 同学，你的期末各科成绩如下：

| 科目 | 成绩 | 备注 |
|---|---|---|
| 语文 | 72 | |
| 数学 | 82 | |
| 英语 | 62 | |
| 物理 | 88 | |
| 历史 | 78 | |
| 化学 | 80 | |
| 地理 | 90 | |
| 总分 | 552 | |
| 班级名次 | 5 | |

软件学院

2016 年 8 月

黄冈科技职业学院 15 级软件 1 班

2015—2016 学年第二学期 期末考试 各科成绩单

甘雪晴 同学，你的期末各科成绩如下：

| 科目 | 成绩 | 备注 |
|---|---|---|
| 语文 | 80 | |
| 数学 | 56 | |
| 英语 | 65 | |
| 物理 | 72 | |
| 历史 | 65 | |
| 化学 | 81 | |
| 地理 | 89 | |
| 总分 | 508 | |
| 班级名次 | 10 | |

软件学院

2016 年 8 月

图 3-44　成绩单效果图

# 项目六　制作论文目录——Word 2016 的高级应用

## 【项目描述】

本项目主要介绍 Word 2016 的一些高级应用知识，并运用这些知识制作论文目录。

## 【学习目标】

1. 掌握目录的制作方法。
2. 掌握脚注、尾注、题注的添加方法。
3. 掌握给文字加注拼音的方法。
4. 掌握如何使用样式。

## 任务一　Word 2016 的高级应用

### 一、制作目录

要在较长的 Word 文档中成功添加目录，应该正确采用带有级别的样式，例如“标题 1”“正文”样式。尽管也有其他的方法可以添加目录，但采用带级别的样式是最方便的一种。

定位到需要插入目录的位置，单击“引用”选项卡“目录”选项组中的“目录”按钮，在下拉选项中选择“自定义目录”选项，显示“目录”对话框。如果要设置更为精美的目录格式，可在“格式”中选择其他类型，通常用默认的“来自模板”即可。单击“确定”按钮，即可插入目录。目录是以“域”的方式插入到文档中的(会显示灰色底纹)，因此可以进行更新。

当文档中的内容或页码有变化时，可在目录中的任意位置单击右键，选择“更新域”命令，显示“更新目录”对话框。如果只是页码发生改变，可选择“只更新页码”。如果有标题内容的修改或增减，可选择“更新整个目录”。

### 二、添加脚注、尾注、批注、修订等

(1)在一些文档中，有时需要给文档内容加上一些注释。如果这些注释出现在当前页面的底部，称为脚注；如果这些注释出现在文档末尾，称为尾注。

添加注释方法如下：

①选中需要加上脚注的文本，这里选中的是标题“人工智能传奇”。

②单击“引用”选项卡“脚注”选项组中的“脚注和尾注”按钮，弹出“脚注和尾注”对话框。

③选中“脚注”单选按钮，在格式设置区中设置“编号格式”“起始编号”等选项，单击“插入”按钮。

④在出现的脚注编辑区输入脚注内容即可，如图 3-45 所示。

如果要删除脚注文本，只需要删除文档中的脚注编号即可。

(2)有时在修改其他人的电子文档时，用户需要在文档中加上自己的修改意见，但又不能影响原有文档的内容和格式，这时可以插入批注。

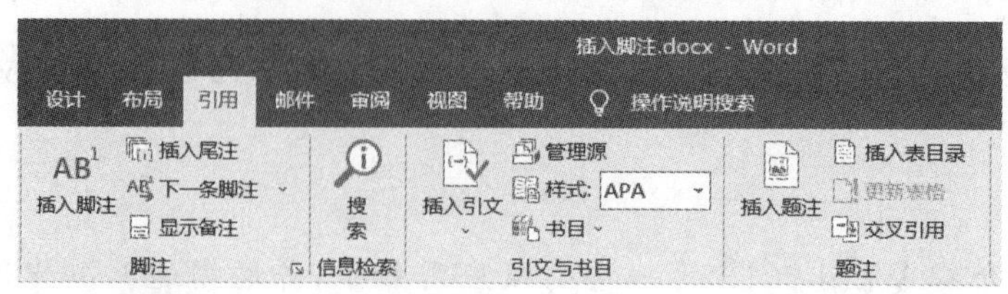


**图 3-45 插入脚注**

插入批注的操作步骤如下：

①选中需要加上批注的文本。

②单击“审阅”选项卡“批注”选项组中“新建批注”按钮，在出现的“批注”文本框中输入批注信息，如图 3-46 所示。

③如果用户要删除批注，可以右击批注文本框，弹出快捷菜单，选择“删除”选项。

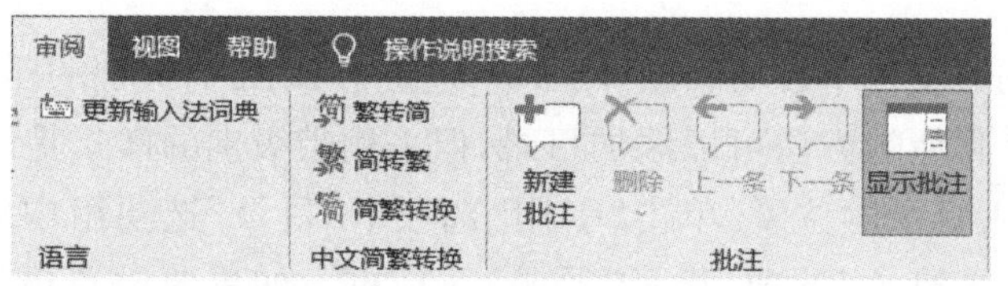


**图 3-46 插入批注**

(3)添加修订信息可以清晰地显示修改痕迹。

操作方法如下：

①单击“审阅”选项卡“修订”选项组中右下角的“修订选项”按钮，在弹出的“修订选项”对话框中单击“更改用户名”按钮，在“常规”选项卡中修改用户名后关闭所有对话框。

②单击“修订”按钮进行修订。

③进行文档编辑修改。

④修改过的部分就会显示痕迹，鼠标停留会显示何人何时进行了何种修改。

⑤在“修订”选项组中单击“显示标记”可以显示或关闭修改痕迹。

## 三、拼音指南

Word 2016 提供了为汉字添加拼音的功能，该功能为汉字添加拼音提供了方便。

操作方法如下：

(1)在 Word 文档中输入文字“有不善则终”。

(2)单击“开始”选项卡“字体”选项组中的“拼音指南”按钮，弹出“拼音指南”对话框，在该对话框中适当调整偏移量和字号。

(3)单击“确定”按钮，完成拼音添加，如图 3-47 所示。

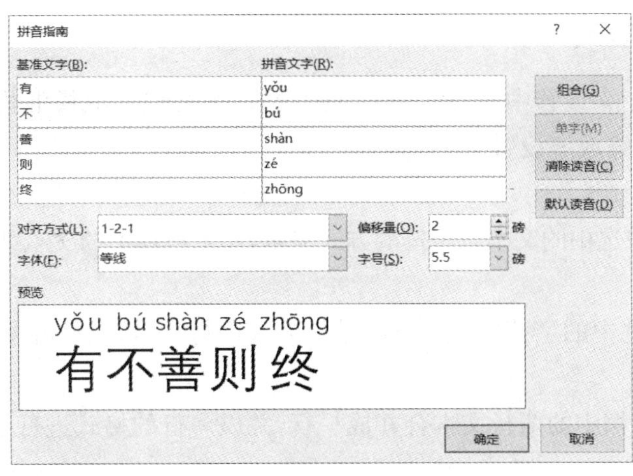


图 3-47　“拼音指南”对话框

## 四、使用样式

样式是字体、字号和缩进等格式设置的组合。在 Word 中，通过创建和应用样式，可以提高文档排版的效率。Word 中的样式分为内置样式和自定义样式，内置样式显示在“开始”选项卡“样式”选项组中，如图 3-48 所示。用户创建自定义样式后，也显示在该下拉列表框中。而 Word 提供的内置样式，如“标题 1”“标题 2”“正文”等，也是自动生成目录的基础。

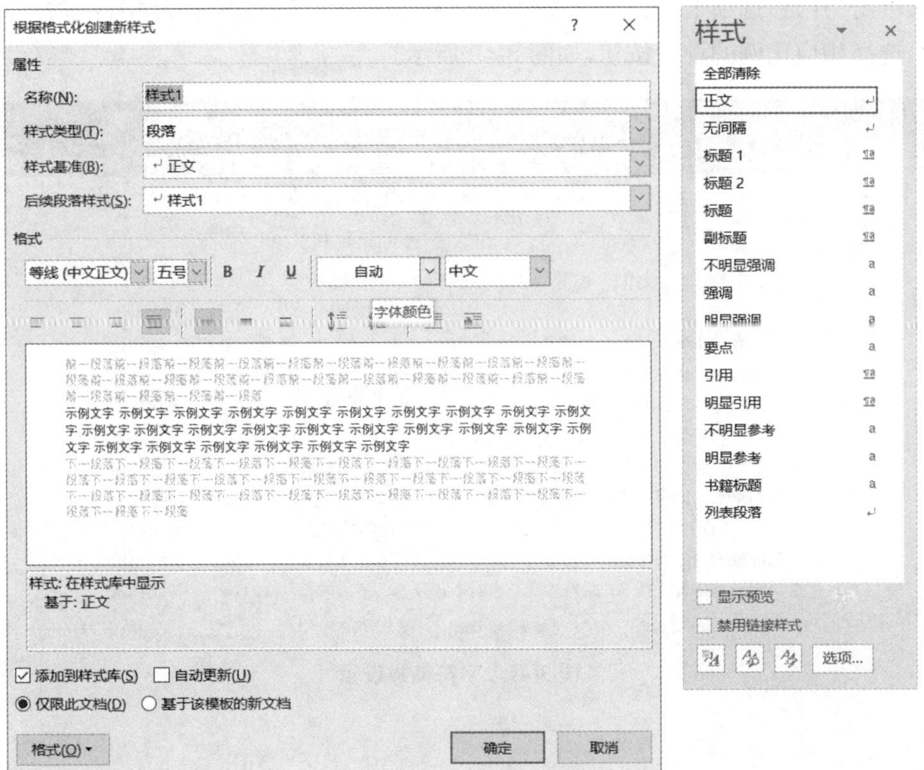


图 3-48　“样式”对话框

## 五、设置中文版式

中文版式主要用来设置中文与混合文字的版式，主要包括纵横混排、合并字符、双行合一、调整宽度和字符缩放等设置。

**(一)纵横混排**

纵横混排是将被选中的文本以竖排的方式显示，而未被选中的文本继续保持横排显示。

**(二)合并字符**

合并字符是将选中的字符按照上下两排的方式进行显示，但只占据一行的高度。

**(三)双行合一**

双行合一是将文档中的两行文本合并成一行，并以一行的格式进行显示的一种文本编辑方法。

**(四)调整宽度**

调整宽度用于调整字符在文档中所占的宽度，即所选字符的总长度为设置的宽度。

**(五)字符缩放**

字符缩放并不是放大或缩小字符，而是在宽度上按照被设置的比例发生变化，高度不变。

字符缩放的方法如下：

(1)选中要设置的字符。

(2)单击“开始”选项卡“段落”选项组中的“中文版式”按钮，再选择“字符缩放”。

(3)选择相应比例的设置按钮，如图 3-49 所示。

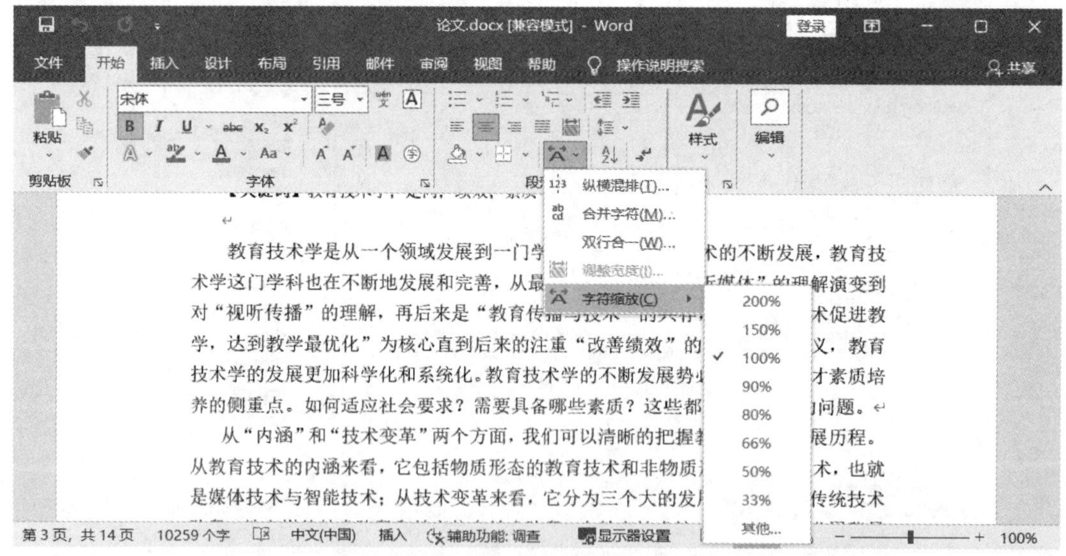


**图 3-49　字符缩放设置**

# 任务二　项目实施

即将大学毕业，依依按照老师的要求写了毕业论文，本以为进行简单的 Word 排版就行，却发现还是有很多自己没有掌握的知识点，例如制作目录，她通过上网搜索，终于掌握了制作目录的方法。具体制作方法如下：

1. 准备论文素材

文件路径："素材：论文.docx"。

2. 定义标题级别

方法：选中标题文字，单击右键，在快捷菜单中选择"段落"命令，打开"段落"对话框，在"大纲级别"里定义各标题级别，如图 3-50 所示。

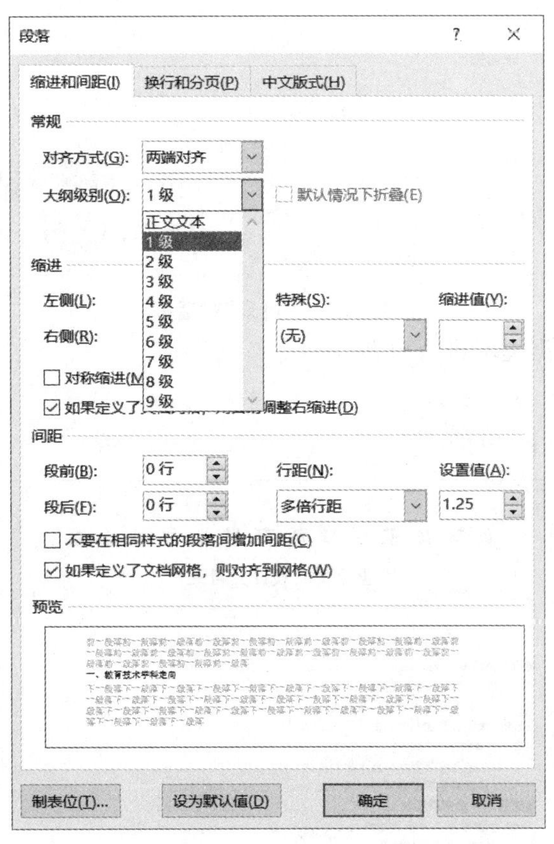


图 3-50　定义标题级别

3. 制作目录

(1)单击要插入目录的位置，单击"引用"选项卡"目录"选项组中的"目录"按钮，选择"自定义目录"选项，弹出"目录"对话框。

(2)选择"目录"选项卡，选中"显示页码"和"页码右对齐"两个复选框，单击"确定"按钮，则在指定位置插入了目录，如图 3-51 所示。

如果正文的内容有修改，则需要更新目录，可以右击目录，在弹出的快捷菜单中选择

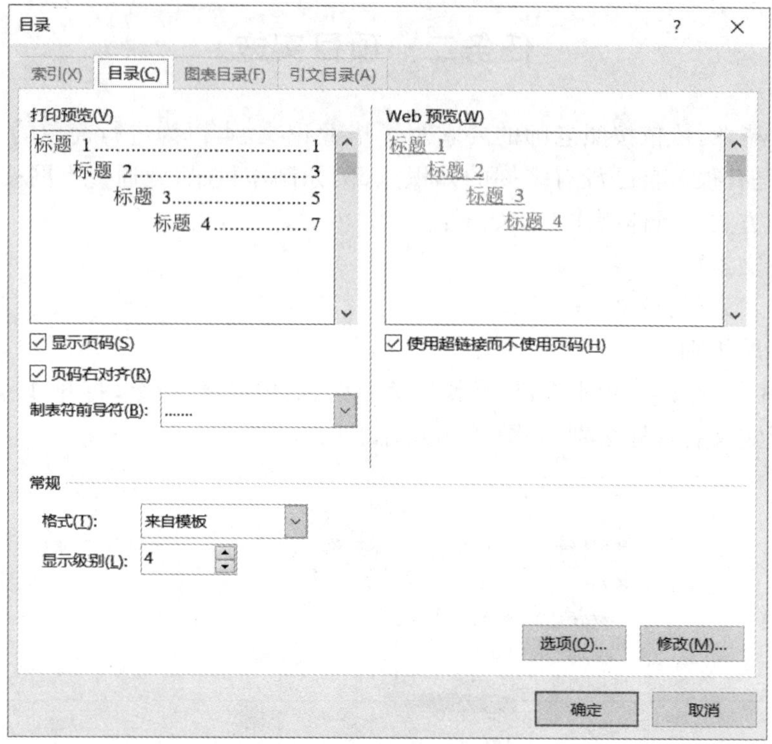


图 3-51　“目录”对话框

“更新域”选项，然后根据提示进行更新。

4. 保存文档

最后效果图如图 3-52 所示。

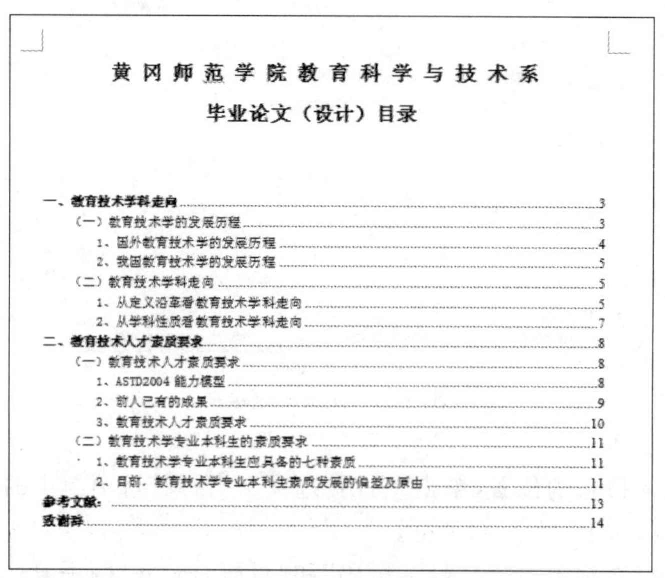

黄冈师范学院教育科学与技术系

毕业论文（设计）目录

一、教育技术学科走向 ........ 3
（一）教育技术学的发展历程 ........ 3
1、国外教育技术学的发展历程 ........ 4
2、我国教育技术学的发展历程 ........ 5
（二）教育技术学科走向 ........ 5
1、从定义沿革看教育技术学科走向 ........ 5
2、从学科性质看教育技术学科走向 ........ 7
二、教育技术人才素质要求 ........ 8
（一）教育技术人才素质要求 ........ 8
1、ASTD2004 能力模型 ........ 8
2、前人已有的成果 ........ 9
3、教育技术人才素质要求 ........ 10
（二）教育技术学专业本科生的素质要求 ........ 11
1、教育技术学专业本科生应具备的七种素质 ........ 11
2、目前，教育技术学专业本科生素质发展的偏差及原由 ........ 11
参考文献： ........ 13
致谢辞 ........ 14

图 3-52　效果图

# 习　题　三

1. Word 2016 文档默认的扩展名是(　　)。

A. .rmvb　　B. .docx　　C. .xlsx　　D. .jpeg

2. 通常情况下,下列选项中不能用于启动 Word 的操作是(　　)。

A. 双击 Windows 桌面上的 Word 快捷方式图标

B. 单击“开始”→“Word 2016”

C. 在 Windows 文件资源管理器中双击 Word 文档图标

D. 单击 Windows 桌面上的 Word 快捷方式图标

3. 在 Word 中,用组合键退出 Word 2016 的方法是按(　　)。

A. Atl+F4　　B. Alt+F5　　C. Ctrl+F4　　D. Alt+Shift

4. Word 中的文本替换功能所在的选项卡是(　　)。

A. 文件　　B. 开始　　C. 插入　　D. 页面布局

5. 在 Word 中,下列操作中能够切换“插入和改写”两种编辑状态的是(　　)。

A. 按“Ctrl+I”键　　B. 按“Shift+I”键

C. 用鼠标单击状态栏中的“插入”或“改写”　　D. 用鼠标单击状态栏中的“修订”

6. 在 Word 编辑状态下,当前输入的文字显示在(　　)。

A. 鼠标光标处　　B. 插入点处

C. 文件尾部　　D. 当前行的尾部

7. 在 Word 编辑状态下,要想删除光标前面的字符,可以按(　　)。

A. Backspace　　B. Delete　　C. Ctrl+P　　D. Shift+A

8. 在 Word 文档的编辑中,删除插入点右边的文字内容应按的键是(　　)。

A. Backspace　　B. Delete　　C. Insert　　D. Tab

9. 在 Word 中,将整篇文档的内容全部选中,可以使用的快捷键是(　　)。

A. Ctrl+X　　B. Ctrl+C　　C. Ctrl+V　　D. Ctrl+A

10. 在 Word 中,选定文档中不连续的两个文字区域,在拖动鼠标前,应按住不放的键是(　　)。

A. Ctrl　　B. Alt　　C. Shift　　D. 空格

11. 在 Word 中,如果无意中删除了某段文字内容,可以使用快速访问工具栏上的(　　)返回到删除前的状态。

A.“撤销”按钮　　B.“恢复”按钮　　C.“保存”按钮　　D.“打开”按钮

12. 在 Word 的“字体”对话框中,不可设定文字的(　　)。

A. 动态效果　　B. 行距　　C. 字号　　D. 字符间距

13. 在 Word 编辑状态下,如果要给段落分栏,在选定要分栏的段落后,首先要单击的选项卡是(　　)。

A. 开始　　B. 插入　　C. 页面布局　　D. 视图

14. 在 Word 中,设置首字下沉应先单击(　　)选项卡,然后在“文本”选项组中进行。

A. 插入　　B. 开始　　C. 页面布局　　D. 视图

15. 在 Word 中，若要设定打印的纸张大小，可在(　　)中进行。
A. “开始”选项卡中的“段落”对话框
B. “开始”选项卡中的“字体”对话框
C. “页面布局”选项卡中的“页面设置”对话框
D. 以上说法都不正确

16. 在 Word 中，打印页码“5-7,9,10”表示打印的页码是(　　)。
A. 第 5、7、9、10 页　　B. 第 5、6、7、9、10 页
C. 第 5、6、7、8、9、10 页　　D. 以上说法都正确

17. 要在 Word 文档中创建表格，应使用的是(　　)选项卡。
A. 开始　　B. 插入　　C. 页面布局　　D. 视图

18. 在 Word 中，下列关于表格和文本互相转换的说法中，不正确的是(　　)。
A. 文本能转换成表格　　B. 表格能转换成文本
C. 文本与表格可以相互转换　　D. 文本与表格不能相互转换

19. 在 Word 表格中求某行数值的平均值，可使用的统计函数是(　　)。
A. SUM　　B. TOTAL　　C. COUNT　　D. AVERAGE

20. 在调整图片尺寸时，按住(　　)键拖动对角控制点可以等比例缩放图片。
A. Shift　　B. Alt　　C. Ctrl　　D. Enter

# 第四章　电子表格 Excel

## 【本章导读】

本章主要包括以下内容：

1. Excel 2016 简介和资料输入的方法。
2. Excel 2016 公式与函数使用。
3. Excel 2016 数据分析与管理。

## 项目一　用 Excel 2016 做基本信息表

## 【项目描述】

通过本项目学习使读者能初步了解 Excel 2016 的基本概念，掌握其基本操作。

## 【学习目标】

1. 了解 Excel 2016 电子表格的基本界面。
2. 掌握资料输入的技巧及电子表格的基本操作。

### 任务一　认识 Excel 2016

Excel 是目前市面上功能强大、技术先进、使用方便灵活的电子表格软件，广泛地应用于管理、统计、财经、金融等众多领域。其功能主要是进行各种数据的处理，执行计算，分析信息以及可视化电子表格中的数据。Excel 2016 能够方便地与 Office 2016 的其他组件相互调用数据，实现资源共享。

#### 一、Excel 2016 的工作界面

Excel 2016 的工作界面如图 4-1 所示。

“文件”选项页：打开“文件”选项页，用户可以利用其中的命令新建、打开、保存、打印、共享以及导出文件。

快速访问工具栏：Excel 2016 的快速访问工具栏中包含最常用操作的快捷按钮，方便用户使用。单击快速访问工具栏中的按钮，可以执行相应的功能。

功能区：是 Excel 2016 工作界面中将菜单栏与工具栏结合在一起，以选项卡的形式分组列出的常用功能操作命令。

名称框：用于定义或显示当前单元格的名称和地址。

编辑栏：用于显示或编辑活动单元格中的数据或公式。

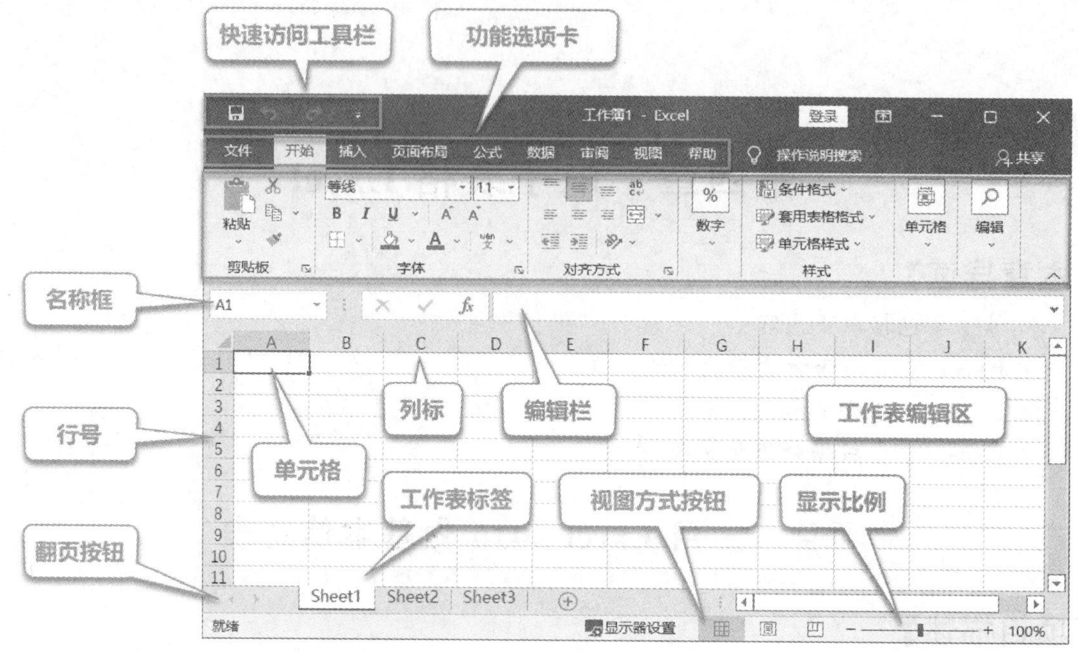


图 4-1　Excel 2016 的工作界面

列标:用于显示列数的字母,单击列标可以选择整列。

行号:用于显示行号的数字,单击行号可以选择整行。

翻页按钮:当工作表数目较多时,通过该按钮可以查看前面或后面的工作表标签。

视图方式按钮:主要用来切换工作表的视图模式,包括普通、页面布局与分页预览。

单元格:在 Excel 中,活动单元格将以加粗的绿色边框显示。当同时选择两个或多个单元格时,这组单元格被称为单元格区域。单元格区域中的单元格可以是相邻的,也可以是彼此分离的。一个矩形的单元格区域,它的地址通常表示为"左上角起始单元格地址:右下角末尾单元格地址"。

## 二、工作簿与工作表的概念与操作

工作簿是指 Excel 环境中用来储存并处理工作数据的文件,也就是说 Excel 文档就是工作簿。它是 Excel 工作区中一个或多个工作表的集合,其扩展名为. xlsx。工作表是 Excel 完成工作的基本单位,每张工作表由列和行所构成的"存储单元"所组成。这些"存储单元"被称为单元格。输入的所有数据都是保存在单元格中,这些数据可以是一个字符串、一组数字、一个公式、一个图形或声音文件等。在 Excel 2016 中,每一个工作簿可以拥有许多不同的工作表,工作簿中最多可建立 255 个工作表。

工作簿和工作表的关系就像工作夹和工作文件的关系,每个工作夹中可以包含多个工作文件,工作夹所能包含的最大工作文件数量受内存的限制,如图 4-2 所示。默认每个新工作簿中包含 1 个工作表,在 Excel 2016 程序界面的下方可以看到工作表标签,默认的名称为"Sheet1"。每个工作表中的内容相对独立,通过单击工作表标签可以在不同的工作表之间进行切换。

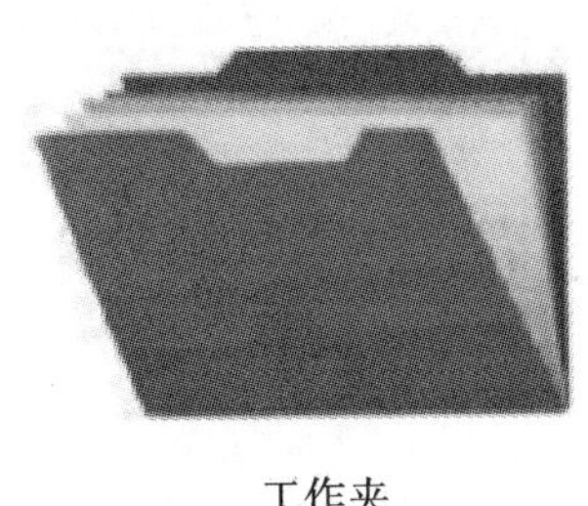

工作夹

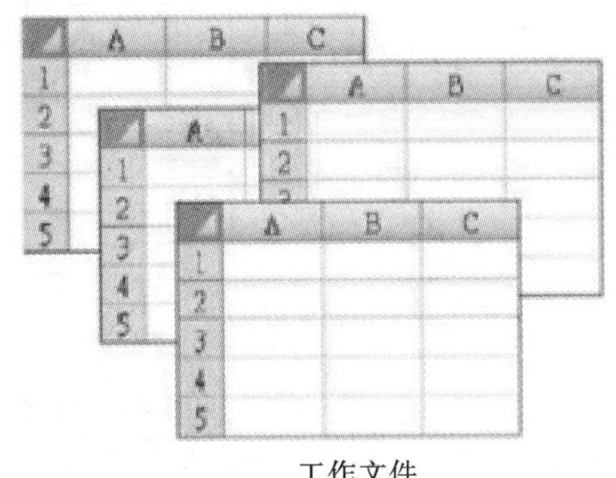

工作文件

**图 4-2　工作簿和工作表的关系**

### (一)输入数据

在 Excel 中的文本数据通常是指字符或者任何数字和字符的组合。输入单元格内的任何字符集,只要不被系统解释成数字、公式、日期、时间或者逻辑值,则 Excel 一律将其视为文本。在单元格中输入文本时,系统默认的对齐方式是左对齐,数字则默认右对齐。Excel 中的文本数据示例如表 4-1 所示。

**表 4-1　Excel 中的文本数据示例**

| 数据类型 | 输入用例 | 说　明 |
| --- | --- | --- |
| 文本 | 计算机 | 直接输入,当文本内容超过单元格宽度时,默认不换行 |
| 纯数字 | －12.35 | 直接输入,正数无须输入符号"＋" |
| 分数 | 0 2/3 | 日期格式与分数格式相同,为区分,输入分数时,前面加 0 |
| 长数字 | 2013231450102 | 当输入数字整数部分超过 11 位时,则将自动显示为科学计数法 |
| 文本格式的数字 | 身份证号 | 将数字作为文本来输入,需要先输入一个英文输入法状态下的单引号"'",然后再输入数字 |
| 时间 | 21:45:00 | 时、分、秒之间需要用半角冒号":"隔开 |
| 日期 | 2014-2-1 或 2014/2/1 | 年、月、日之间用斜杠"/"或连字符"-"隔开 |

### (二)添加批注

在 Excel 中可以为某个单元格或单元格区域添加批注,批注一般都是简短的提示性文字。操作方法为先选定单元格或单元格区域,然后执行下列两种操作中的任一种。

第一种:选择"审阅"选项卡"批注"选项组中的"新建批注"命令,编辑批注内容。

第二种:右击待插入批注的单元格,在弹出的快捷菜单中选择"插入批注"命令然后编辑批注内容,如图 4-3 所示。

### (三)移动与复制单元格

移动单元格是将单元格中的数据移动到其他单元格中,原数据不能保留在原位置。复

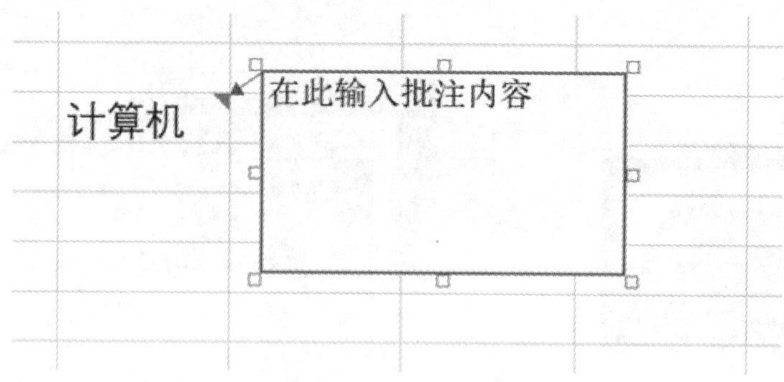


图 4-3 添加批注

制单元格是将单元格中的数据复制到其他单元格，原数据将继续保留在原单元格中。移动或复制单元格时，单元格中的格式也将被一起移动或复制。这两种操作可以通过鼠标拖动法或剪贴板法来完成。

1. 鼠标拖动法

移动单元格时，首先选择需要移动的单元格，然后将鼠标置于单元格的边缘上，当光标变成四向箭头时，拖动鼠标到新位置即可。

2. 剪贴板法

剪贴板法即选择“开始”选项卡“剪贴板”选项组中的各项命令。首先选择需要移动或复制的单元格，分别单击“剪切”按钮或者“复制”按钮来剪切或复制单元格到剪贴板中，然后右击目标单元格，在快捷菜单中选择相应的“粘贴选项”组内的各项命令。

另外，用户还可以进行选择性粘贴。单击“开始”选项卡“剪贴板”选项组中的“粘贴”按钮的下拉菜单，选择“选择性粘贴”，在弹出的“选择性粘贴”对话框中选择需要粘贴的选项即可。

**(四)自动填充**

(1)先在 A1、B1、C1 单元格内输入标题内容，然后在 B2 单元格输入文字“业务部”，并维持单元格的选取状态，再将鼠标指针移至粗框线的右下角，此时鼠标指针会呈“ +”状，名为填充柄，如图 4-4 所示。

| | A | B | C | D | E |
|---|---|---|---|---|---|
| 1 | 员工编号 | 部门 | 姓名 | | |
| 2 | | 业务部 | | | |
| 3 | | | | | |
| 4 | | | | | |
| 5 | | | | | |

选取某个单元格或范围时，其周围会被粗框线围住

图 4-4 输入内容

(2)将指针移到填充柄上，按住左键不放向下拉至单元格 B6，如图 4-5 所示，文字“业务部”就会自动填充 B2 至 B6 单元格，如图 4-6 所示。

(3)在刚才的操作中，数据自动填充 B2 至 B6 单元格后，B6 单元格旁出现了一个“自动填充选项”按钮，单击此按钮可显示下拉选单，可选择不同的自动填充方式，如图 4-7 所示。

“自动填充选项”按钮可让我们选择是否要一并套用单元格的格式设定。不过，我们尚未设定格式，所以不用变更设定。当选取了其他单元格，并进行编辑动作后，“自动填充选项”按钮就会自动消失。

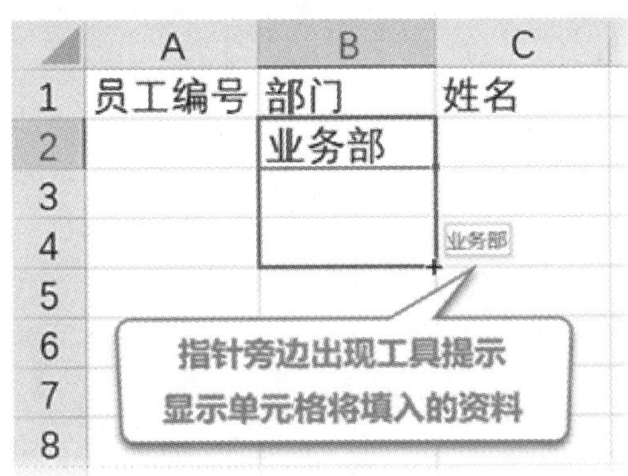


图 4-5　下拉至 B6 单元格

图 4-6　自动填满 B2 至 B6 单元格

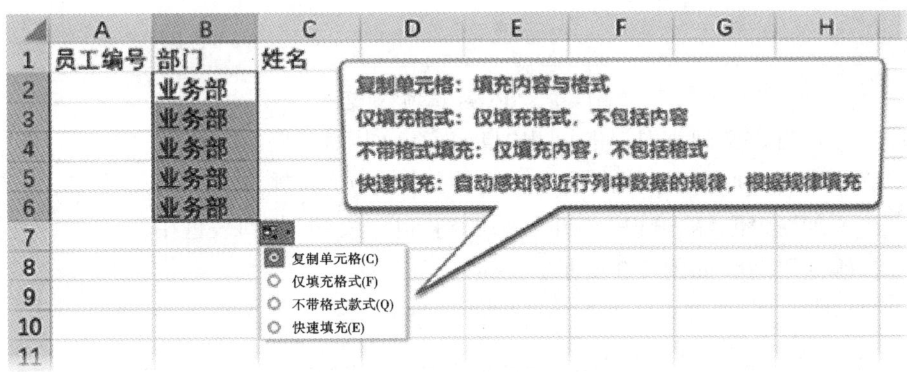


图 4-7　不同的自动填充方式

**(五)序列填充**

(1)首先要说明数列的类型，以便清楚地知道哪些数列可由 Excel 的功能来自动建立。Excel 可建立的数列类型有四种：

①等差级数：数列中相邻两数字的差相等，例如，1、3、5、7……

②等比级数：数列中相邻两数字的比值相等，例如，2、4、8、16……

③日期：例如，2012/12/5、2012/12/6、2012/12/7……

④自动填入：自动填入数列是属于不可计算的文字数据，例如，一月、二月、三月……星期一、星期二、星期三……都是。Excel 已将这类型文字数据建成数据库，让我们使用自动填入数列时，就像使用一般数列一样。

(2)用户可以根据自己的需要，把经常使用的有序数据定义成自己的数据序列，即“自定义序列”。

【例】在 Excel 中，自定义一个新序列“主板，CPU，显示器，鼠标，键盘，内存条，硬盘”。具体操作步骤如下：

①在“文件”选项页选择“选项”，打开“Excel 选项”对话框，选择“高级”选项，如图 4-8 所示。

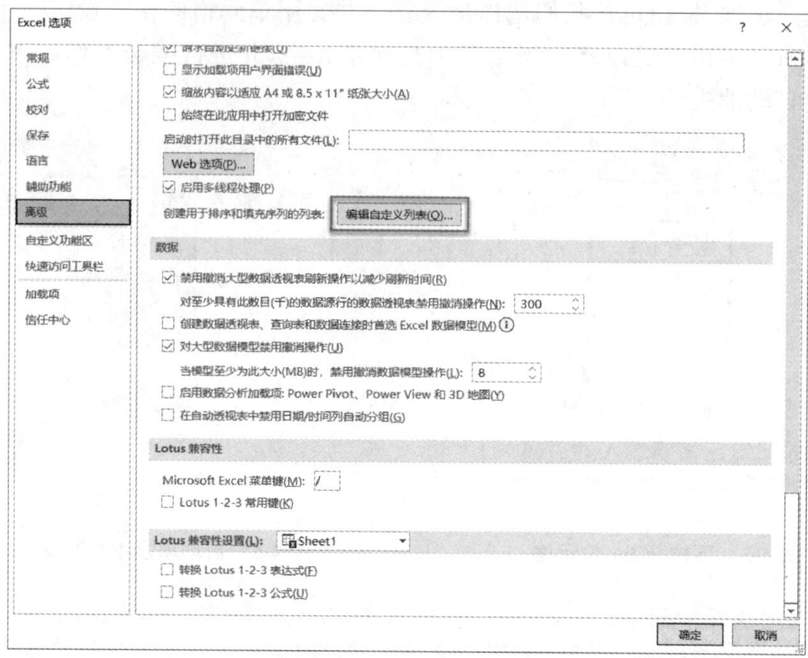


图 4-8 “Excel 选项”对话框

②单击“编辑自定义列表”按钮，弹出“自定义序列”对话框。

③在“输入序列”列表框中依次输入序列的每一个元素(输入完一个就按 Enter 键)。

④单击“添加”按钮，输入的序列即可添加到“自定义序列”列表框中。

⑤单击“确定”按钮，如图 4-9 所示。

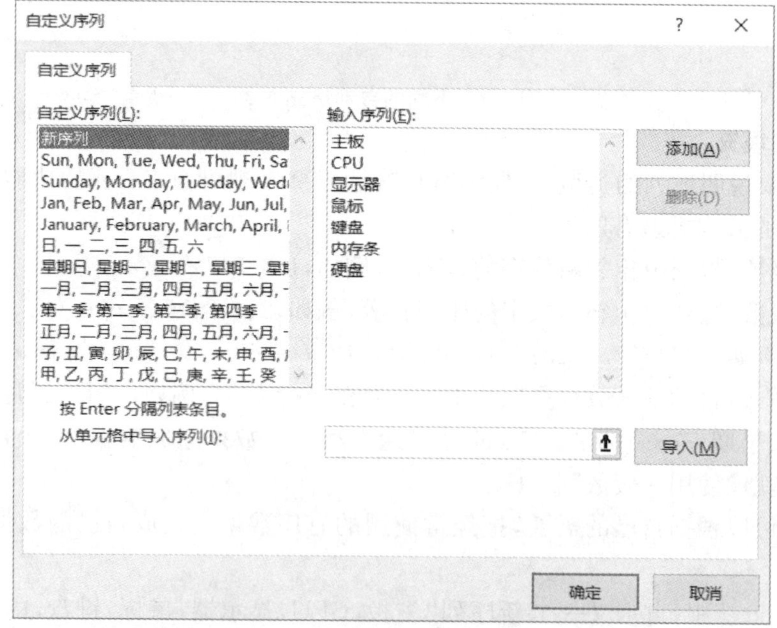


图 4-9 “自定义序列”对话框

**(六)查找和替换**

利用 Excel 中的“查找和选择”功能可在工作簿中搜索某些内容,例如特定的数字或文本字符串等。

(1)在“开始”选项卡的“编辑”选项组中,单击“查找和选择”按钮,如图 4-10 所示。

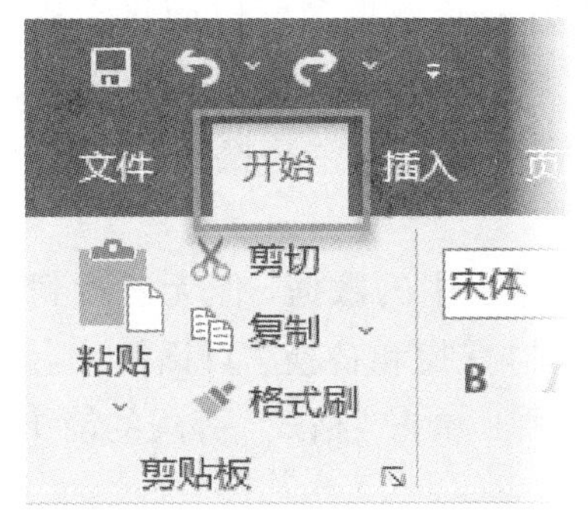


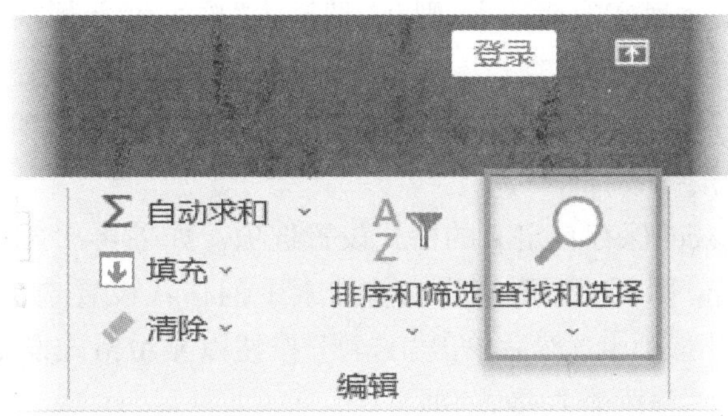


**图 4-10　查找和选择**

(2)执行下列操作之一:

要查找文本或数字,单击“查找”。

要查找和替换文本或数字,单击“替换”。

(3)在“查找内容” 框中, 键入要搜索的文本或数字, 或单击“查找内容”框中的箭头,然后在列表中单击最近的搜索字符。

可以在搜索条件中使用通配符,例如星号 ( * ) 或问号 (?):

①使用星号可查找任意字符串。例如,使用“ s * d” 可查找“sad”和“started”。

②使用问号可查找任意单个字符。例如,使用 “s? t” 可查找“sat”和“set”。

(4)如果有其他需要, 则单击“查找和替换”对话框中的 “选项”按钮以进一步定义搜索范围。

要在工作表或整个工作簿中搜索数据,则在“范围”下拉列表框中选择“工作表”或“工作簿”。

要在行或列中搜索数据,则在“搜索”下拉列表框中单击“按行”或“按列”。

要搜索带有特定详细信息的数据,则在“查找范围”下拉列表框中单击“公式”“值”或“批注”进行搜索。

要搜索区分大小写的数据,则选中“区分大小写”复选框。

若要搜索只包含在“查找内容”框中键入的字符的单元格,则选中“单元格匹配”复选框。

(5)如果要搜索具有特定格式的文本或数字,则单击“格式”按钮, 然后在“查找格式”对话框中进行选择。

如果要查找只符合特定格式的单元格,则可以删除“查找内容”框中的所有条件,然后选择特定单元格格式作为示例。单击“格式”旁边的箭头,单击“从单元格选择格式”,然后单击具体要搜索的格式的单元格。

(6)执行下列操作之一:

要查找文本或数字,单击“查找全部”按钮或“查找下一个”按钮。

当单击“查找全部”按钮时,将列出正在搜索的条件的每个匹配项,单击列表中的特定匹配项将使单元格处于活动状态。可以通过单击列标题,对“查找所有搜索”的结果进行排序。

要替换文本或数字,则在“替换为”框中键入替换字符(或将此框留空以便将字符替换成空),然后单击“查找下一个”按钮或“查找全部”按钮。

(7)若要替换突出显示位置或所有出现位置找到的字符,则单击“替换”按钮或“全部替换”按钮。

Excel 保存自定义的格式设置选项。如果再次搜索工作表中的数据,但无法找到已知的字符,则可能需要清除以前搜索中的格式设置选项。在“查找和替换”对话框中,单击“查找”选项卡,然后单击“选项”按钮以显示格式设置选项。单击“格式”旁边的箭头,然后单击“清除查找格式”即可。

## 三、管理工作表与工作簿

### (一) 管理工作表

在 Excel 中,可以轻松插入、重命名、删除、移动和复制工作簿中的工作表。

1. 插入工作表

(1)单击工作表标签右边的⊕图标。

(2)选择“开始”选项卡“单元格”选项组中的“插入”下拉按钮,再选择“插入工作表”,如图 4-11 所示。

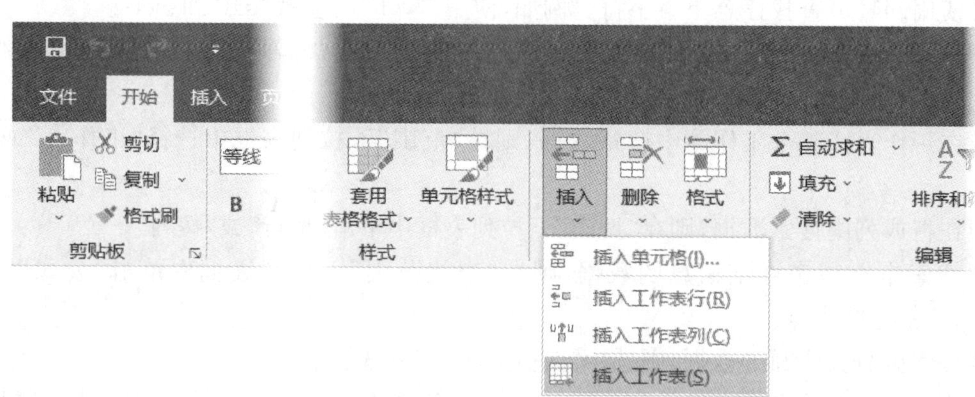


图 4-11 插入工作表

2. 重命名工作表

(1)在工作表标签上双击工作表名称,快速进行重命名。

(2)右键单击工作表标签,在快捷菜单中单击“重命名”命令,然后键入新名称。

3. 删除工作表

(1)右键单击工作表标签,然后在快捷菜单中选择“删除”命令。

(2)选择工作表,然后选择“开始”选项卡“单元格”选项组中的“删除”按钮的下拉按钮,再选择“删除工作表”，如图 4-12 所示。

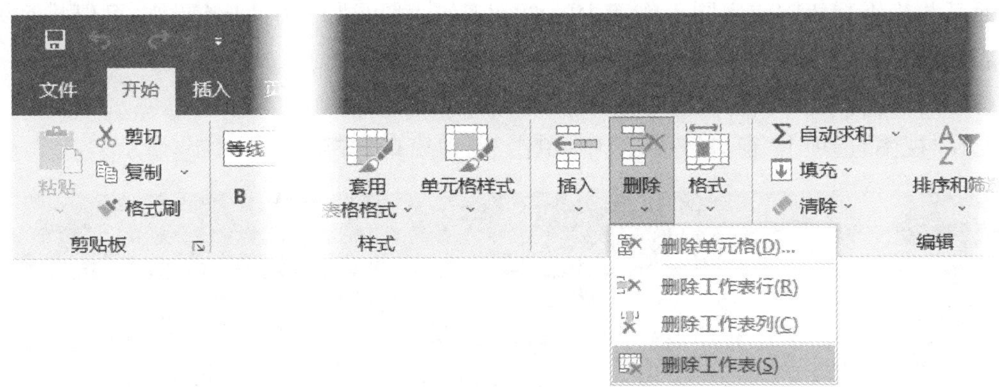


**图 4-12　删除工作表**

4. 移动或复制工作表

可以右击工作表标签，在快捷菜单中单击“移动或复制”命令，将整个工作表（也称为表）移动或复制到同一工作簿的其他位置或其他工作簿。可以使用“剪贴板”选项组中的“剪切”或“复制”命令，将一部分数据移动或复制到其他工作表或工作簿。

### （二）查看和编辑工作表窗口

1. 工作簿视图

在 Excel 中，自定义视图用来保存特定的显示设置（例如隐藏行和列、单元格选择、筛选设置和窗口设置）和打印设置（例如页面设置、页边距、页眉和页脚以及工作表设置），以便可以在需要时将这些设置快速应用到该工作表。还可以在自定义视图中包含特定的打印区域 。创建自定义视图的步骤如下：

(1)在工作表上，更改要保存在自定义视图中的“显示”和“打印”设置。

(2)在“视图”选项卡“工作簿视图”选项组中，单击“自定义视图”，如图 4-13 所示。

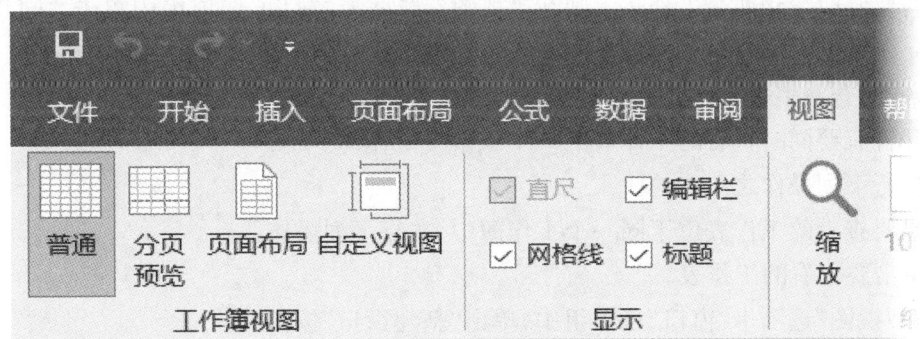


**图 4-13　自定义视图**

(3)单击“添加”按钮。

(4)在“名称”框中输入视图的名称。

(5)在“视图包括”下，选中要包含的设置的复选框。添加到工作簿中的所有视图将显示在“自定义视图”对话框中的“视图”下方。当我们在列表中选择某个视图，然后单击“显示”，将显示创建该视图时处于活动状态的工作表。

2. 查看工作表

通过并排查看相同或不同工作簿中的两个工作表,可进行快速比较。也可以排列多个工作表,以便同时查看。

(1)并排查看同一工作簿中的两个工作表。

①在“视图”选项卡“窗口”选项组中,单击“新建窗口”按钮,如图 4-14 所示。

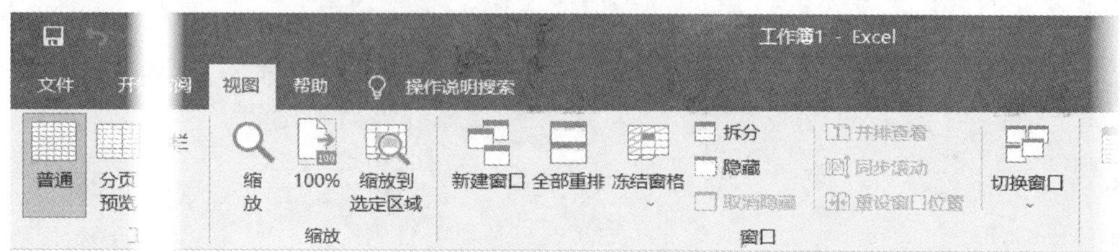


图 4-14　查看工作表

②在“视图”选项卡“窗口”选项组中,单击“并排查看”按钮。

③在每个工作簿窗口中,单击需要比较的工作表。

④若要同时滚动两个工作表,则在“视图”选项卡“窗口”选项组中单击“同步滚动”按钮。

(2)并排查看不同工作簿中的两个工作表。

①打开包含需要比较的工作表的两个工作簿。

②在“视图”选项卡“窗口”选项组中,单击“并排查看”按钮。

如果已打开了两个以上的工作簿,Excel 将显示“并排比较”对话框。在此对话框中的“并排比较”下,单击包含要与活动工作表进行比较的工作表的工作簿,然后单击“确定”按钮。

③在每个工作簿窗口中,单击要比较的工作表。

④若要同时滚动两个工作表,则在“视图”选项卡“窗口”选项组中单击“同步滚动”按钮。

(3)同时查看多个工作表。

打开含有要同时查看的工作表的一个或多个工作簿。

①执行下列操作之一:

如果要查看的工作表位于同一个工作簿中,执行下列操作:

a. 单击要查看的工作表。

b. 在“视图”选项卡“窗口”选项组中,单击“新建窗口”按钮。

c. 对要查看的每个工作表重复步骤 a 和步骤 b。

d. 如果要查看的工作表位于不同的工作簿中,请继续步骤 c。

②在“视图”选项卡“窗口”选项组中,单击“全部重排”按钮。

③在弹出的“重排窗口”对话框中,单击所需的“排列方式”选项。

④如果要查看的工作表都位于活动工作簿中,请选中“当前活动工作簿的窗口”复选框。

### (三)共享与保护工作簿

“审阅”选项卡中的“共享工作簿” 是一个较旧的功能，可让多人协作处理工作簿。由于涉及数据安全问题，此功能具有许多限制，在最新版本的 Excel 中已被共同创作取代。在 Excel 以前的版本中,可以进行共享工作簿、查看与修订共享工作簿、设置保护工作簿与工作表、设置允许用户编辑区域等操作。

### (四)工作表的格式与样式

1. 设置单元格格式

右击选中的需要设置格式的单元格或单元格区域,在快捷菜单中选择“设置单元格格式”命令,打开如图 4-15 所示对话框进行设置。

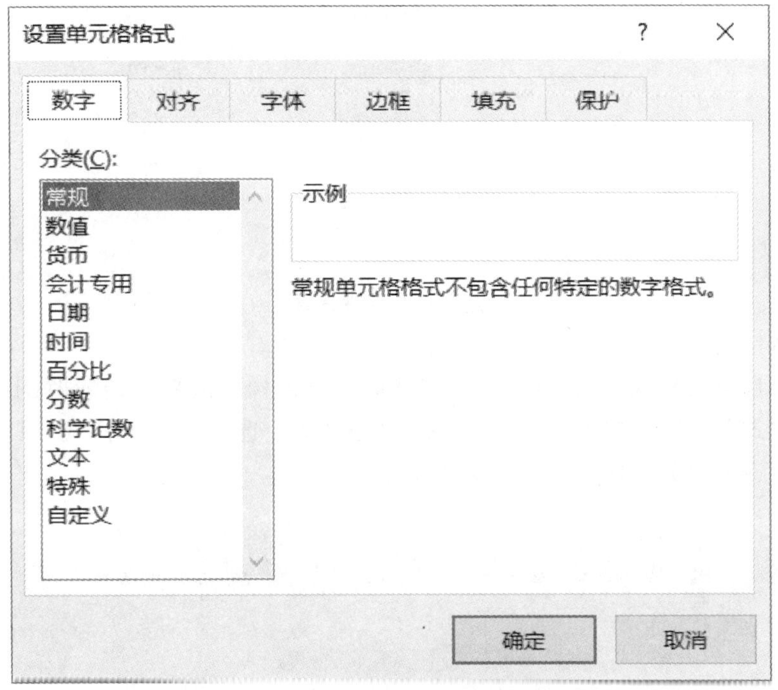


**图 4-15　“设置单元格格式”对话框**

2. 新增与删除整行、整列

(1)新增列

单击要插入位置后面的列标,选择一列单元格,单击右键弹出快捷菜单,选择“插入”命令,或者选择“开始”选项卡“单元格”选项组中的“插入”按钮。

(2)新增行

单击要插入位置后面的行标,选择一行单元格,单击右键弹出快捷菜单,选择“插入”命令,或者选择“开始”选项卡“单元格”选项组中的“插入”按钮。

(3)删除行、列

在要删除的行或列上单击右键,在弹出的快捷菜单中选择“删除”命令即可,或者选择“开始”选项卡“单元格”选项组中的“删除”按钮。

3. 条件格式

条件格式的目的是突出单元格,将单元格中满足特定条件的数据以预设的格式显示出来,如图 4-16 所示。

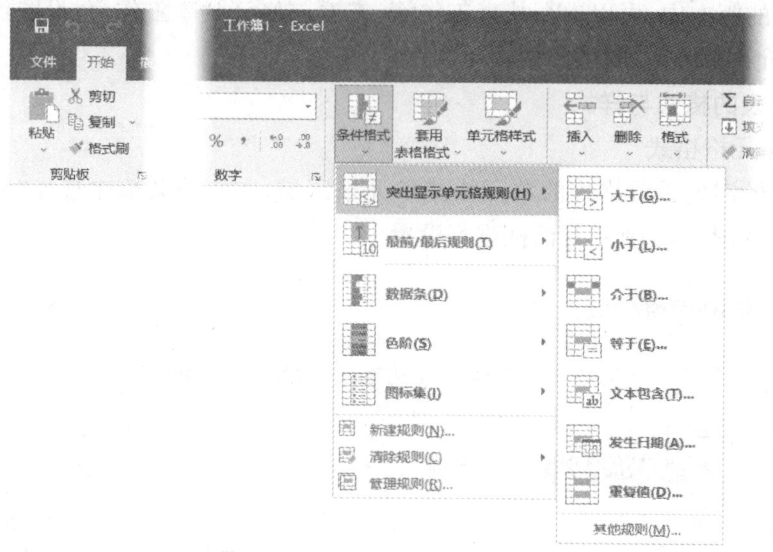


图 4-16 条件格式

4. 单元格样式

如果觉得预设的一般样式太单调,可先选取要变换样式的单元格或范围,再切换到“开始”选项卡“样式”选项组,单击“单元格样式”按钮,从中选择喜欢的样式,以节省设定各种格式的时间。设置单元格样式如图 4-17 所示。

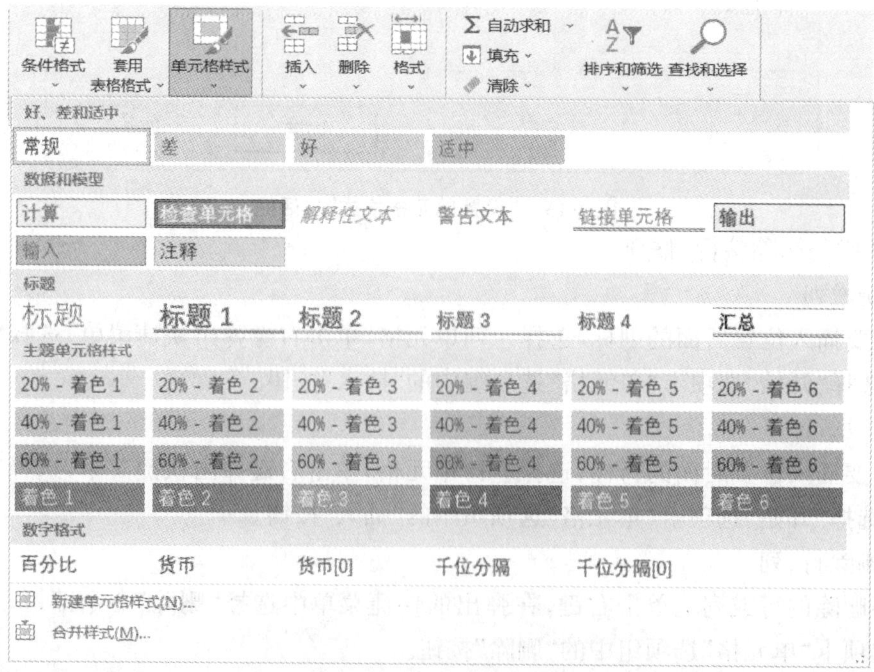


图 4-17 设置单元格样式

5. 套用表格格式

在 Excel 2016 中，除了可以套用单元格样式外，还可以整个套用工作表表格样式，节省格式化工作表的时间。在“开始”选项卡“样式”选项组中，单击“套用表格格式”按钮，弹出工作表样式菜单，选择表格样式即可。

**（五）创建页眉和页脚**

如果要在工作表中添加页眉或页脚，需要在“插入”选项卡“文本”选项组中选择“页眉和页脚”按钮进行设置。

**（六）打印输出**

制作好工作表后，通常要做的下一步工作就是把它打印输出。利用 Excel 2016 提供的设置页面、设置打印区域、打印预览等打印功能，可以对制作好的工作表进行打印设置，也可以美化打印的效果。

## 任务二　项目实施

刚进入大学，有的学生参加了学校社团，有的进入了学生会，有的成为班级干部，为了联系班级、社团或学生会成员，需要将每个成员的信息存档，下面做一张学生基本信息表以存放学生信息。

### 一、建立新文档

建立新文档的操作，通常可与启动 Excel 一并完成，因为启动 Excel 并选择模板，就会开启一份空白的工作簿。

### 二、录入基本信息

（1）在第一行选中 A1 至 F1 单元格后，点击合并单元格并居中显示，输入文字“学生基本信息表”，字体设置为“宋体，字号 24，字形加粗，对齐方式为垂直居中”。

（2）在 A2 至 F2 单元格内输入列标题。

分别输入文字“学号”“姓名”“出生年月”“联系电话及家庭住址”“身份证号”，字体设置为“宋体，字号一号、加粗”。

（3）依次在 A 列输入学号（可用自动填充）；B 列输入学生姓名；C 列输入学生的出生年月；D 列输入联系电话（此列输入数据时要设置 D 列宽度足够宽以容纳电话号码的长度，设置列宽可将鼠标移动到 B 这个单元格列标的右侧按住拖曳；或者在“开始”选项卡“单元格”选项组中单击“格式”按钮，选中“列宽”命令，直接输入设置的宽度）；E 列输入地址信息；F 列输入身份证号（此列输入的数字数据长度超过 12 位，会自动以科学计数法显示，所以要将此列数字格式设置为文本类型才能显示出完整的身份证号）。字体设置为“宋体，字号 14”。

### 三、设置外边框

选中 A2 至 E19 单元格，单击“开始”选项卡“字体”组中的“边框”选项，在列表中选择

“其他边框”,按以下操作进行设置。

(1)A2 至 E19 单元格外框线为粗实线,内框线为细实线,如图 4-18 所示。

(2)A2 至 E2 单元格下框线为双实线,并选中 A2 至 E2 单元格区域进行设置,如图4-19所示。

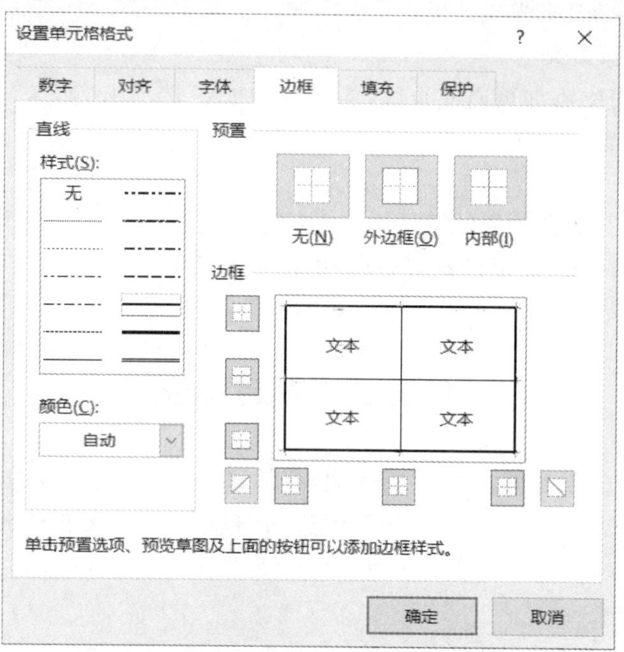


图 4-18　设置 A2 至 E19 单元格格式

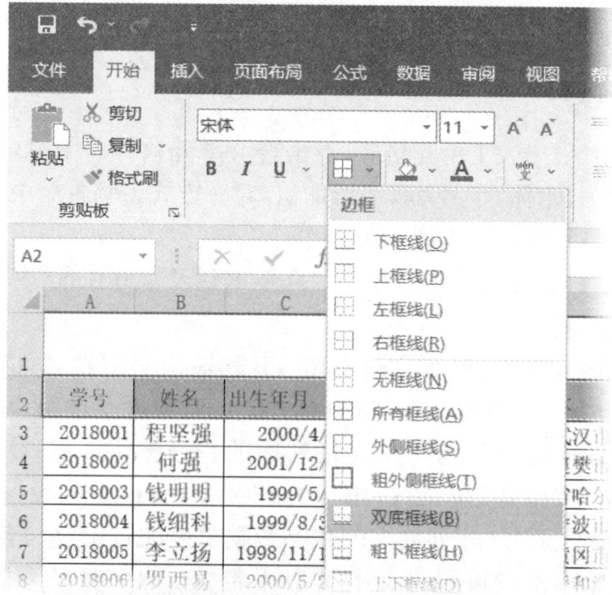


图 4-19　设置 A2 至 E2 单元格格式

(3)A2 至 E2 单元格设置为“底纹:蓝色,强调文字:颜色 1,淡色:80%”。

选中数据区域,进行填充,背景设置为“蓝色,强调文字:颜色 1,淡色:80%”,如图 4-20 所示。

学生基本信息表

| 学号 | 姓名 | 出生年月 | 联系电话 | 家庭住址 |
|---|---|---|---|---|
| 2018001 | 程坚强 | 2000/4/3 | 139****4353 | 湖北省武汉市xx路xx号 |
| 2018002 | 何强 | 2001/12/8 | 139****8282 | 湖北省襄樊市xx路xx号 |
| 2018003 | 钱明明 | 1999/5/4 | 135****2282 | 黑龙江省哈尔滨市xx路xx号 |
| 2018004 | 钱细科 | 1999/8/30 | 139****3222 | 浙江省宁波市xx路xx号 |
| 2018005 | 李立扬 | 1998/11/19 | 138****3000 | 湖北省黄冈市xx路xx号 |
| 2018006 | 罗西易 | 2000/5/23 | 137****8444 | 内蒙古呼和浩特市xx路xx号 |
| 2018007 | 王晓杭 | 2000/4/2 | 133****2382 | 湖北省襄樊市xx路xx号 |
| 2018008 | 吴笑笑 | 2001/9/1 | 136****9770 | 广东省珠海市xx路xx号 |
| 2018009 | 张小东 | 1999/3/20 | 135****0555 | 辽宁省大连市xx路xx号 |
| 2018010 | 于西 | 2000/7/18 | 135****8222 | 湖北省襄樊市xx路xx号 |
| 2018011 | 杨　平 | 2001/10/5 | 150****9888 | 湖北省宜昌市xx路xx号 |
| 2018012 | 何晓力 | 2001/12/19 | 150****3933 | 河北省石家庄市xx路xx号 |
| 2018013 | 黄永抗 | 2001/8/9 | 143****2611 | 湖北省武汉市xx路xx号 |
| 2018014 | 何良 | 2000/9/2 | 144****5137 | 湖北省襄樊市xx路xx号 |
| 2018015 | 张喜易 | 1999/3/9 | 145****7662 | 黑龙江省哈尔滨市xx路xx号 |
| 2018016 | 赵爱军 | 2000/6/5 | 145****0188 | 浙江省宁波市xx路xx号 |
| 2018017 | 周学军 | 1998/4/6 | 146****2713 | 湖北省黄冈市xx路xx号 |

图 4-20　“学生基本信息表”效果图

# 项目二　用 Excel 2016 做学生期末成绩统计表

## 【项目描述】

通过本项目学习使读者能初步了解 Excel 的基本公式和函数，掌握公式和函数的操作与使用。

## 【学习目标】

通过学习了解 Excel 的基本公式和函数，对数据能够进行计算，完成对学生成绩的统计。

## 任务一　掌握 Excel 基本的公式和函数

Excel 是办公自动化中非常重要的一款软件，其内置函数共包含十一类，分别是数据库函数、日期与时间函数、工程函数、财务函数、信息函数、逻辑函数、查询和引用函数、数学和三角函数、统计函数、文本函数以及用户自定义函数。公式是单个或多个函数的组合运用。

公式和函数的使用为数据处理提供了极大便利。

## 一、公式

### (一)公式的概念

公式是一种数据形式,它可以像数值、文字及日期一样存放在表格中。公式是由运算符、数据、单元格引用位置、函数及名字等组成。公式必须以等号“＝”开头,系统将“＝”号后面的字符串识别为公式,即公式为“＝表达式”的形式。

### (二)使用公式的步骤

(1)选定单元格。

(2)输入公式。

(3)按 Enter 键确认。

**【例】**　＝100＋3＊22　　常量运算

＝A3＊25＋B4　　引用单元格

＝SQRT(A5＋C6)　　使用函数

### (三)运算符

(1)算术运算符。

加(＋)、减(－)、乘(＊)、除(/)、百分号(%)和乘方(^)。

(2)比较运算符。

等于(＝)、大于(＞)、小于(＜)、大于等于(＞＝)、小于等于(＜＝)和不等于(＜＞)。

(3)文本运算符。

(4)连接符(&)。

(5)引用运算符。

冒号(:)、逗号(,)、空格。

### (四)运算符的优先级

Excel 的运算符优先级从高到低为:括号(())、百分比(%)、乘方(^)、乘除(＊、/)、加减(＋、－)、连接运算符(&)、比较运算符(＝、＞、＜、＞＝、＜＝、＜＞)。

## 二、引用单元格

### (一)相对引用

相对引用是指当把一个含有单元格地址的公式复制到一个新的位置或者用一个公式填入一个区域时,公式中的单元格地址会随着改变。

相对引用以列标和行号组成,例如 A1,B2,C3 等。

**【例】**　在 G2 中输入公式“＝D2＋E2＋F2”,如图 4-21 所示。

G2　=D2+E2+F2

| | A | B | C | D | E | F | G |
|---|---|---|---|---|---|---|---|
| 1 | 学号 | 姓名 | 性别 | 数学 | 英语 | 计算机 | 总分 |
| 2 | 1 | 王晓 | 女 | 95 | 88 | 90 | 273 |
| 3 | 2 | 李东 | 男 | 87 | 84 | 79 | 250 |
| 4 | 3 | 李过 | 男 | 68 | 70 | 55 | 193 |
| 5 | 4 | 杨竟 | 男 | 77 | 90 | 79 | 246 |
| 6 | 5 | 李想 | 女 | 32 | 28 | 75 | 135 |
| 7 | 6 | 陈思雨 | 女 | 23 | 78 | 48 | 149 |
| 8 | 7 | 张东 | 男 | 58 | 38 | 75 | 171 |
| 9 | | | | | | | |

图 4-21　相对引用示例

### (二)绝对引用

绝对引用是指在把公式复制或填入到新位置时，使其中单元格地址保持不变。

绝对引用以列标和行号前加上符号“$”构成，例如$A$1，$B$2等。

【例】　在G2中输入公式“=$D$2+$E$2+$F$2”，如图4-22所示。

G2　=$D$2+$E$2+$F$2

| | A | B | C | D | E | F | G |
|---|---|---|---|---|---|---|---|
| 1 | 学号 | 姓名 | 性别 | 数学 | 英语 | 计算机 | 总分 |
| 2 | 1 | 王晓 | 女 | 95 | 88 | 90 | 273 |
| 3 | 2 | 李东 | 男 | 87 | 84 | 79 | 250 |
| 4 | 3 | 李过 | 男 | 68 | 70 | 55 | 193 |
| 5 | 4 | 杨竟 | 男 | 77 | 90 | 79 | 246 |
| 6 | 5 | 李想 | 女 | 32 | 28 | 75 | 135 |
| 7 | 6 | 陈思雨 | 女 | 23 | 78 | 48 | 149 |
| 8 | 7 | 张东 | 男 | 58 | 38 | 75 | 171 |
| 9 | | | | | | | |

图 4-22　绝对引用示例

### (三)混合引用

混合引用是指在一个单元格地址中，既有绝对地址引用又有相对地址引用，它是上述两种引用的混合使用方式。

例如$A1(绝对列相对行)，A$1(相对列绝对行)等。

【例】　在G2中输入公式“=D2+$E2+F$2”，如图4-23所示。

G2　`=D2+$E$2+$F$2`

| | A | B | C | D | E | F | G |
|---|---|---|---|---|---|---|---|
| 1 | 学号 | 姓名 | 性别 | 数学 | 英语 | 计算机 | 总分 |
| 2 | 1 | 王晓 | 女 | 95 | 88 | 90 | 273 |
| 3 | 2 | 李东 | 男 | 87 | 84 | 79 | 250 |
| 4 | 3 | 李过 | 男 | 68 | 70 | 55 | 193 |
| 5 | 4 | 杨竟 | 男 | 77 | 90 | 79 | 246 |
| 6 | 5 | 李想 | 女 | 32 | 28 | 75 | 135 |
| 7 | 6 | 陈思雨 | 女 | 23 | 78 | 48 | 149 |
| 8 | 7 | 张东 | 男 | 58 | 38 | 75 | 171 |
| 9 | | | | | | | |

**图 4-23　混合引用示例**

## 三、函数

**(一)函数的概念**

函数是一种预先定义好的,经常使用的内置公式。函数由函数名和参数组成,在 Excel 中包含了常用函数、财务函数、日期与时间函数,数学与三角函数、统计函数等,函数的格式为:= ＜函数名＞(＜参数 1＞, ＜参数 2＞,…,＜参数 n＞)。

**(二)输入函数**

输入函数的方法为首先选定单元格,然后输入函数或插入函数,最后确认即可。

**(三)直接输入函数和粘贴函数**

直接输入法:在单元格或编辑栏中首先输入"=",再输入函数名和参数。

粘贴函数法:用户可以用 Excel 提供的内置函数来粘贴函数,该操作可以引导用户正确地选择函数和参数。

具体操作步骤如下:

直接输入法:

(1)选定要输入函数的单元格。

(2)在编辑栏中输入"="。

(3)从函数下拉列表中,选择所需函数,添加参数。

(4)点击"确定"按钮 ,完成输入。

粘贴函数法:

(1)选定要输入函数的单元格。

(2)单击"编辑栏"左边的"插入函数"按钮。

(3)选择函数,添加参数。

(4)单击 "确定"按钮。

**(四)自动求和**

(1)选中一个目标单元格。

(2)在“开始”选项卡“编辑”选项组中单击“**Σ**”按钮(求和)。

(3)选取参加求和的区域。

(4)按下回车键或点击“√”按钮。

**(五)常见函数**

1.求和函数 SUM

使用格式:SUM(number1,number2,…)。

功能:计算一组数值的总和。

说明:(1)“number1, number2, …”为需要求和的参数。

(2)如果参数为数组或引用,只有其中的数字将被计算。数组或引用中的空白单元格、逻辑值、文本或错误值将被忽略。

(3)如果参数为错误值或为不能转换成数字的文本,将会导致错误。

2.求平均值函数 AVERAGE

使用格式:AVERAGE(number1,number2,…)。

功能:计算一组数值的平均值。

说明:“number1, number2, …”为需要计算平均值的参数。

3.求最大和最小值函数 MAX 和 MIN

使用格式:MAX(number1,number2,…)、MIN(number1,number2,…)。

功能:求某个区域内或一组数值中的最大值(最小值)。

说明:“number1, number2, …”可以为数值或单元格引用。

例如:MAX(16,28,89,10)的值为 89。

4.根据条件计数函数 COUNTIF

使用格式:COUNTIF(区域,条件)。

功能:计算给定区域内满足特定条件的单元格的数目。

说明:条件可以表示为 32、"32"、">32"、"applcs"。

5.计数函数 COUNT

使用格式:COUNT(number1,number2,…)。

功能:计算出某个区域内数值的个数。

说明:number1, number2,…可以为数值或单元格引用。

当单元格是文字、逻辑值或空白时,则 COUNT 不计数。

6.逻辑函数 IF

使用格式:IF(条件表达式,返回值 1,返回值 2)。

功能:根据条件表达式成立与否,返回不同的结果,条件表达式为 TRUE 则得“返回值 1”,为 FALSE 则得“返回值 2”。

7.函数表

常见函数表如表 4-2 所示。

表 4-2　常见函数表

| 类别 | 函数名 | 格式 | 功能 | 实例 |
|---|---|---|---|---|
| 数学函数 | ABS | ABS(number1) | 计算绝对值 | ABS(-2.7) ABS(D4) |
| | MOD | MOD(number1,number2) | 计算 number1 和 number2 相除的余数 | MOD(20,3) MOD(C2,3) |
| | SQRT | SQRT(number1) | 计算平方根 | SQRT(45) SQRT(A1) |
| 统计函数 | SUM | SUM (number1,number2,…) | 计算所选参数和 | SUM(34,2,5,4.2) |
| | AVERAGE | AVERAGE (number1,number2,…) | 计算所选参数平均值 | AVERAGE(D3:D8) |
| | MAX | MAX (number1,number2,…) | 计算所有参数最大值 | MAX(D3:D8) |
| | MIN | MIN (number1,number2,…) | 计算所有参数最小值 | MIN(34,-2,5,4.2) |
| | COUNT | COUNT (number1,number2,…) | 计算参数中数值型数据的个数 | COUNT(A1:A10) |
| | COUNTIF | COUNTIF (number1,number2,…) | 计算参数中满足条件的数值型数据的个数 | COUNTIF(B1:B8,>80) |
| | RANK | RANK(number1,list) | 计算数字 number1 在列表 list 中的排位 | RANK(78,C1:C10) |
| 日期函数 | TODAY | | 显示当前日期 | TODAY() |
| | NOW | | 显示当前日期和时间 | NOW() |
| | YEAR | YEAR(d) | 计算日期 d 的年份 | YEAR(NOW()) |
| | MONTH | MONTH(d) | 计算日期 d 的月份 | MONTH(NOW()) |
| | DAY | DAY(d) | 计算日期 d 的天数 | DAY(TODAY()) |
| | DATE | DATE(y,m,d) | 返回由 y,m,d 表示的日期 | DATE(2010,11,30) |
| 逻辑函数 | IF | IF (logical,number1, number2) | 如果测试条件 logical 为 TRUE,返回 number1,否则返回 number2 | E3=IF(D3>60,80,0) |

8. 关于错误信息

单元格输入或编辑公式后,有时会出现诸如“＃＃＃＃!”或“＃VALUE!”的错误信息,错误值一般以“＃”符号开头,出现错误值有以下几种原因,如表 4-3 所示。

表 4-3　常见错误信息

| 错误值 | 错误值出现原因 | 例子 |
|---|---|---|
| ＃DIV/0! | 被除数为 0 | 例如=3/0 |
| ＃N/A | 引用了无法使用的数值 | 例如 HLOOKUP 函数的第 1 个参数对应的单元格为空 |
| ＃NAME? | 不能识别的名字 | 例如=SUM(a1:a4) |
| ＃NULL! | 交集为空 | 例如=SUM(a1:a3　b1:b3) |
| ＃NUM! | 数据类型不正确 | 例如=SQRT(-4) |
| ＃REF! | 引用无效单元格 | 例如引用的单元格被删除 |

续表

| 错误值 | 错误值出现原因 | 例子 |
|---|---|---|
| #VALUE! | 不正确的参数或运算符 | 例如=1+"a" |
| ##### | 宽度不够,加宽即可 | |

## 任务二　项目实施

大一期末考试结束,需要对各个班级学生成绩进行录入,并对各个班级的分数进行平均分、总分、名次、等级评定,并计算出单科成绩的最大值和最小值。具体操作如下:

### (一)打开学生期末成绩表

打开学校期末成绩表,素材路径:"素材:学生期末成绩表. doc"。

### (二)计算总分

单击选中 K3 单元格,求第一个同学的总分。单击"开始"选项卡"编辑"选项组"自动求和"按钮右边的小三角,在下拉表列中选择"求和"命令,按回车键即可得出程坚强同学的总分。将鼠标移到填充柄上,即当鼠标变成黑色"十"字时,按住鼠标左键往下拖曳填充可求出其他同学的总分。

### (三)计算平均分

单击选中 L3 单元格,求第一个同学的平均分。单击"开始"选项卡"编辑"选项组"自动求和"按钮右边的小三角,在下拉表列中选择"平均值"命令,此时区域要改变,只能是 E3 到 J3,回车即得出程坚强同学的平均分。设置程坚强同学的平均分保留两位小数:单击"开始"选项卡"数字"选项组右下角的"数字格式"按钮,打开"设置单元格格式"对话框,如图 4-24 所示,选择"数值",设置小数位数为 2 即可。将鼠标移到填充柄上,即当鼠标变成黑色"十"字时,按住鼠标左键往下拖曳填充,即可求出所有同学的平均分。

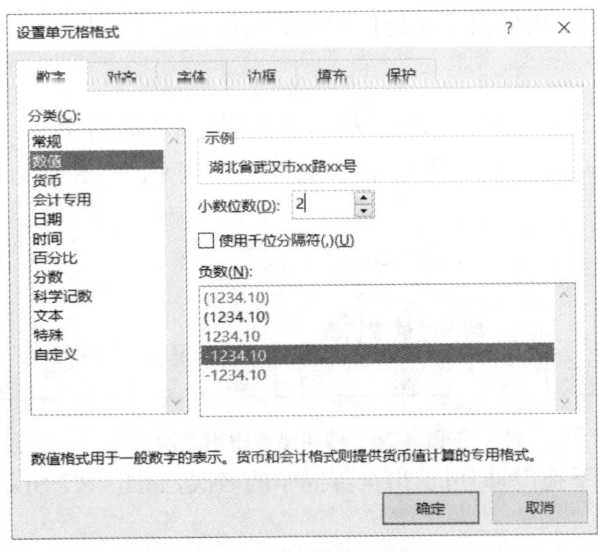


图 4-24　"设置单元格格式"对话框

### (四)计算名次

根据总分或者平均分都可以进行排名，我们以总分为例进行排名。

选中 M3 单元格，单击“开始”选项卡“编辑”选项组“自动求和”按钮旁的下拉按钮，点击“其他函数”，弹出“插入函数”对话框，搜索选择“RANK”函数，单击“确定”按钮，弹出“函数参数”对话框，如图 4-25 所示。

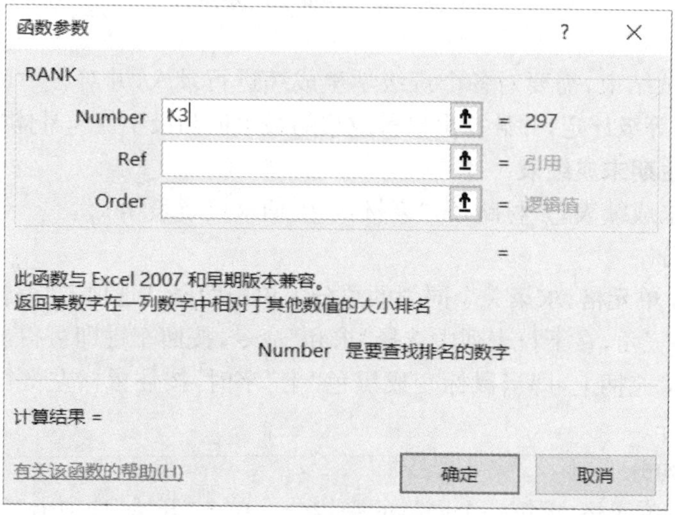

函数参数 ? ×

RANK

Number K3 = 297

Ref = 引用

Order = 逻辑值

=

此函数与 Excel 2007 和早期版本兼容。
返回某数字在一列数字中相对于其他数值的大小排名

Number 是要查找排名的数字

计算结果 =

有关该函数的帮助(H) 确定 取消

**图 4-25 “函数参数”对话框**

RANK 函数有三个参数表列：

Number：是要查找的数字。

Ref：是个范围，是一组数或者对一个数据列表的引用，非数字值会被忽略。

Order：是 Number 这个数在列表中的顺序，如果为 0 或忽略不填则是降序排列，如果为非 0 值，则是升序排列求出的值。此处使用绝对引用，方便使用自动填充算出其他同学的排名。

但是按要求我们要算出名次，要求以“第几名”这样的格式填写，所以使用文本连接符“&”，在编辑栏处输入函数“="第"&RANK(K3，$K$3：$K$50)&"名"”得出“第 13 名”，如图 4-26 所示。

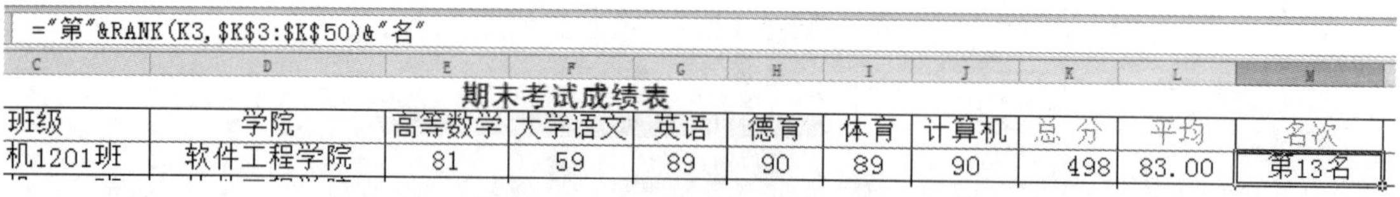

="第"&RANK(K3,$K$3:$K$50)&"名"

期末考试成绩表

| C | D | E | F | G | H | I | J | K | L | M |
|---|---|---|---|---|---|---|---|---|---|---|
| 班级 | 学院 | 高等数学 | 大学语文 | 英语 | 德育 | 体育 | 计算机 | 总分 | 平均 | 名次 |
| 机1201班 | 软件工程学院 | 81 | 59 | 89 | 90 | 89 | 90 | 498 | 83.00 | 第13名 |

**图 4-26 使用函数得出名次**

再使用填充柄向下拖曳，即可求出全部同学的名次，如图 4-27 所示。

| 平均 | 名次 |
|---|---|
| 83.00 | 第13名 |
| 75.33 | 第31名 |
| 76.00 | 第27名 |
| 84.17 | 第11名 |
| 87.50 | 第4名 |
| 49.50 | 第48名 |
| 85.50 | 第6名 |

**图 4-27　使用填充柄得出全部同学的名次**

### (五)以平均分进行等级评定

设置等级评定标准:如果平均分大于等于 80 分,评定为“优秀”;平均分大于等于60 分小于 80 分,评定为“合格”;平均分小于 60 分,则评定为“不合格”。

先求出第一个同学的等级,选中 N3 单元格,打开“函数参数”对话框,插入“IF”函数,然后在“函数参数”对话框中填入各项参数,如图 4-28 所示。填充前两项参数后,单击第 3 个输入框,然后在左上角“名称框”下拉列表中选择 ZF 函数,就可以插入一个嵌套 IF 函数。

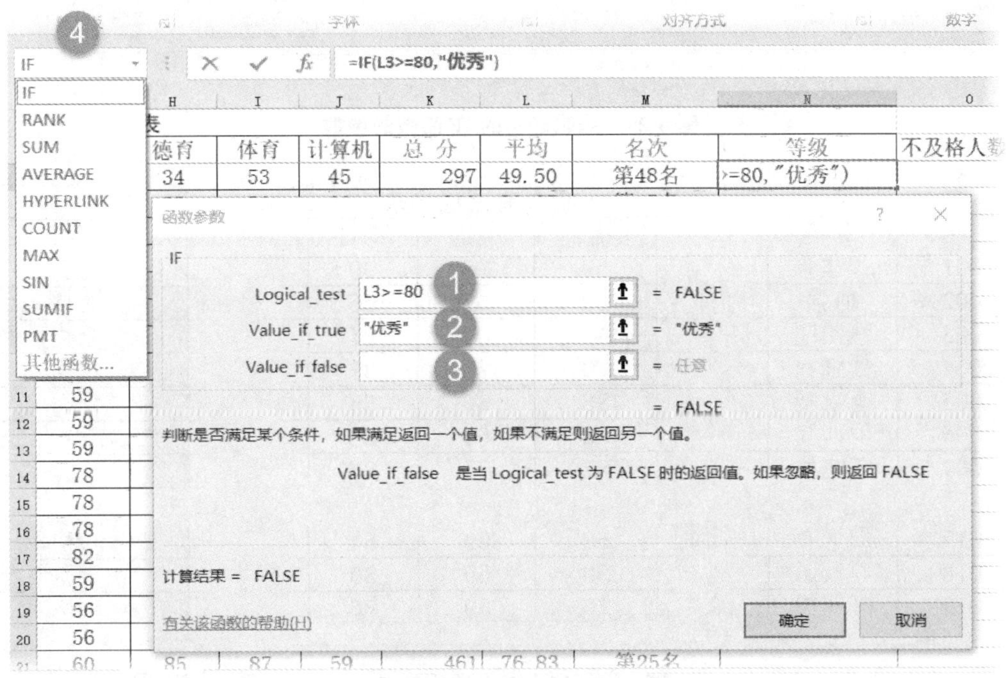


**图 4-28　编辑 IF 函数的参数**

依次填入评定标准,如图 4-29 所示,点击“确定”按钮,求出第一个同学的等级评定为“优秀”,再使用填充柄求出所有同学的等级评定值,如图 4-30 所示。

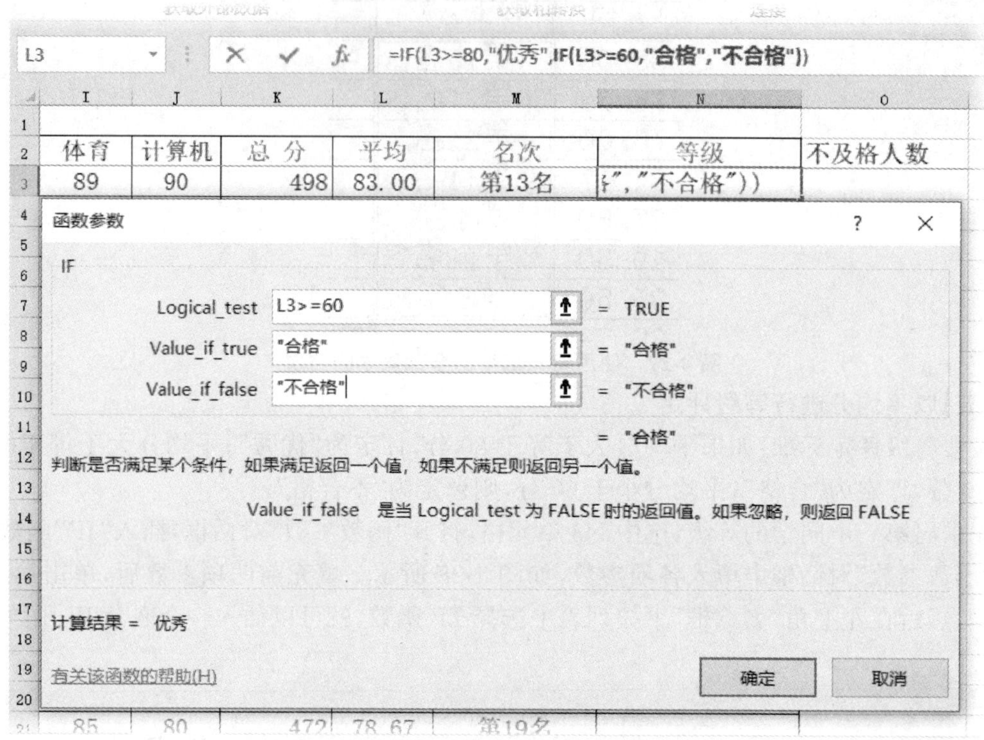


图 4-29　编辑嵌套的 IF 函数的参数

期末考试成绩表

| 行 | 学号 | 姓名 | C语言 | 英语 | 德育 | 等级 |
|---|---|---|---|---|---|---|
| 2 | 学号 | 姓 名 | C语言 | 英语 | 德育 | 等级 |
| 3 | 001 | 程坚强 | 59 | 89 | 90 | 优秀 |
| 4 | 002 | 何强 | 59 | 67 | 66 | 合格 |
| 5 | 003 | 钱明明 | 41 | 87 | 87 | 合格 |
| 6 | 004 | 钱细科 | 79 | 76 | 87 | 优秀 |
| 7 | 005 | 李立扬 | 86 | 89 | 89 | 优秀 |
| 8 | 006 | 罗西易 | 56 | 69 | 34 | 不合格 |
| 9 | 007 | 王晓杭 | 87 | 77 | 85 | 优秀 |
| 19 | 017 | 周学军 | 68 | 59 | 84 | 合格 |
| 20 | 018 | 薛云 | 50 | 59 | 30 | 合格 |
| 21 | 019 | 叶明放 | 76 | 59 | 86 | 合格 |

Sheet1

图 4-30　所有同学的等级评定

### (六)统计不及格的人数

选中 O3 单元格，插入“COUNTIF”函数，依次填入参数，单击“确定”按钮，即可求出不及格的人数，如图 4-31 所示。

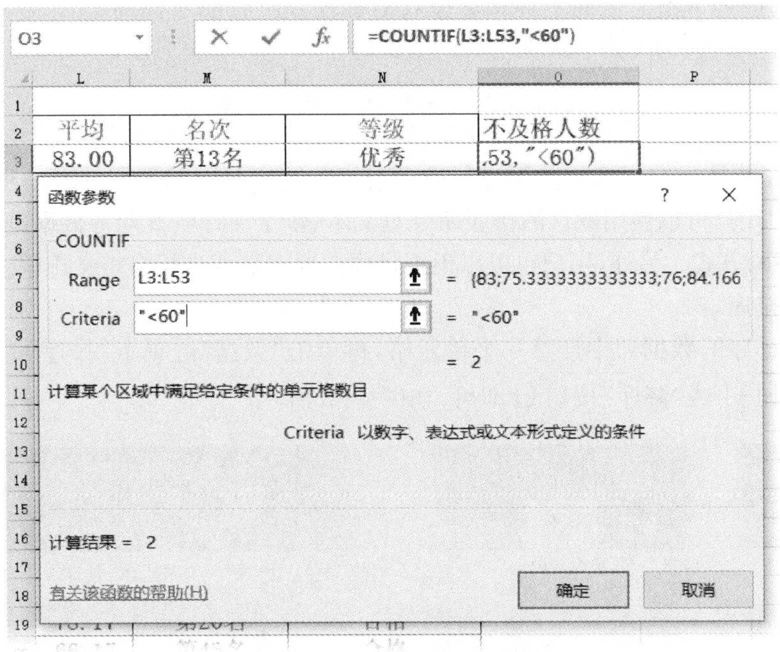


**图 4-31　统计不及格的人数**

部分学生的“期末考试成绩表”如图 4-32 所示。

期末考试成绩表

| 学号 | 姓 名 | 班级 | 学院 | 高等数学 | 大学语文 | 英语 | 德育 | 体育 | 计算机 | 总 分 | 平均 | 名次 | 等级 | 不及格人数 |
|---|---|---|---|---|---|---|---|---|---|---|---|---|---|---|
| 001 | 程坚强 | 计算机1201班 | 软件工程学院 | 81 | 59 | 89 | 90 | 89 | 90 | 498 | 83.00 | 第13名 | 优秀 | 2 |
| 002 | 何强 | 计算机1201班 | 软件工程学院 | 81 | 59 | 67 | 66 | 89 | 90 | 452 | 75.33 | 第31名 | 合格 | |
| 003 | 钱明明 | 计算机1201班 | 软件工程学院 | 73 | 41 | 87 | 87 | 80 | 88 | 456 | 76.00 | 第27名 | 合格 | |
| 004 | 钱细科 | 计算机1201班 | 软件工程学院 | 95 | 79 | 76 | 87 | 80 | 88 | 505 | 84.17 | 第11名 | 优秀 | |
| 005 | 李立扬 | 计算机1201班 | 软件工程学院 | 90 | 86 | 89 | 89 | 75 | 96 | 525 | 87.50 | 第4名 | 优秀 | |
| 006 | 罗西易 | 计算机1201班 | 软件工程学院 | 40 | 56 | 69 | 34 | 53 | 45 | 297 | 49.50 | 第48名 | 不合格 | |
| 007 | 王晓杭 | 计算机1201班 | 软件工程学院 | 89 | 87 | 77 | 85 | 83 | 92 | 513 | 85.50 | 第6名 | 优秀 | |
| 008 | 吴笑笑 | 计算机1201班 | 软件工程学院 | 89 | 87 | 77 | 85 | 83 | 92 | 513 | 85.50 | 第6名 | 优秀 | |
| 009 | 张小东 | 计算机1201班 | 软件工程学院 | 85 | 76 | 90 | 87 | 99 | 95 | 532 | 88.67 | 第3名 | 优秀 | |

**图 4-32　部分学生“期末考试成绩表”效果图**

# 项目三　学生期末成绩分析表

## 【项目描述】

本项目主要介绍对数据的管理与分析，分别介绍数据的排序和筛选、分类汇总等，并对数据进行管理与分析。

## 【学习目标】

通过学习数据管理与数据分析，掌握数据的排序、筛选、分类汇总等操作，掌握数据透视表和图表的使用方法，完成学生期末成绩分析表的设计。

## 任务一　数据管理与数据分析

Excel 与其他的数据管理软件一样，拥有强大的排序、筛选和汇总等数据管理方面的功能,具有广泛的应用价值。全面了解和掌握数据管理方法有助于提高工作效率和数据管理水平。

## 一、排序

数据排序是指按一定规则对数据进行整理、排列,这样可以为数据的进一步处理作好准备。在 Excel 中用户可以使用默认的排序命令对文本、数字、时间、日期等数据进行简单排序,例如升序、降序的方式。另外,用户也可以根据排序需要对数据进行自定义排序。

### (一)简单排序

先选定要排序的数据列中任意一个单元格,再单击“数据”选项卡“排序和筛选”选项组中的“升序”按钮 或“降序”按钮 即可,如图 4-33 所示。

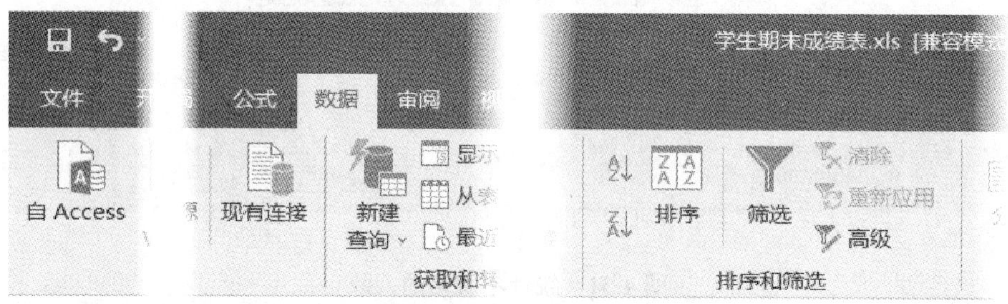


图 4-33　排序和筛选

### (二)复杂排序

(1)选定要排序的数据区域,选定的第一行最好是每列的标题。

(2)在“数据”选项卡“排序和筛选”选项组中单击“排序”按钮。

(3)进行合适的设置。

(4)单击“确定”按钮,如图 4-34 所示。

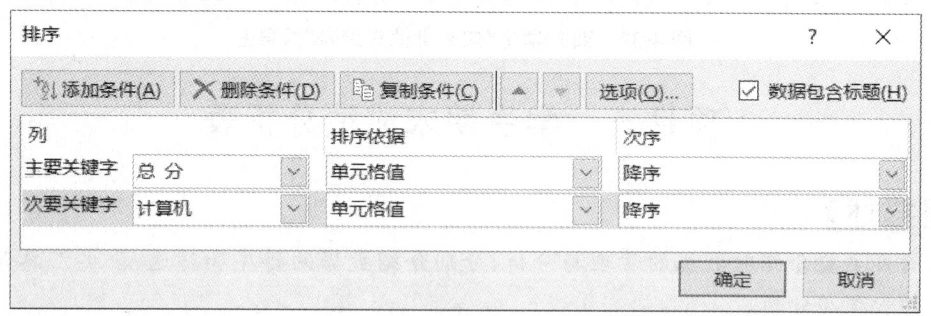


图 4-34　“排序”对话框

## 二、使用数据筛选功能

### (一)自动筛选

自动筛选采用简单条件来快速筛选记录,将不满足条件的记录暂时隐藏起来,而将满足条件的记录显示在工作表上。通过点击“数据”选项卡“排序和筛选”选项组中的“筛选”按钮来实现。

【例】 在成绩表中，筛选出计算机成绩大于等于 80 分或小于 60 分的记录，选定数据清单，从“数据”选项卡“排序和筛选”选项组中单击“筛选”按钮，此时每个字段名右边出现了一个下拉箭头。

本题筛选条件：计算机科目成绩大于等于 80 分或小于 60 分，设置如图 4-35 所示。

**图 4-35　设置筛选条件**

在弹出的菜单中选择“数字筛选”下的“自定义筛选”命令，弹出如图 4-36 所示的对话框，设置好筛选条件后按“确定”按钮即可。

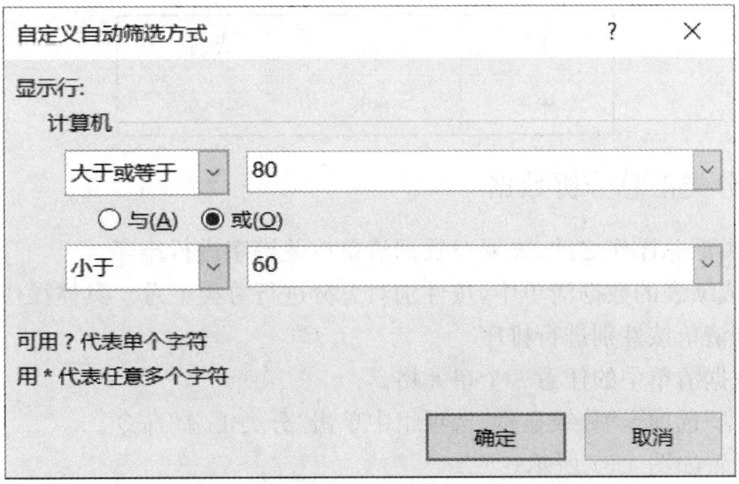

**图 4-36　“自定义自动筛选方式”对话框**

### (二)高级筛选

高级筛选采用复合条件来筛选记录，并允许把满足条件的记录复制到另外的区域，生成一个新的数据清单。

先建立条件区域。条件区域的第一行为条件字段标记行，第二行开始是条件行。建立的条件区域可以放在工作表的任何空白位置(一般放在数据清单的正上方或正下方)，并且与数据清单之间有空行或空列隔开。

(1)同一条件行的条件互为“与(AND)”的关系，表示筛选出同时满足这些条件的记录。

【例】　查找成绩大于等于80分，且班号为“11”的所有记录。

筛选条件：成绩≥80 AND 班号＝11，条件区域表示：

| 成绩 | 班号 |
|---|---|
| ＞＝80 | 11 |

(2)不同条件行的条件互为“或(OR)”的关系，表示筛选出满足任何一个条件的记录。

【例】　查找英语和计算机课程中至少有一科成绩大于90分的记录。

筛选条件：英语＞90 OR 计算机＞90，条件区域表示：

| 英语 | 计算机 |
|---|---|
| ＞90 | |
| | ＞90 |

(3)对相同的列(字段)指定一个以上的条件，或条件为一个数据范围，则应重复列标题。

【例】　查找成绩大于等于60分，并且小于等于90分的姓“林”的记录。

筛选条件：姓名以“林”开头 AND 成绩≥60 成绩≤90，条件区域表示为：

| 姓名 | 成绩 | 成绩 |
|---|---|---|
| 林* | ＞＝60 | ＜＝90 |

## 三、使用分类汇总分析数据

在进行分类汇总操作之前，先要对数据清单按关键字进行排序。

【例】　在成绩表的数据清单中，按性别对总分进行分类汇总。具体操作步骤如下：

(1)对数据清单按性别进行排序。

(2)选中数据清单中的任意一个单元格。

(3)在“数据”选项卡“分级显示”选项组中单击“分类汇总”命令。

(4)具体设置如图4-37所示。

(5)单击“确定”按钮，结果如图4-38所示。

分类汇总　?　×

分类字段(A):

性别

汇总方式(U):

求和

选定汇总项(D):

☐ 姓名
☐ 性别
☐ 数学
☐ 英语
☐ 计算机
☑ 总分

☑ 替换当前分类汇总(C)

☐ 每组数据分页(P)

☑ 汇总结果显示在数据下方(S)

全部删除(R)　确定　取消

图 4-37　“分类汇总”对话框

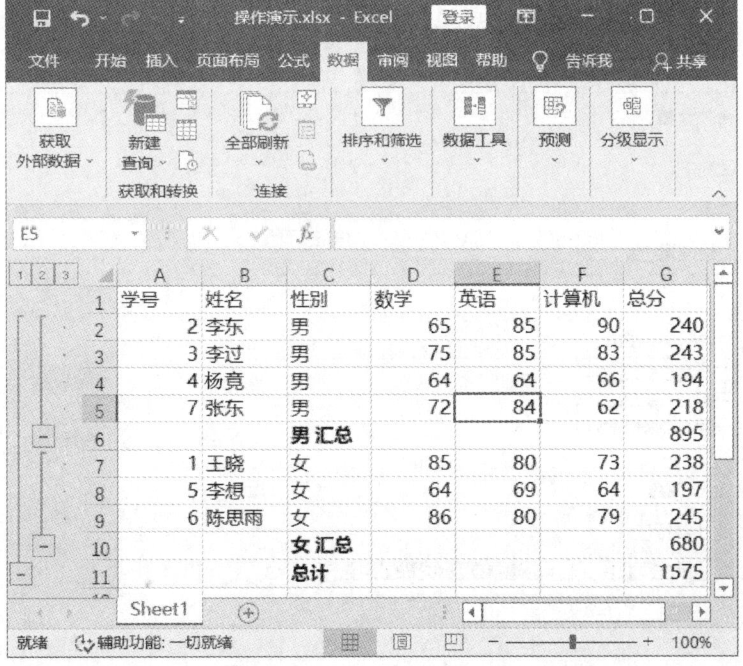


图 4-38　分类汇总结果

## 四、对数据进行合并计算

数据合并计算就是将多个数据区域中的数据进行合并计算。一般适用于公式中的参数不相邻的情况,尤其是公式中的参数分布于多个工作表的情况。

【例】 在如图 4-39 所示的工作表数据中,要求我们对一月到三月的销售数据进行季度汇总。其具体操作步骤如下:

| | A | B | C | D | E |
|---|---|---|---|---|---|
| 1 | 一季度销售统计表 | | | | |
| 2 | 类别 | 品牌 | 单价(元) | 销售量(台) | 销售额(元) |
| 3 | 电视机 | 康佳 | 6490 | | |
| 4 | 电视机 | 创维 | 5990 | | |
| 5 | 电视机 | 长虹 | 4190 | | |
| 6 | 电冰箱 | 海尔 | 2850 | | |
| 7 | 电冰箱 | 西门子 | 3290 | | |
| 8 | 电冰箱 | 美菱 | 1590 | | |
| 9 | 洗衣机 | 海尔 | 3888 | | |
| 10 | 洗衣机 | 荣事达 | 2098 | | |
| 11 | 洗衣机 | 小天鹅 | 2528 | | |
| 12 | | | | | |

一月 二月 三月 一季度

图 4-39 工作表数据

(1)在要显示合并数据的区域中,单击其左上方的单元格。这里选中"一季度"工作表中的单元格 D3。

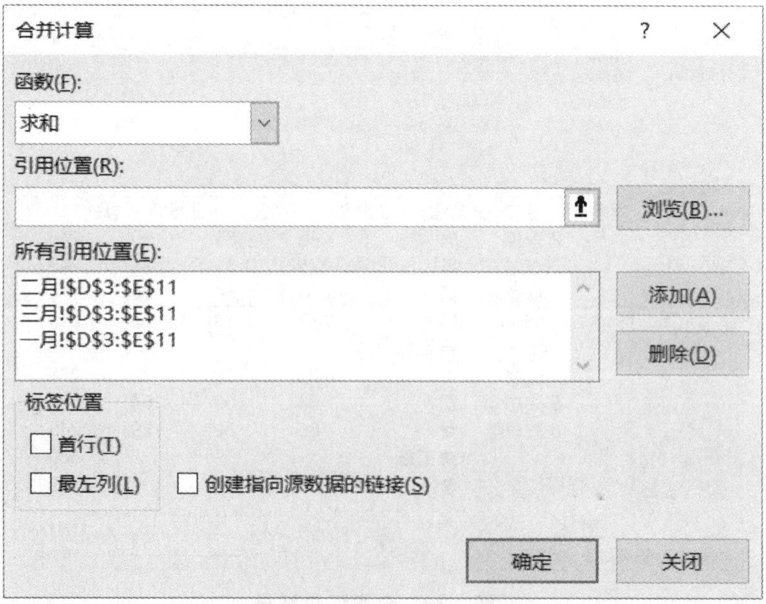

合并计算 ? ×

函数(F):

求和

引用位置(R):

浏览(B)...

所有引用位置(E):

二月!$D$3:$E$11

三月!$D$3:$E$11

一月!$D$3:$E$11

添加(A)

删除(D)

标签位置

首行(T)

最左列(L) 创建指向源数据的链接(S)

确定 关闭

图 4-40 "合并计算"对话框

(2)在“数据”选项卡“数据工具”选项组中单击“合并计算”命令，打开“合并计算”对话框。

(3)在“函数”下拉列表框中，选择需要用来对数据进行合并的汇总函数，这里选择“求和”选项。

(4)把鼠标指针定位到“引用位置”框中，选定“一月”工作表中的单元格区域 D3:E11，再单击“添加”按钮。

(5)重复第(2)步的操作，分别添加“二月”和“三月”工作表中的 D3:E11 单元格区域，添加数据后的“合并计算”对话框如图 4-40 所示。

(6)单击“确定”按钮，完成合并计算，如图 4-40 所示。

## 五、应用数据透视表

数据透视表是一种对大量数据快速汇总和建立交叉列表的交互式表格，具有三维查询的功能。

【例】 图 4-41 为“×××超市销售统计”工作表，要根据此工作表中的数据，建立数据透视表。

| | A | B | C | D | E | F |
|---|---|---|---|---|---|---|
| 1 | 时间 | 店名 | 商品名 | 单价(元) | 销售量 | 销售额(元) |
| 2 | 第一季度 | 长青店 | 海飞丝 | 48 | 190 | 9120 |
| 3 | 第一季度 | 汇明店 | 海飞丝 | 48 | 153 | 7344 |
| 4 | 第一季度 | 高林店 | 海飞丝 | 48 | 177 | 8496 |
| 5 | 第一季度 | 长青店 | 飘柔 | 41 | 172 | 7052 |
| 6 | 第一季度 | 汇明店 | 飘柔 | 41 | 176 | 7216 |
| 7 | 第一季度 | 高林店 | 飘柔 | 41 | 185 | 7585 |
| 8 | 第一季度 | 长青店 | 潘婷 | 45 | 153 | 6885 |
| 9 | 第一季度 | 汇明店 | 潘婷 | 45 | 190 | 8550 |
| 10 | 第一季度 | 高林店 | 潘婷 | 45 | 200 | 9000 |
| 11 | 第二季度 | 长青店 | 海飞丝 | 48 | 187 | 8976 |

×××超市销售统计

**图 4-41　×××超市销售统计表**

(1)选中数据清单中的任意一个单元格。

(2)在“插入”选项卡“表格”选项组中单击“数据透视表”按钮。

(3)在弹出的对话框中单击“选择一个表或区域”中的“表/区域”，然后在数据清单中拖曳选择整个数据表后按“确定”按钮。

(4)在新打开的“数字透表字段”任务窗格中将“时间”拖到“筛选”，“店名”拖到“行”，“商品名”拖到“列”，“销售量”拖到“∑值”处即可，如图 4-42 所示。

| | A | B | C | D | E |
|---|---|---|---|---|---|
| 1 | 时间 | (全部) | | | |
| 2 | | | | | |
| 3 | **求和项:销售量** | **列标签** | | | |
| 4 | **行标签** | **海飞丝** | **潘婷** | **飘柔** | **总计** |
| 5 | 高林店 | 666 | 623 | 646 | 1935 |
| 6 | 汇明店 | 707 | 701 | 713 | 2121 |
| 7 | 长青店 | 779 | 746 | 726 | 2251 |
| 8 | **总计** | **2152** | **2070** | **2085** | **6307** |

Sheet2　×××超市销售统计

**图 4-42　数据透视表**

## 六、图表

图表的存在就是为了更加生动和形象地反映数据。想要制作图表,必须有和图表相对应的数据,然后就可以开始创建图表了。

### (一)认识图表的组成元素

图表的组成元素如图 4-43 所示。

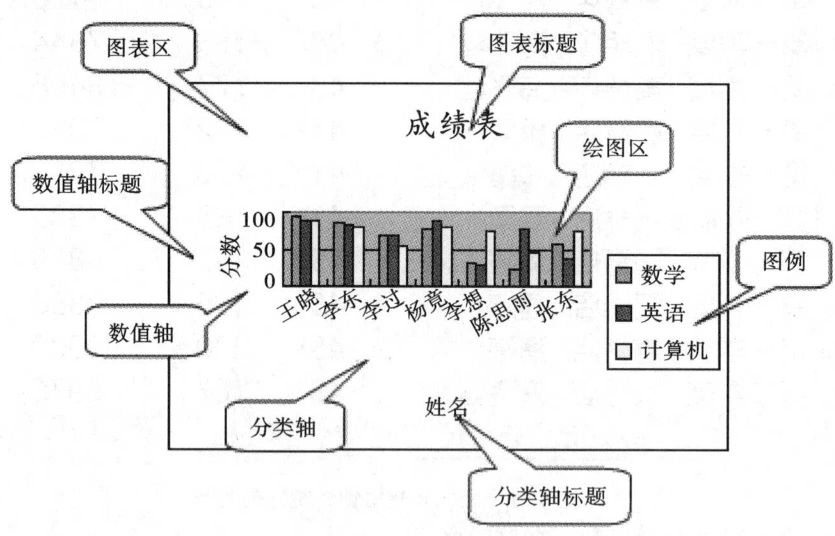


**图 4-43　图表的组成元素**

### (二)图表的种类和类型

(1)图表的种类:Excel 2016 共提供了 15 种标准图表类型,例如柱形图、条形图、折线图、饼图等,每种类型还有一些子类型,其中包含二维图表和三维图表。

(2)图表的类型:嵌入式图表 、独立式图表。

### (三)常见图表类型的特点

(1)柱形图:表示一段时间内数据的变化或者描述各项之间的比较关系,主要反映几个序列之间的差异，或者各序列随时间的变化情况。

(2)条形图：主要描述各项之间的对比情况，纵轴为分类，横轴为数值，突出了数值的比较，淡化了随时间的变化。

(3)折线图：主要显示随时间或类别而变化的趋势线。

(4)饼图：主要显示数据系列中每一项占该系列数值总和的比例关系。

**(四)创建图表**

创建 Excel 图表可分为两种类型：嵌入式图表、独立式图表。

在 Excel 2016 中，用户可以通过“插入”选项卡的“图表”选项值建立图表。

首先选取需要展现在图表上的数据区域，然后选择“插入”选项卡“图表”选项组中“插入柱形图或条形图”按钮，从下拉菜单中选择一种柱形图样式，创建图表。

**(五)编辑图表**

(1)选中图表后单击图表区中的任意位置即可。

(2)图表的移动、复制、缩放和删除 。

选中图表，将图表拖动到新的位置即可对图表进行移动。若在拖动图表的同时按下 Ctrl 键可复制图表。拖动图表边界上的黑色小方块可对图表进行缩放。按 Delete 键可删除该图表。

**(六)更改图表类型**

选中已经创建好的图表，再在“图表工具”面板“设计”选项卡“类型”选项组中单击“更改图表类型”按钮 ，在打开的“图表类型”对话框中进行合适的选择即可，如图 4-44 所示。

**图 4-44　更改图表类型**

**(七)编辑图表中的数据系列**

(1)删除图表中的数据系列。

在图表中选定需要删除的数据系列,按 Delete 键即可。

(2)向图表中添加数据系列。

选中要添加的数据系列的单元格区域。

在“开始”选项卡“剪贴板”选项组中单击“复制”按钮,或按“Ctrl+C”。

选中图表。在“开始”选项卡“剪贴板”选项组中单击“粘贴”按钮,或按“Ctrl+V” 。

(3)调整图表中数据系列的顺序。

【例】将图中的“数学”系列移到最后。具体操作步骤如下:

①右击图表,从其快捷菜单中选择“选择数据源”命令。

②选中“数学”项,按两次“下移”按钮。

③ 单击“确定”按钮,如图 4-45 所示。

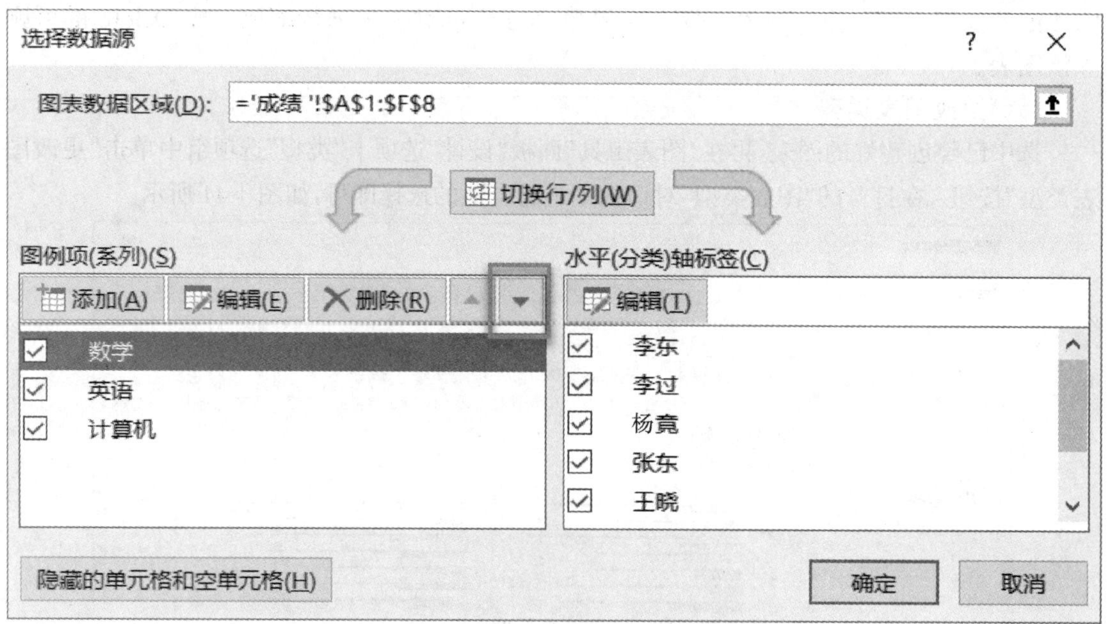


**图 4-45　调整图表中数据系列的顺序**

## 七、设置图表选项

根据需要,用户可以设置或修改图表的标题、坐标轴、网格线、图例等,首先选中图表,然后在“图表工具”面板“设计”选项卡“图表布局”选项组中单击“添加图表元素”按钮,在下拉菜单中选择图表元素进行相应的图表选项的设置,如图 4-46 所示。

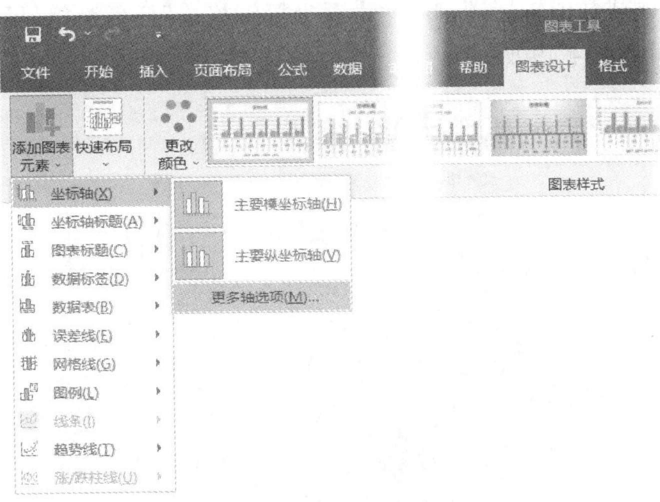


图 4-46　设置图表选项

## 八、图表的格式化

图表的格式化是指对图表中的每个对象进行格式的设置，包括颜色、字体、外观等。

双击图表区，打开“设置图表区格式”任务窗格，可以为整个图表区域设置图案、字体和属性，如图 4-47 所示。

双击分类轴标题或数值轴标题，打开“设置坐标轴标题格式”任务窗格，可对坐标轴的图案、刻度、字体、数字和对齐方式进行设置，如图 4-48 所示。

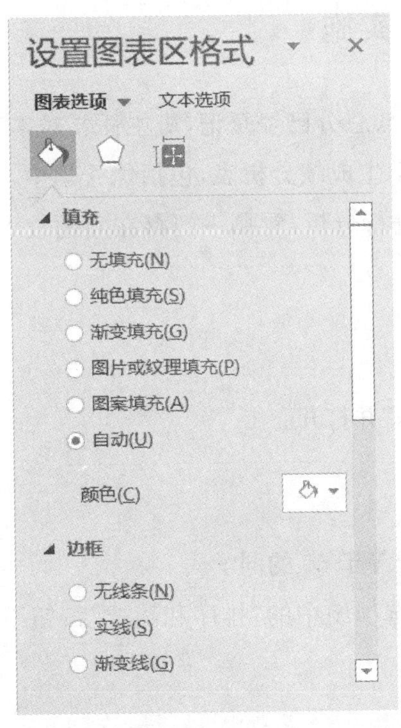


图 4-47　“设置图表区格式”任务窗格

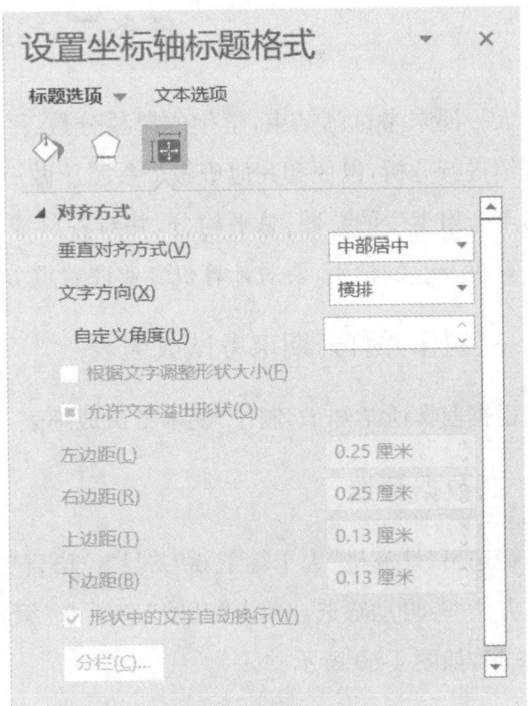


图 4-48　“设置坐标轴标题格式”任务窗格

双击分类轴标题或数值轴标题,打开“设置坐标轴格式”任务窗格,可对坐标轴的选项、填充色等进行设置,如图 4-49 所示。

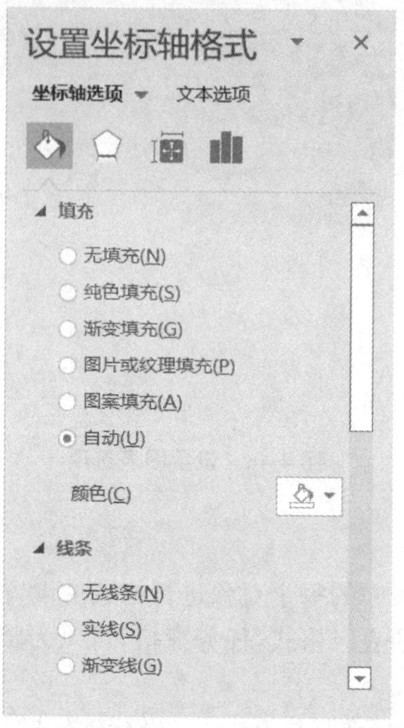


图 4-49 “设置坐标轴格式”任务窗格

# 任务二 项目实施

大一期末考试已结束,学生的单科分数、平均分、总分已经登记,班主任要对本班同学的成绩进行分析,以便和其他班做个参照。做一张学生成绩分析表,包括优秀学生、合格学生与不合格学生的总数、总平均分,并对各科成绩进行分析,看哪一门存在问题较大,我们是计算机专业的学生,要对计算机专业课着重分析。

## 一、制作并打开期末考试成绩表

根据前文所学知识,制作“期末考试成绩表.xlsx”并打开。

## 二、数据筛选

筛选出“计算机”大于等于 60 并且“C 语言”大于等于 60 的同学。

方法一:自动筛选。单击“开始”选项卡“编辑”选项组中的“排序和筛选”按钮下的“筛选”按钮,如图 4-50 所示。

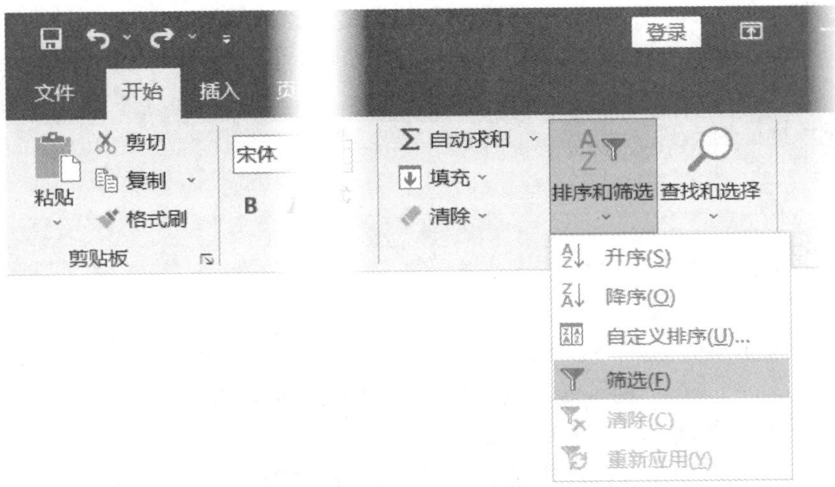


图 4-50　“排序和筛选”按钮

单击“筛选”按钮，每个列标题旁都会出现“▾”箭头标记，如图 4-51 所示。

| 学号 | 姓 名 | 班级 | 学院 | 高等数 | C语言 | 英语 | 德育 | 体育 | 计算机 | 总分 | 平均分 | 名次 | 等级 |
|---|---|---|---|---|---|---|---|---|---|---|---|---|---|
| 001 | 程坚强 | 计算机1201班 | 软件工程学院 | 81 | 59 | 89 | 90 | 89 | 90 | 498 | 83.00 | 第13名 | 优秀 |
| 002 | 何强 | 计算机1201班 | 软件工程学院 | 81 | 59 | 67 | 66 | 89 | 90 | 452 | 75.33 | 第31名 | 合格 |
| 003 | 钱明明 | 计算机1201班 | 软件工程学院 | 73 | 41 | 87 | 87 | 80 | 88 | 456 | 76.00 | 第27名 | 合格 |
| 004 | 钱细科 | 计算机1201班 | 软件工程学院 | 95 | 79 | 76 | 87 | 80 | 88 | 505 | 84.17 | 第11名 | 优秀 |
| 005 | 李立扬 | 计算机1201班 | 软件工程学院 | 90 | 86 | 89 | 89 | 75 | 96 | 525 | 87.50 | 第4名 | 优秀 |
| 006 | 罗西易 | 计算机1201班 | 软件工程学院 | 40 | 56 | 69 | 34 | 53 | 45 | 297 | 49.50 | 第48名 | 不合格 |

图 4-51　筛选后的列标题

点击“C 语言”的箭头标记，然后选择“数字筛选”菜单下的“自定义筛选”选项，按图 4-52 至图 4-53 进行操作。

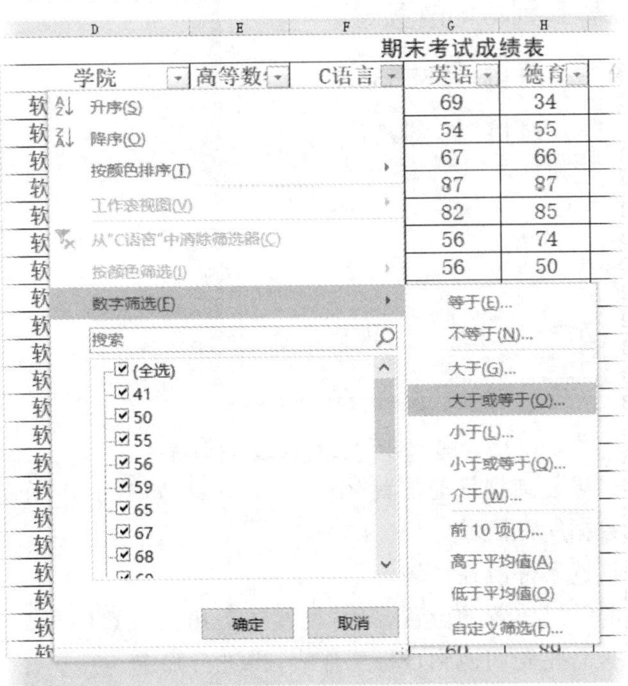


图 4-52　对“C 语言”进行筛选设置

图 4-53 “自定义自动筛选方式”对话框

同理,筛选出“计算机”大于等于 60 的人。

方法二:高级筛选。单击“数据”选项卡“排序和筛选”选项组中“筛选”按钮回到“自动筛选”前的数据,再单击“排序和筛选”组中的“高级”按钮,弹出“高级筛选”对话框,如图 4-54 所示。

若选中“在原有区域显示筛选结果”则只有 2 个参数。

列表区域:筛选的范围
条件区域:筛选条件区域

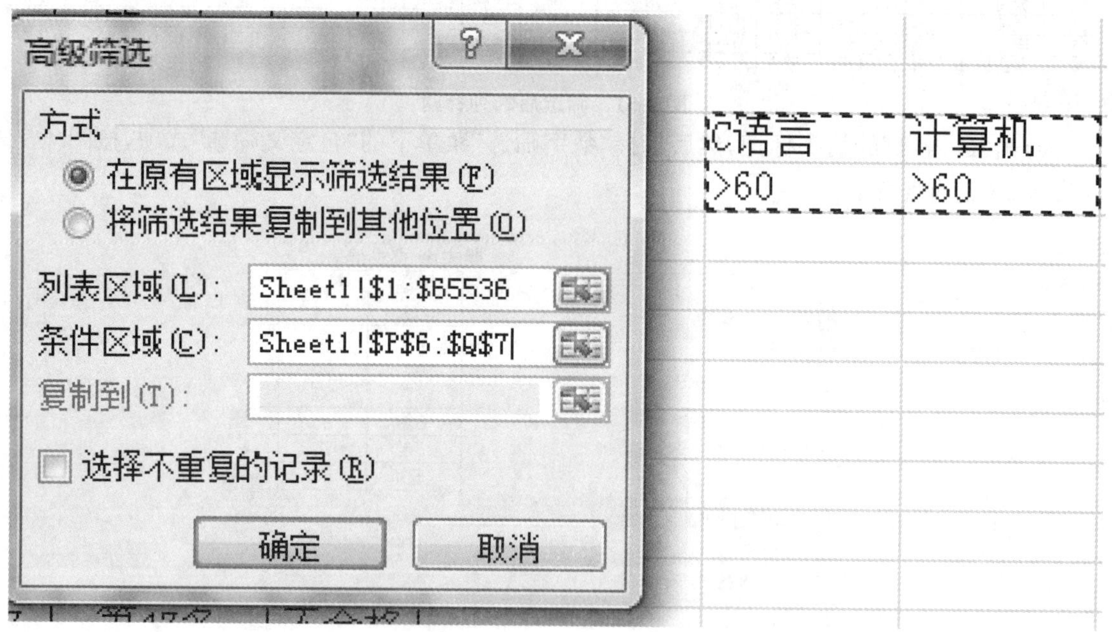


图 4-54 “高级筛选”对话框

若选中“将筛选结果复制到其他位置”则有 3 个参数,如图 4-55 所示。

列表区域:筛选数据所在区域。

条件区域:高级筛选条件所在区域。

复制到:筛选出的结果放置的位置,只需设置左上角的位置即可。注意,如果筛选结果要放到另外一张表中,需要先切换到目标工作表,再进行筛选。

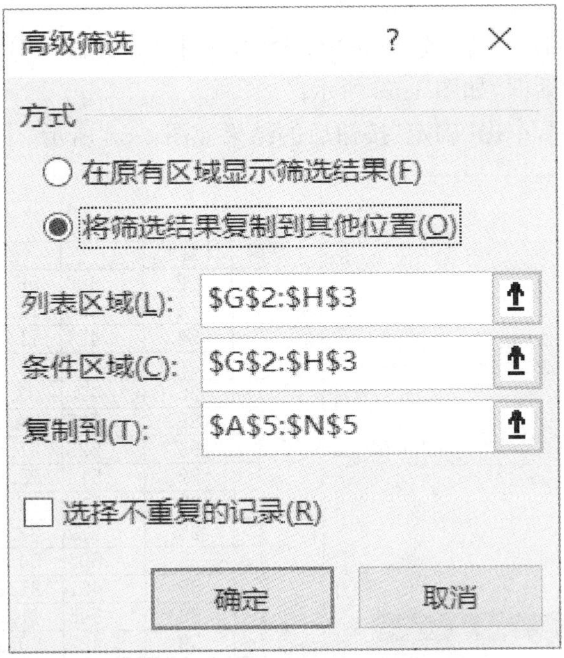

高级筛选　？　×

方式

○ 在原有区域显示筛选结果(F)

◉ 将筛选结果复制到其他位置(O)

列表区域(L):　$G$2:$H$3

条件区域(C):　$G$2:$H$3

复制到(T):　$A$5:$N$5

□ 选择不重复的记录(R)

确定　取消

图 4-55　“高级筛选”对话框

## 三、分类汇总

对优秀学生、合格学生与不合格学生进行分类汇总，分析对比各科成绩好坏。分类汇总前，要先以“分类的字段”进行排序，将同一类放到一起，例如，对优秀学生、合格学生与不合格学生的数量进行汇总，则首先要对等级这列进行排序，将优秀学生、合格学生与不合格学生放到一起，再进行分类汇总，如图 4-56 所示。

| 次 | 等级 | 不 |
| --- | --- | --- |
| 8名 | 不合格 | |
| 7名 | 不合格 | |
| 3名 | 合格 | |
| 0名 | 合格 | |
| 2名 | 合格 | |
| 4名 | 合格 | |
| 5名 | 合格 | |
| 6名 | 合格 | |
| 3名 | 优秀 | |
| 1名 | 优秀 | |
| 4名 | 优秀 | |
| 5名 | 优秀 | |

图 4-56　汇总成绩

分类汇总优秀学生、合格学生与不合格学生的数量。

方法:选定要分类汇总的区域,单击“数据”选项卡“分级显示”选项组中“分类汇总”按钮,弹出“分类汇总”对话框,如图 4-57 所示。

选中“等级”复选框,单击“确定”按钮后的结果如图 4-58 所示。



图 4-57 “分类汇总”对话框

| 计算机 | 总 分 | 平均 | 名次 | 等级 |
|---|---|---|---|---|
| 92 | 400 | 66.67 | 第44名 | 合格 |
| 78 | 430 | 71.67 | 第35名 | 合格 |
| 54 | 427 | 71.17 | 第36名 | 合格 |
| | | | **合格 计数** | 30 |
| 90 | 498 | 83.00 | 第13名 | 优秀 |
| 88 | 505 | 84.17 | 第11名 | 优秀 |
| 96 | 525 | 87.50 | 第4名 | 优秀 |
| 92 | 513 | 85.50 | 第6名 | 优秀 |
| 92 | 513 | 85.50 | 第6名 | 优秀 |
| 95 | 532 | 88.67 | 第3名 | 优秀 |
| 95 | 506 | 84.33 | 第9名 | 优秀 |
| 89 | 491 | 81.83 | 第14名 | 优秀 |
| 88 | 546 | 91.00 | 第1名 | 优秀 |
| 59 | 482 | 80.33 | 第16名 | 优秀 |
| 95 | 506 | 84.33 | 第9名 | 优秀 |
| 80 | 516 | 86.00 | 第5名 | 优秀 |
| 84 | 488 | 81.33 | 第15名 | 优秀 |
| 59 | 504 | 84.00 | 第12名 | 优秀 |
| 78 | 507 | 84.50 | 第8名 | 优秀 |
| 93 | 542 | 90.33 | 第2名 | 优秀 |
| | | | **优秀 计数** | 16 |
| | | | **总计数** | 48 |

图 4-58 汇总后的结果

分类汇总优秀学生、合格学生与不合格学生的平均分。

方法:选定要分类汇总的区域,单击“数据”选项卡“分级显示”选项组中“分类汇总”按钮,弹出“分类汇总”对话框,如图 4-59 所示。

选中“平均”复选框,单击“确定”按钮,即可对优秀学生、合格学生与不合格学生进行分类汇总。

再次单击“数据”选项卡“分级显示”选项组中的“分类汇总”按钮,再单击“全部删除”按钮,则分类汇总数据全部删除。

## 四、对本班各科成绩进行分析

计算出各科平均分,建立图表。

方法:先计算出各科的平均分。选定科目“高等数学、C 语言、英语、德育、体育、计算机”,按住 Ctrl 键,再选定各科平均分“76.54、74.04、74.75、78.85、77.38、78.15”后单击“插入”选项卡“图表”选项组中的“插入折线图或面积图”按钮,选择“二维折线图”中的“折线图”选项即可,各科成绩折线图如图 4-60 所示。

分类汇总　?　×

分类字段(A):

等级

汇总方式(U):

平均值

选定汇总项(D):

☐ 体育
☐ 计算机
☐ 总 分
☑ 平均
☐ 名次
☐ 等级

☑ 替换当前分类汇总(C)

☐ 每组数据分页(P)

☑ 汇总结果显示在数据下方(S)

全部删除(R)　确定　取消

图 4-59　“分类汇总”对话框

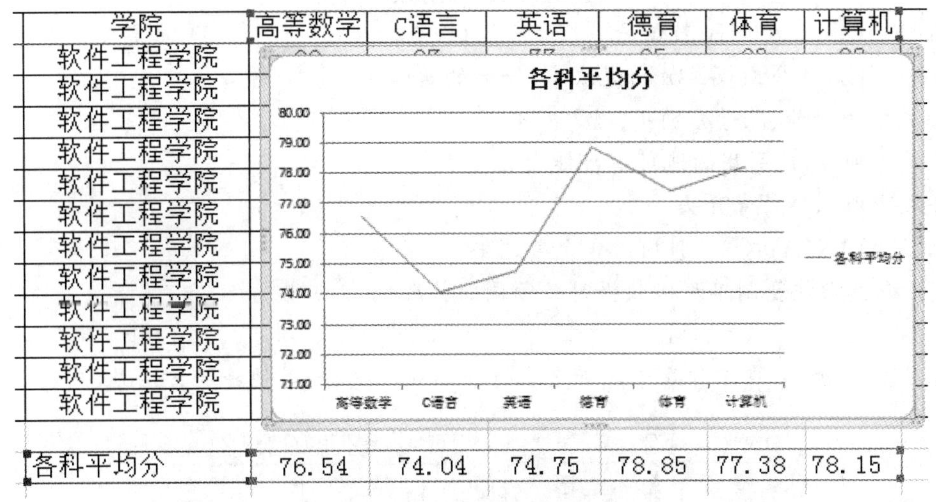


图 4-60　各科成绩折线图

# 习　题　四

1. 下列有关 Excel 工作表命名的说法中，正确的是(　　)。

A. 工作表的名字只能以字母开头

B. 同一个工作簿可以存在两个同名的工作表

C. 工作表的命名应该“见名知义”

D. 工作簿默认的工作表名称为 Book 1

2. 下列有关 Excel 工作表单元格的说法中,错误的是(　　)。

A. 每个单元格都有固定的地址

B. 同列不同单元格的宽度可以不同

C. 若干单元格构成工作表

D. 同列不同单元格可以选择不同的数字分类

3. 如图 4-61 所示,向工作表 A2 至 A7 单元格内输入考号“001～006”之前,应将单元格的数字分类设置为(　　)。

| | A | B |
|---|---|---|
| 1 | 考号 | 姓名 |
| 2 | 001 | 王宁 |
| 3 | 002 | 李伟 |
| 4 | 003 | 王静 |
| 5 | 004 | 张宁宁 |
| 6 | 005 | 刘海阳 |
| 7 | 006 | 孙大刚 |

单元格格式
数字　对齐
分类(C):
常规
数值
货币
会计专用
日期
时间
百分比
分数
科学记数
文本
特殊
自定义

**图 4-61　工作表 1**

A. 常规　　B. 数值　　C. 文本　　D. 自定义

4. 下列关于 Excel 公式或函数的说法中,错误的是(　　)。

A. 公式中的乘号、除号分别用“*”“/”表示

B. 公式复制后,被引用的地址有可能变化

C. 公式必须以“=”号开头

D. 函数“MAX(A1:C3)”引用了 4 个单元格

5. 用鼠标拖曳操作复制单元格数据时必须同时按住(　　)键。

A. Tab　　B. Alt　　C. Ctrl　　D. Shift

6. 如图 4-62 所示,要在工作表中计算全班每个学生的总分,最快捷的方法是(　　)。

F2　=　=SUM(C2:E2)

| | A | B | C | D | E | F |
|---|---|---|---|---|---|---|
| 1 | 考号 | 姓名 | 语文 | 数学 | 英语 | 总分 |
| 2 | 01 | 李宁 | 95 | 85 | 83 | 263 |
| 3 | 02 | 王伟 | 86 | 96 | 76 | |
| 4 | 03 | 车静仪 | 92 | 88 | 95 | |
| 5 | 04 | 张宁宁 | 98 | 92 | 87 | |
| 6 | 05 | 刘子成 | 83 | 75 | 70 | |
| 7 | ·· | ·· | ·· | ·· | ·· | |

**图 4-62　工作表 2**

A. 用函数逐个计算　　B. 用计算器逐个计算

C. 用 F2 的填充柄完成计算　　D. 用公式逐个计算

7. 在 Excel 工作表中，能在同一单元格中显示多个段落的操作是(　　)。

A. 将单元格格式设为自动换行　　B. 按组合键“Alt+Enter”

C. 合并上下单元格　　D. 按 Enter 键

8. 如图 4-63 所示，在工作表中只显示某种型号车辆的记录并按销售量大小排列，需要使用的菜单命令是(　　)。

|  | A | B | C |
|---|---|---|---|
| 1 | 车辆型号 | 销售分公司 | 销售量（台） |
| 2 | 标致307 | 济南 | 500 |
| 3 | 君威 | 济南 | 380 |
| 4 | 马自达6 | 济南 | 680 |
| 5 | 标致307 | 青岛 | 580 |
| 6 | 君威 | 青岛 | 160 |
| 7 | 马自达6 | 青岛 | 230 |
| 8 | 标致307 | 烟台 | 520 |
| 9 | 君威 | 烟台 | 268 |
| 10 | 马自达6 | 烟台 | 500 |
| 11 | 标致307 | 济南 | 700 |
| 12 | 君威 | 济南 | 260 |
| 13 | 马自达6 | 济南 | 900 |
| 14 | … | … | … |

数据(D)　窗口(W)

① 排序(S)...

② 筛选(F)

③ 记录单(O)...

④ 分类汇总(B)...

有效性(L)...

图 4-63　工作表 3

A. ①②　　B. ①④　　C. ②③　　D. ②④

9. 兴趣小组的同学对校园内的植物种类进行了调查统计，并用 Excel 对原始数据进行处理分析，制作了图表，这个图表不能被复制到以下(　　)文件中加以应用。

A. 

校园植物分类.txt

B. 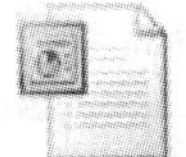

校园植物风采.ppt

C. 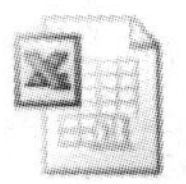

校园植物数量汇总.xls

D. 

校园植物种类研究报告.doc

10. Excel 的主要功能有(　　)。

A. 电子表格、文字处理、数据库　　B. 电子表格、图表、数据库

C. 工作表、工作簿、图表　　D. 电子表格、工作簿、数据库

11. 在 Excel 中，下列说法中不正确的有(　　)。

A. 每个工作簿可以由多个工作表组成

B. 输入的字符不能超过单元格的宽度

C. 每个工作表由 256 列，65 536 行组成

D. 单元格中输入的内容可以是文字、数字、公式

12. 在 Excel 中，公式 SUM(C2,C6)的作用是(　　)。

A. 求 C2 到 C6 这 5 个单元格数据之和

B. 求 C2 和 C6 这 2 个单元格数据之和

C. 求 C2 和 C6 这 2 个单元格的比值

D. 以上说法都不对

13. 在 Excel 操作中,假设 A1,B1,C1,D1 单元分别为 2,3,7,3,则 SUM(A1:C1)/Dl 的值为(　　)。

A. 15　　B. 18　　C. 3　　D. 4

14. Excel 中有多个常用的简单函数,其中函数 AVERAGE(区域)的功能是(　　)。

A. 求区域内数据的个数

B. 求区域内所有数字的平均值

C. 求区域内数字的和

D. 返回函数的最大值

15. 如果用预置小数的方法输入数据时,当设定小数位数是“2”时,输入 12345 表示(　　)。

A. 1 234 500　　B. 123.45　　C. 12 345　　D. 12 345.00

16. 在 Excel 中,默认工作表的名称为(　　)。

A. Work1　　B. Document1　　C. Book1　　D. Sheet1

17. 在 Excel 中,如果我们只需要数据列表中记录的一部分时,可以使用 Excel 提供的(　　)功能。

A. 排序　　B. 自动筛选　　C. 分类汇总　　D. 以上全部

18. 现在有 5 个数据需要求和(如图 4-64 所示),我们用鼠标仅选中这 5 个数据而没有空白格,那么点击求和按钮后会出现什么情况?

A. 和保存在第 5 个数据的单元格中

B. 和保存在数据格后面的第一个空白格中

C. 和保存在第一个数据的单元格中

D. 没有什么变化

| 9.0 | 8.9 | 8.5 | 9.1 | 8.9 | 9.0 |
|---|---|---|---|---|---|

**图 4-64　工作表中的数据**

19. 在 Excel 的编辑栏中,显示的公式或内容是(　　)。

A. 上一单元格的　　B. 当前行的

C. 当前列的　　D. 活动单元格的

20. 工作表的行号为(　　)。

A. 0～65 536　　B. 1～16 384　　C. 0～16 384　　D. 1～65 536

# 第五章　演示文稿软件 PowerPoint

## 【本章导读】

本章主要包括以下内容：

1. 快速制作演示文稿的方法、编辑幻灯片的方法。
2. 在幻灯片中插入文本、对象以及插入超链接的方法。
3. 在演示文稿中使用多媒体信息。
4. 幻灯片背景、主题、版式和母版的设置方法。
5. 幻灯片的动画效果和切换效果的设置方法。
6. 幻灯片的播放设置。
7. 演示文稿操作技巧。

## 项目一　制作“诗词赏析”演示文稿

### 【项目描述】

演示文稿是通过多媒体设备向听众展示与主题相关的文字、图像、声音等多媒体的集合，通常用于教学、演讲、学术报告、广告宣传和产品展示等场合。本项目主要介绍如何利用 PowerPoint 2016 软件制作层次清晰、内容丰富多彩的演示文稿。

### 【学习目标】

1. 掌握创建演示文稿的方法。
2. 掌握幻灯片的编辑方法以及幻灯片中内容的添加和编辑方法。
3. 掌握主题、版式的概念及应用。
4. 掌握插入超链接的方法。

### 任务一　演示文稿和幻灯片的基本操作

#### 一、演示文稿的基本操作

**(一)创建演示文稿**

打开 PowerPoint 2016 应用程序后，在对话框中的“可用的模板和主题”面板中选择不同的创建演示文稿方式，即可创建各种不同风格的演示文稿，如图 5-1 所示。

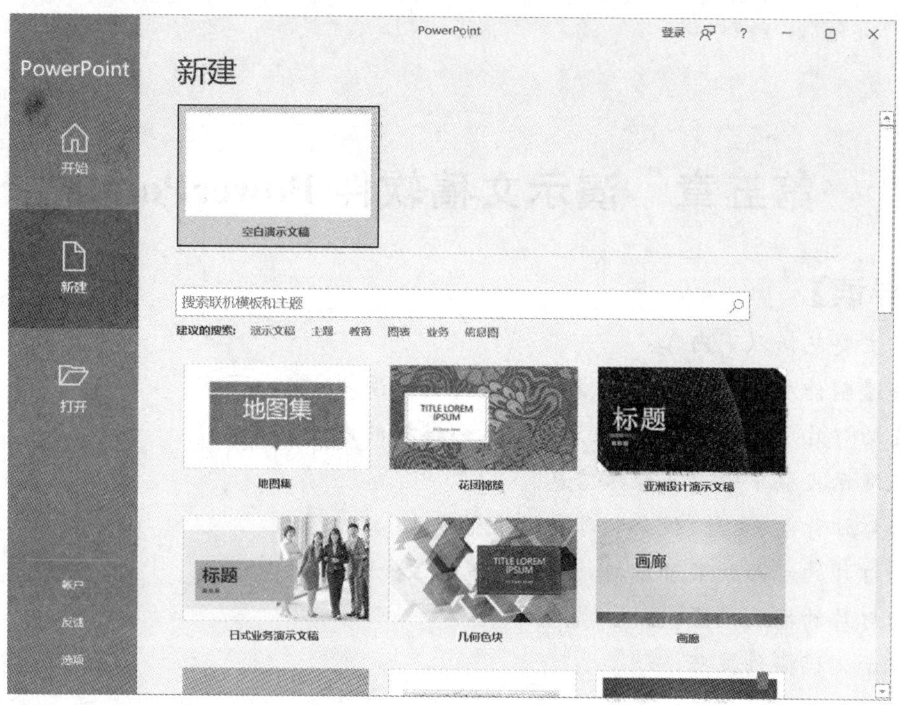


图 5-1 “新建演示文稿”窗口

1. 创建空白演示文稿

单击“空白演示文稿”即可。

2. 根据样本或主题模板创建演示文稿

在列表中选择模板,在弹出的模板预览窗口中单击“创建”按钮。

**(二)打开与保存演示文稿**

1. 打开演示文稿

单击“文件”→“打开”命令,点击“浏览”,在“打开”对话框中,选择要打开的演示文稿文件名,单击“打开”按钮。

2. 保存演示文稿

单击“文件”→“保存”或者“另存为”命令,或者单击“快速访问工具栏”中的“保存”按钮。

## 二、幻灯片的基本操作

**(一)插入幻灯片**

打开新建的或要编辑的演示文稿,在确定插入新幻灯片的位置单击,然后在“开始”选项卡“幻灯片”选项组中单击“新建幻灯片”下拉按钮,在弹出的下拉列表中选择一种版式即可。

**(二)复制和移动幻灯片**

选中要复制或者移动的幻灯片,使用对应的命令按钮、快捷键或者拖动鼠标的方法进行操作。

**(三)删除幻灯片**

选中要删除的幻灯片,按 Delete 键,或者右击,在弹出的快捷菜单中选择“删除幻灯片”

命令即可。

**(四)添加备注**

在幻灯片备注窗格中可添加注释信息供演讲者参考,放映过程中不会显示,如图 5-2 所示。点击状态栏中的“备注”按钮可显示备注窗格。

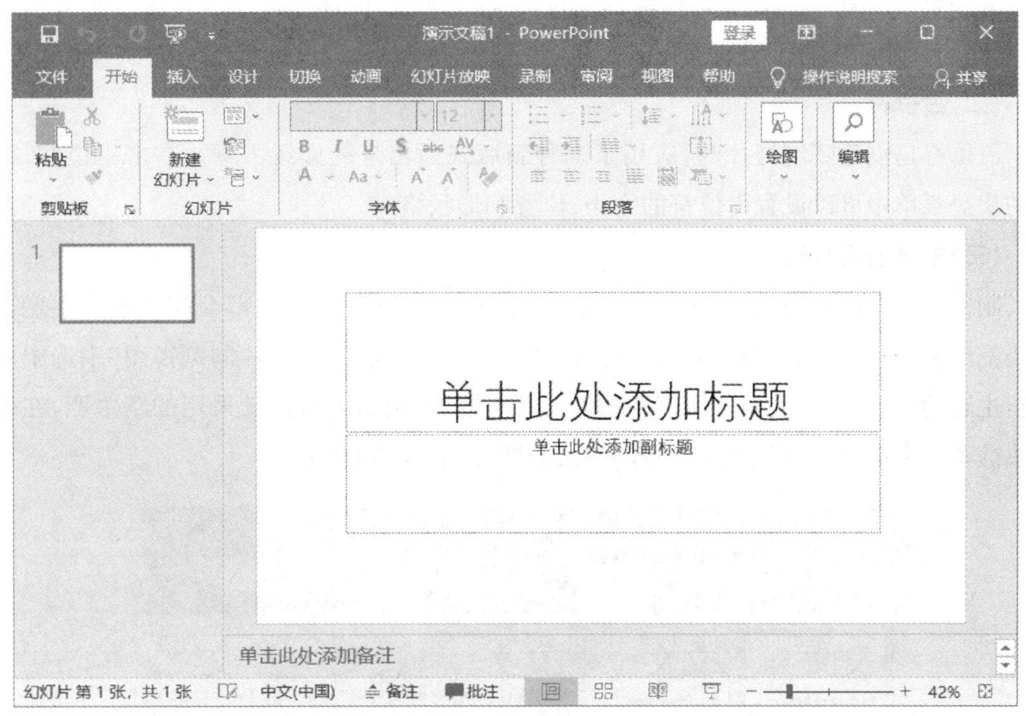


图 5-2　添加备注

## 三、在幻灯片中插入图片、剪贴画和形状

**(一)插入图片**

在幻灯片中插入图片的方法:在“插入”选项卡“图像”选项组中单击“图片”按钮,打开“插入图片”对话框,在对话框中输入插入图片的路径,单击“插入”按钮。

提示:如要编辑图片,可先选中图片,再通过单击“图片工具”面板下“格式”选项卡的“调整”“图片样式”“排列”和“大小”等选项组中相关按钮进行调整。

**(二)插入形状**

在幻灯片中插入形状的方法是:在“插入”选项卡“插图”选项组中单击“形状”按钮,在打开的下拉列表中选择绘图样式,当鼠标指针变成“+”字形时,按住鼠标左键不放拖动鼠标即可。

提示:如要编辑形状,可先选中形状,再通过单击“绘图工具”面板下“格式”选项卡“插入形状”“形状样式”“排列”和“大小”等选项组中的相关按钮调整即可。

## 四、幻灯片的主题和版式

### (一)主题和版式的内容

主题包含颜色设置、字体选择、对象效果设置,有时还包含背景图形,控制着整个演示文稿的外观。而版式主要用于确定占位符的类型和它们的排列方式,只能控制一张幻灯片,每张幻灯片的版式可以互不相同。

### (二)占位符

占位符是创建新幻灯片时,应用了一种新版式后出现的虚线方框。右击占位符,在弹出的快捷菜单中可以设置占位符的大小、位置和形状格式。

### (三)主题使用技巧

制作演示文稿时,如选定了一个主题,默认情况下所有幻灯片都会应用这个主题。如果要使选定的幻灯片应用新的主题,可以在"普通视图"或者"幻灯片浏览视图"中选中要应用新主题的幻灯片,切换到"设计"选项卡,在"主题"选项组中右击欲采用的新主题,在弹出的快捷菜单中选择"应用于选定幻灯片"命令即可,如图 5-3 所示。

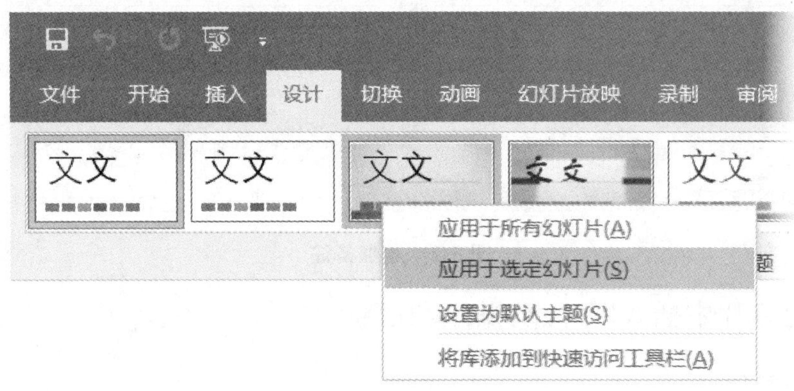


图 5-3 "主题"应用于选定幻灯片

## 五、创建超链接

在幻灯片中使用超链接可从当前正在放映的幻灯片跳转到当前演示文稿的其他幻灯片或其他文件、网页。

选中要成为超链接的文字、占位符或图片等对象,右击鼠标,选择"超链接",打开"插入超链接"对话框。在"插入超链接"对话框中,当要创建指向其他文件或网页的链接时,可以选择链接到"现有文件或网页"选项,同时设置文件的位置或网页的地址,如图 5-4 所示。

图 5-4 插入超链接

若要创建指向本演示文稿的其他幻灯片,可以选择链接到"本文档中的位置"选项,同时指定具体的幻灯片。

# 任务二 项目实施

黄冈是文明古城,东坡赤壁风景区位于湖北省黄冈市城西,内有苏轼亲笔草书的《念奴娇·赤壁怀古》词刻,《念奴娇·赤壁怀古》是北宋文学家苏轼的词作,是其代表作之一。小张是黄冈旅行社的一名导游,他想把这首著名的词做成演示文稿,以向游客更好地介绍作者和创作背景。制作步骤如下。

## 一、制作并保存第一张幻灯片

### (一)为第一张幻灯片添加内容

打开 PowerPoint 2016,创建空白演示文稿,修改版式为"仅标题"。在"标题"文本框内部输入文字"念奴娇·赤壁怀古",在"开始"选项卡"字体"选项组中设置字号为"59",字体为"华文琥珀"。在"标题"文本框下面插入三个"圆角矩形",分别输入"诗词赏析""创作背景""作者简介",设置三个矩形内的文字字号为"44",字体为"华文中宋"。

### (二)为这张幻灯片设置主题

切换到"设计"选项卡,单击"主题"选项组中的"其他"按钮,选择"丝状"主题,如果不做特殊设置,后面创建的其他幻灯片都会采用这个主题,添加主题后的幻灯片如图 5-5 所示。

### (三)设置填充色

1. 设置"诗词赏析"矩形填充色

单击"诗词赏析"文字所在的矩形边框,即选中形状。右击边框,在弹出的快捷菜单中选择"设置形状格式"命令,打开"设置形状格式"任务窗格,如图 5-6 所示为选中"渐变填充"

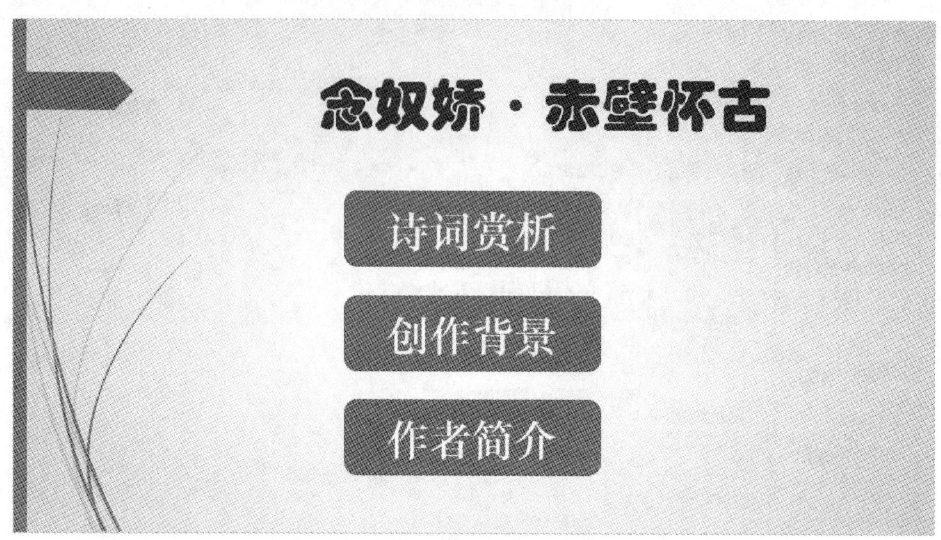


图 5-5　应用"丝状"主题效果图

单选按钮后出现的设置项,在"预设渐变"下拉列表中选择"中等渐变—个性色 1"选项。

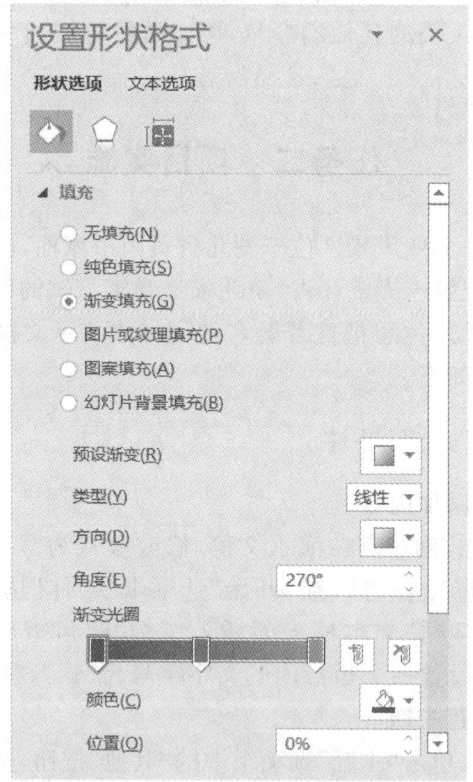


图 5-6　"设置形状格式"对话框

2. 设置"创作背景"和"作者简介"两个矩形填充色

依次把下面的两个矩形形状分别填充为"中等渐变—个性色 2"和"中等渐变—个性色 3"渐变色。调整各形状间的距离,这样第一张幻灯片就制作好了,效果如图 5-7 所示。

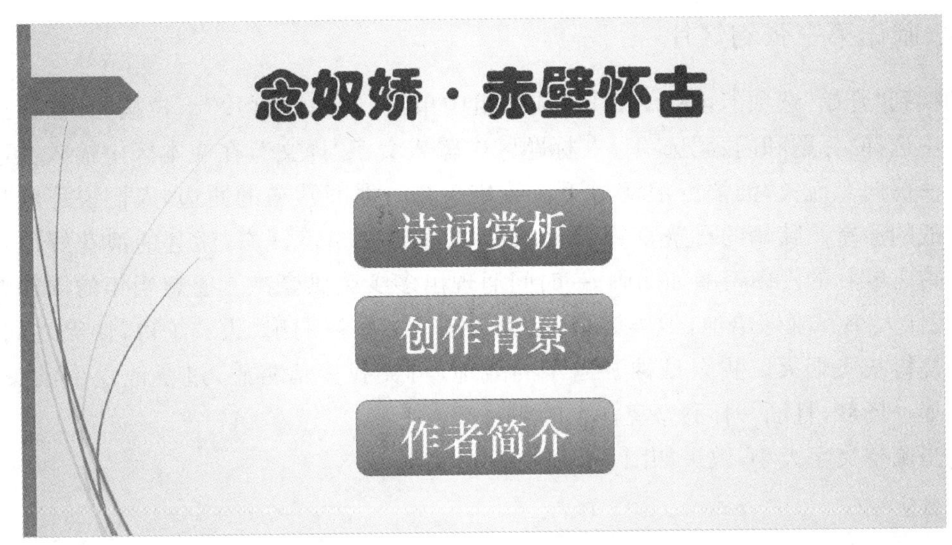


图 5-7　第一张幻灯片的效果图

## 二、制作第二张幻灯片

切换到“开始”选项卡，在“幻灯片”选项组中单击“新建幻灯片”下拉按钮，在弹出的下拉列表中选择“竖排标题与文本”选项，在标题区中输入文字“念奴娇·赤壁怀古　苏轼”，在文本区中输入文字：“大江东去，浪淘尽，千古风流人物。故垒西边，人道是，三国周郎赤壁。乱石穿空，惊涛拍岸，卷起千堆雪。江山如画，一时多少豪杰。遥想公瑾当年，小乔初嫁了，雄姿英发。羽扇纶巾，谈笑间，樯橹灰飞烟灭。故国神游，多情应笑我，早生华发。人生如梦，一樽还酹江月。”

设置字体为“华文中宋”并适当调整文字大小，效果如图 5-8 所示。

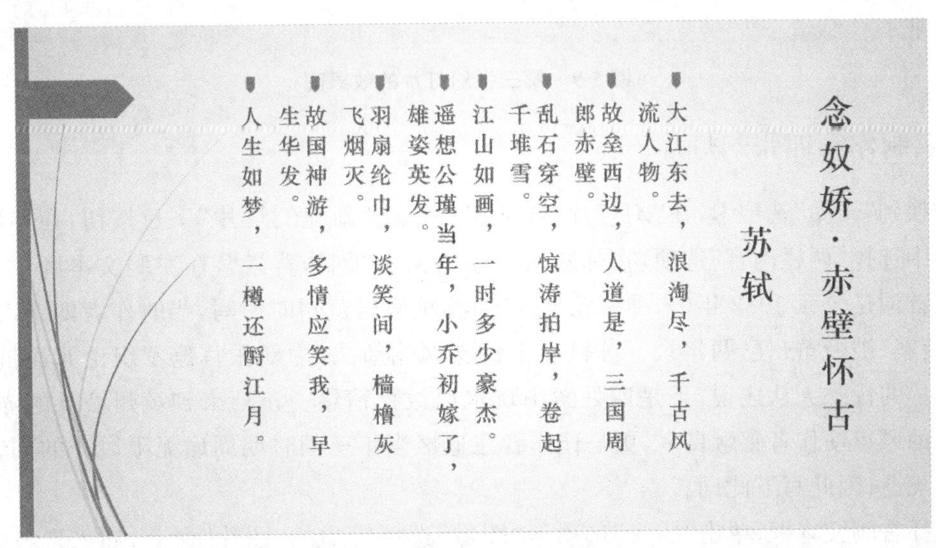


图 5-8　第二张幻灯片的效果图

## 三、制作第三张幻灯片

切换到“开始”选项卡，在“幻灯片”选项组中单击“新建幻灯片”下拉按钮，在弹出的下拉列表中选择“标题和内容”选项。在标题区中输入文字“译文”，在文本区中输入文字：“大江浩浩荡荡向东流去，滔滔巨浪淘尽千古英雄人物。那旧营垒的西边，人们说那就是三国周瑜鏖战的赤壁。陡峭的石壁直耸云天，如雷的惊涛拍击着江岸，激起的浪花好似卷起千万堆白雪。雄壮的江山奇丽如图画，一时间涌现出多少英雄豪杰。遥想当年的周瑜春风得意，绝代佳人小乔刚嫁给他，他英姿奋发、豪气满怀。手摇羽扇，头戴纶巾，谈笑之间，强敌的战船烧得灰飞烟灭。我今日神游当年的战地，可笑我多情善感，过早地生出满头白发。人生犹如一场梦，且洒一杯酒祭奠江上的明月。”

适当调整文字大小，效果如图 5-9 所示。

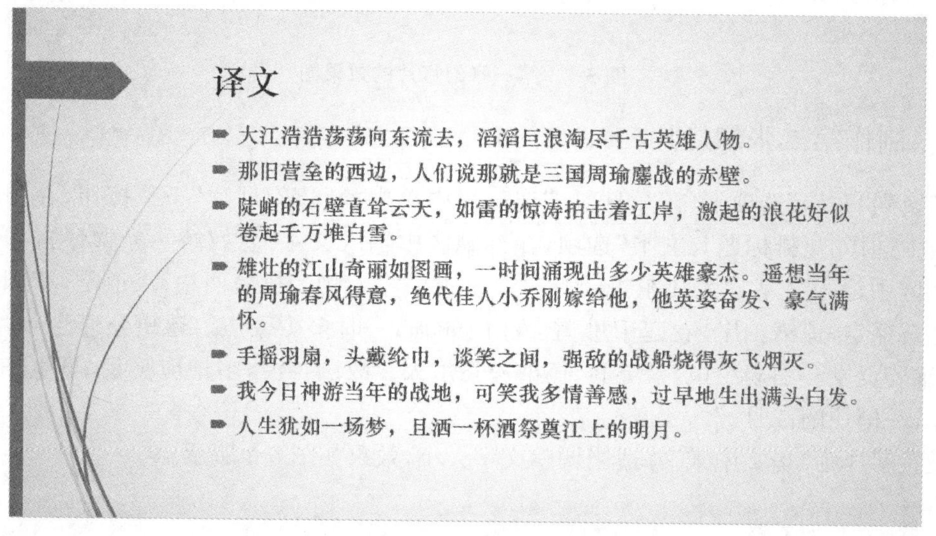


**图 5-9 第三张幻灯片的效果图**

## 四、制作第四张幻灯片

切换到“开始”选项卡，在“幻灯片”选项组中单击“新建幻灯片”下拉按钮，在弹出的下拉列表中选择“两栏内容”选项，在标题区中输入文字“创作背景”，在左侧文本区中输入文字：“这首词是公元 1082 年(宋神宗元丰五年)苏轼谪居黄州时所写，当时作者四十五岁，因‘乌台诗案’被贬黄州已两年余。苏轼由于诗文讽喻新法，为新派官僚罗织论罪而被贬，心中有无尽的忧愁无从述说，于是四处游山玩水以放松情绪。正巧来到黄州城外的赤壁，此处壮丽的风景使作者感触良多，更是让作者在追忆当年三国时期周瑜无限风光的同时也感叹时光飞逝，因此写下此词。”

选择右侧文本框，单击“插入”选项卡“图像”选项组中的“图片”命令，插入素材中的图片“苏轼.jpg”，适当调整图片大小。单击左侧文本框，切换到“绘图工具”面板下的“格式”选项卡，在“绘图”选项组中单击“形状轮廓”下拉按钮，在弹出的下拉列表中设置“标准色”为

“浅蓝”，“粗细”为“3 磅”，“虚线”为“划线-点”。用同样的方法设置右边的图片框框线，效果如图 5-10 所示。

**图 5-10　第四张幻灯片完成后的效果**

## 五、制作第五张幻灯片

### (一)创建“空白”版式的幻灯片

切换到“开始”选项卡，在“幻灯片”选项组中单击“新建幻灯片”下拉按钮，在弹出的下拉列表中选择“空白”选项，创建第五张幻灯片。

### (二)添加艺术字

切换到“插入”选项卡，在“文本”选项组中单击“艺术字”下拉按钮，在下拉列表中选择“渐变填充橄榄色，主题色 5:映像”选项，如图 5-11 所示。输入文字“作者简介”，设置字号为“66”。

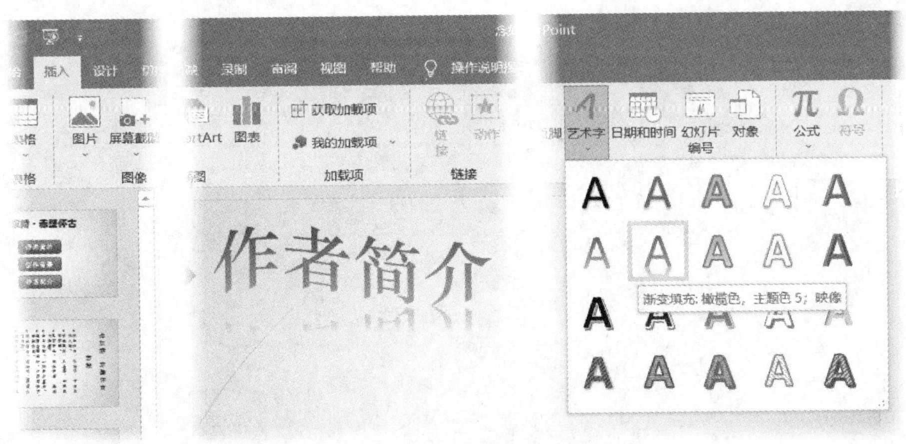


**图 5-11　选择艺术字样式**

### (三)设置文本效果

选中艺术字，再切换到“格式”选项卡，在“艺术字样式”选项组中单击“文本效果”下拉按钮，在弹出的下拉列表中选择“转换-波形 1”命令，如图 5-12 所示。

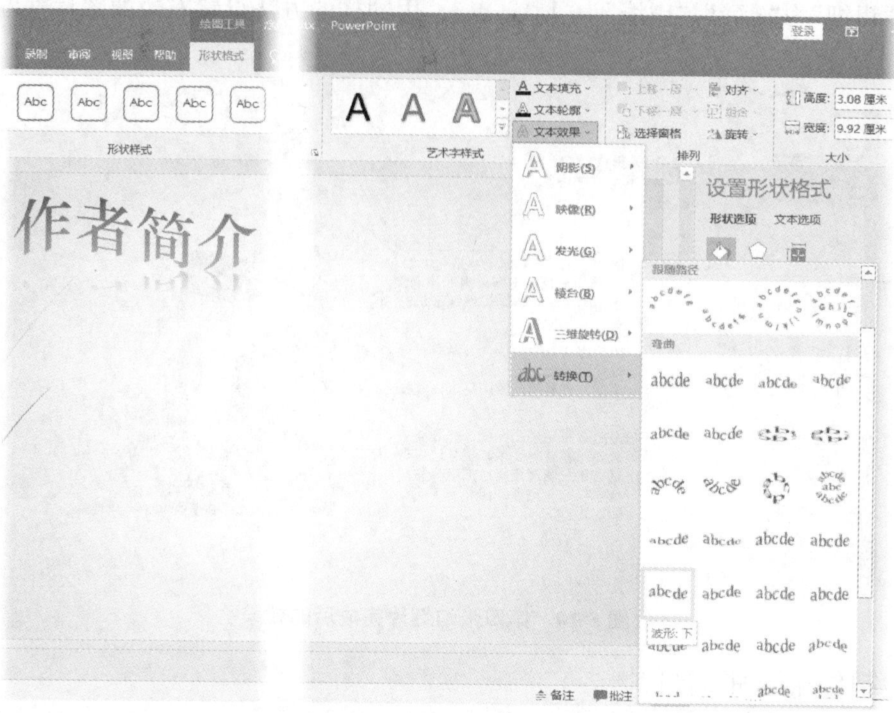


图 5-12　设置艺术字转换效果

### (四)插入“泪滴”形状

在艺术字下面插入一个“泪滴形”形状,调整形状大小,插入素材“诗词赏析.txt”中的作者简介内容,效果如图 5-13 所示。

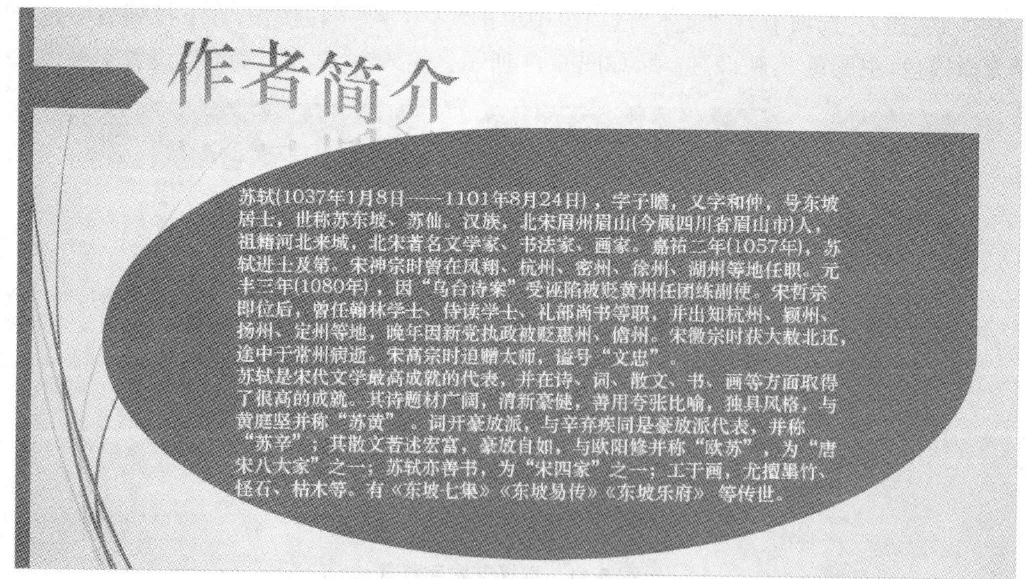


图 5-13　插入形状并插入素材

### 六、设置超链接

选择第一张幻灯片中的“诗词赏析”，单击“插入”选项卡“链接”选项组中的“超链接”按钮，选择“本文档中的位置”中的第二张幻灯片。按照此方法，依次把第一张幻灯片中的“创作背景”链接到第四张幻灯片，把第一张幻灯片中的“作者简介”链接到第五张幻灯片。

### 七、保存演示文稿

单击快速工具栏的“保存”按钮打开“另存为”页面，选择保存位置，并命名为“诗词赏析. pptx”。

# 项目二　制作“献给母亲的贺卡”演示文稿

**【项目描述】**

贺卡是人们在遇到节日或重要事件的时候互相表示问候的一种纸质卡片，而电子贺卡是一种可以利用电子邮件传递的贺卡。它通过传递一张贺卡的网页链接，收卡人在收到这个链接地址后，点击就可打开贺卡图片。贺卡种类很多，有静态图片的，也可以是动画的，甚至带有美妙的音乐。本项目介绍如何利用 PowerPoint 2016 制作电子贺卡。

**【学习目标】**

1. 掌握插入艺术字的方法。
2. 掌握添加背景和应用背景的方法。
3. 掌握插入音频的方法。
4. 掌握幻灯片的切换效果的设置方法。
5. 掌握幻灯片的动画效果的设置方法。
6. 掌握幻灯片的放映设置方法。

## 任务一　制作贺卡的基本要求

### 一、插入艺术字

在“插入”选项卡“文本”选项组中单击“艺术字”下拉按钮，可以在幻灯片中插入某种样式的艺术字。该艺术字的样式是填充颜色、轮廓颜色和文本效果的预设组合，内置于 PowerPoint 2016 中，不能自定义或添加。

选中艺术字后，可以在“绘图工具”面板下“形状格式”选项卡“艺术字样式”选项组中设置艺术字的填充颜色、轮廓颜色和文本效果。此外，在“文本效果”选项组中还可以进行阴影、映像、发光、棱台、三维旋转和转换的设置，如图 5-14 所示。

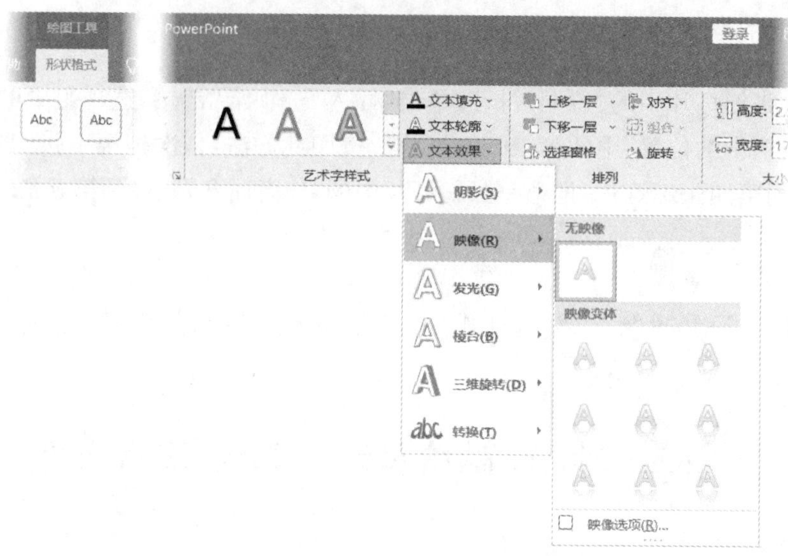


图 5-14　艺术字文本效果的设置

## 二、背景

背景是应用于整个幻灯片的颜色、纹理、图案或图片,其他内容位于背景之上。

切换到“设计”选项卡,在“自定义”选项组中单击“设置背景格式”按钮,可在右侧任务窗格中选择填充方式,并进行相应的设置。

## 三、插入声音

在“插入”选项卡“媒体”选项组中单击“音频”下拉按钮,可以根据需要选择不同类型的声音文件,如图 5-15 所示。然后在“音频工具”面板的“播放”选项卡“音频选项”选项组中进行音量、播放方式的设置,如图 5-16 所示。

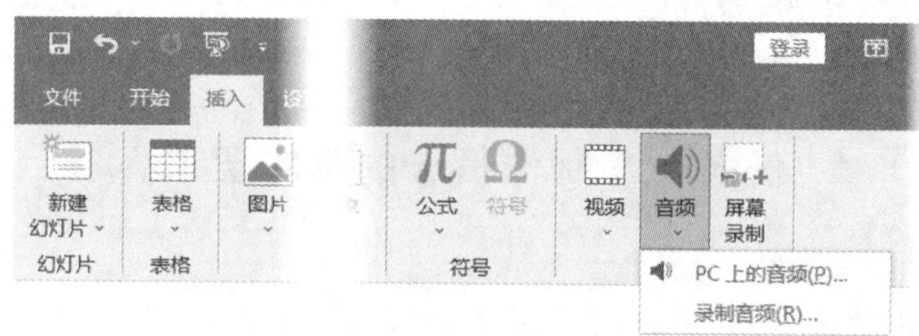


图 5-15　插入“音频”选项

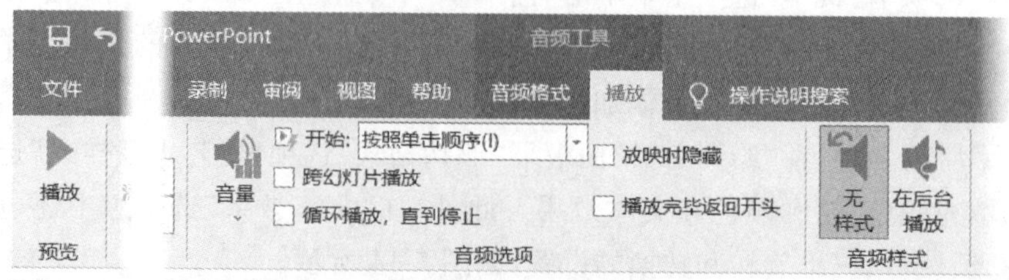


图 5-16　设置音频播放方式

注意：当声音文件小于指定大小时将被嵌入演示文稿中，大于指定大小时将被链接。如果链接某个声音文件，需要把它和演示文稿存放在同一目录下。

## 四、设置切换效果

幻灯片的切换效果是指放映幻灯片时从一张幻灯片过渡到下一张幻灯片时的动画效果。

打开要设置的演示文稿，选择要设置切换效果的幻灯片，在“切换”选项卡“切换到此幻灯片”选项组中单击下拉列表按钮，如图 5-17 所示，在打开的下拉列表中选择一种切换效果，此时在幻灯片编辑区中将显示切换效果。

**图 5-17　设置幻灯片的“切换”效果**

### (一)设置音效

在“切换”选项卡“计时选项”组中单击“声音”下拉列表按钮，在打开的下拉列表中可以设置幻灯片切换时的音效，并可在“持续时间”数值框中输入切换的“长度”，即持续时间的长短。

### (二)设置换片方式

在“换片方式”栏中，选中“单击鼠标时”复选框，表示放映幻灯片时只有在单击鼠标左键时才播放幻灯片切换动画，选中“设置自动换片时间”复选框并设置时间后，则可在放映幻灯片时根据设置的间隔时间进行自动切换。

### (三)设置切换效果的应用范围

如果要为整个演示文稿设置统一的切换效果，则在“切换”选项卡“计时”选项组中单击“全部应用”按钮即可。

## 五、设置动画效果

动画是指单个对象进入和退出幻灯片的方式。在 PowerPoint 2016 中创建动画效果可以使用预设动画和自定义动画。

**(一)预设动画**

PowerPoint 2016 提供的预设动画有“淡出”“擦除”和“飞入”等，应用预设动画，可以先选择要应用预设动画的对象，在“动画”选项卡“动画”选项组中单击下拉按钮，从中选择一种预设效果，如图 5-18 所示。

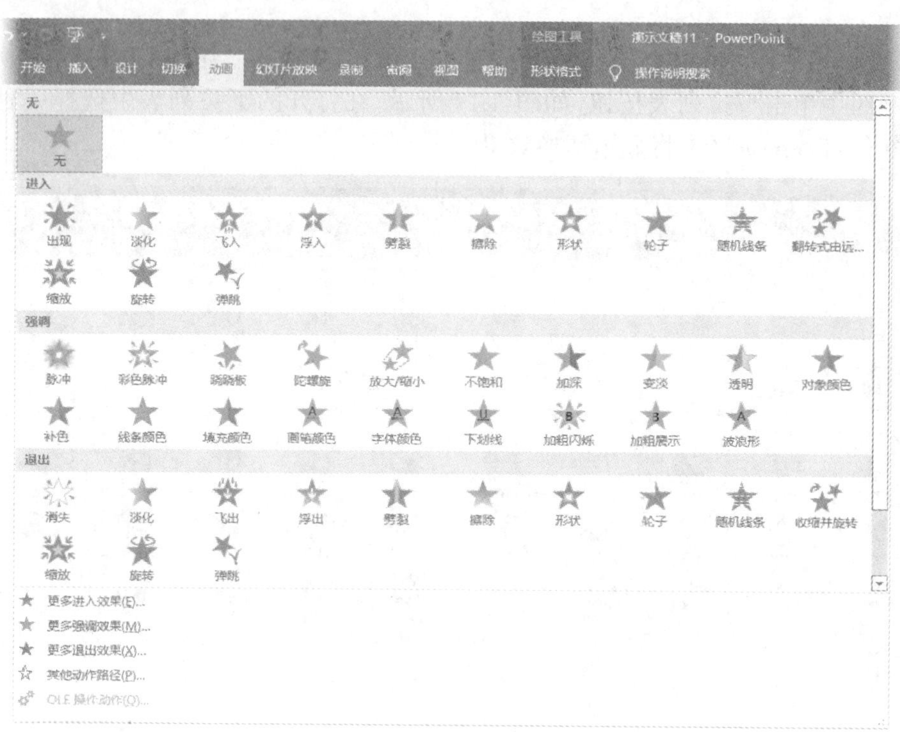


**图 5-18 设置“动画”效果**

**(二)自定义动画**

在“动画”选项钮的下拉菜单中利用最下面的四组选项可以自定义动画，使用自定义动画不仅可以为每个对象设定动画效果，还可以设定对象出现的顺序以及与之相关的声音。

1. 自定义动画类型

自定义动画共有四种类型：进入、强调、退出、动作路径。每种类型的动画有不同的图标颜色和用途。

(1)进入(绿色)：设置对象在幻灯片上出现时的动画效果。

(2)强调(黄色)：以某种方式更改已经出现的对象，例如缩小、放大、摆动或改变颜色。

(3)退出(红色)：设置对象从幻灯片上消失时的效果，可以指定某种不寻常的方式退出。

(4)动作路径(灰色)：对象在幻灯片上根据预设路径移动。

2. 应用自定义动画

若要为某一对象创建动画效果，需要先选中该对象，在“动画”选项卡“高级动画”组中设置对象的动画效果，在动画效果选项里可设置动画启动时间、速度等。

注意：在“动画”选项卡的“开始”下拉列表框中，可以设置“单击时”“与上一动画同时”“上一动画之后”三种方式控制动画启动时机。

### (三)删除动画效果

当对设置的动画不满意时，可以单击“动画”选项卡“高级动画”选项组中的“动画窗格”按钮，在“动画窗格”中的动画列表中右击某一对象的动画效果，然后在弹出的快捷菜单中选择“删除”命令删除动画效果，其他动画效果自动排序。若要删除整张幻灯片的全部动画效果，可以按“Ctrl＋A”将动画效果全部选中并右击，在弹出的快捷菜单中单击“删除”命令即可。

### (四)重新排序动画效果

默认情况下，动画效果按照创建顺序进行编号，若要改动动画出现的先后顺序，可以在“动画窗格”中的动画效果列表中，选中要改变位置的动画效果，单击窗格下面的“重新排序”箭头按钮，向上或向下移动该动画的位置，也可以将鼠标指针悬停在要改变位置的对象上，拖动动画效果来改变它在动画列表中的原位置。

## 六、放映演示文稿

### (一)幻灯片切换

1. 手动切换与自动切换

切换是指整张幻灯片的进入和退出，分为手动切换和自动切换。默认情况下，使用手动切换，可以单击幻灯片或者按方向键切换幻灯片。对于自动切换，可以为所有的幻灯片设置相同的切换时间，也可以为每张幻灯片设置不同的切换时间。为每张幻灯片单独指定时间的最有效方式是“排练计时”。

2. 选择切换效果

演示文稿制作完成后，如果不设置幻灯片切换效果，在放映过程中就会在前一张幻灯片消失后出现下一张幻灯片。如果需要设置切换效果，那么选择要应用效果的幻灯片并切换到“切换”选项卡，在“切换到此幻灯片”选项组中设置切换效果，在“计时”选项组中设置切换声音和自动换片时间。

### (二)设置放映方式

放映幻灯片时就切换到“幻灯片放映”选项卡，根据需要在“开始放映幻灯片”选项组中单击“从头开始”或者“从当前幻灯片开始”按钮。如果需要设置循环放映，可以在“设置”选项组中单击“设置幻灯片放映”按钮，在打开的“设置放映方式”对话框中选中“循环放映，按Esc键终止”复选框，如图5-19所示。

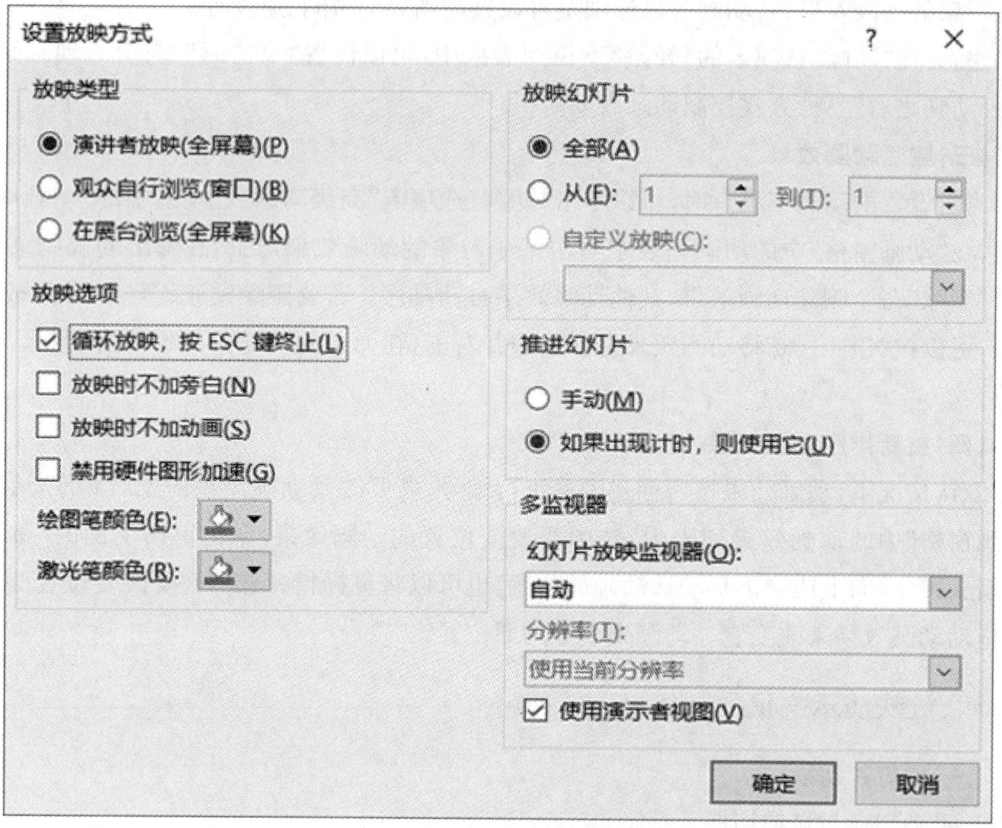

图 5-19　设置放映方式

# 任务二　项目实施

母亲非常伟大，作为儿女的我们要为辛苦一辈子的妈妈送上自己的祝福，谢谢她们给了我们生命，同时给了我们最大的幸福，有首歌曲唱得好："世上只有妈妈好，有妈的孩子像块宝……"母亲是这个世界上最伟大的人。丽丽在外地上大学，想亲手制作一份电子贺卡送给母亲，以表达自己深深的祝福。

## 一、制作第一张幻灯片

### (一)添加背景

启动 PowerPoint 2016，并新建一张"标题"版式的幻灯片，在"开始"选项卡"幻灯片"选项组中单击"版式"，在其下拉列表中选择"空白"选项，修改为一张"空白"幻灯片。右击幻灯片，在弹出的快捷菜单中单击"设置背景格式"命令，打开"设置背景格式"任务窗格，如图 5-20 所示。右侧选中"图片或纹理填充"单选按钮，任务窗格中即出现相关设置项，再单击"文件"按钮，在打开的"插入图片"对话框中选择"背景 1. jpg"，最后单击"打开"按钮，第一张幻灯片便添加了背景。

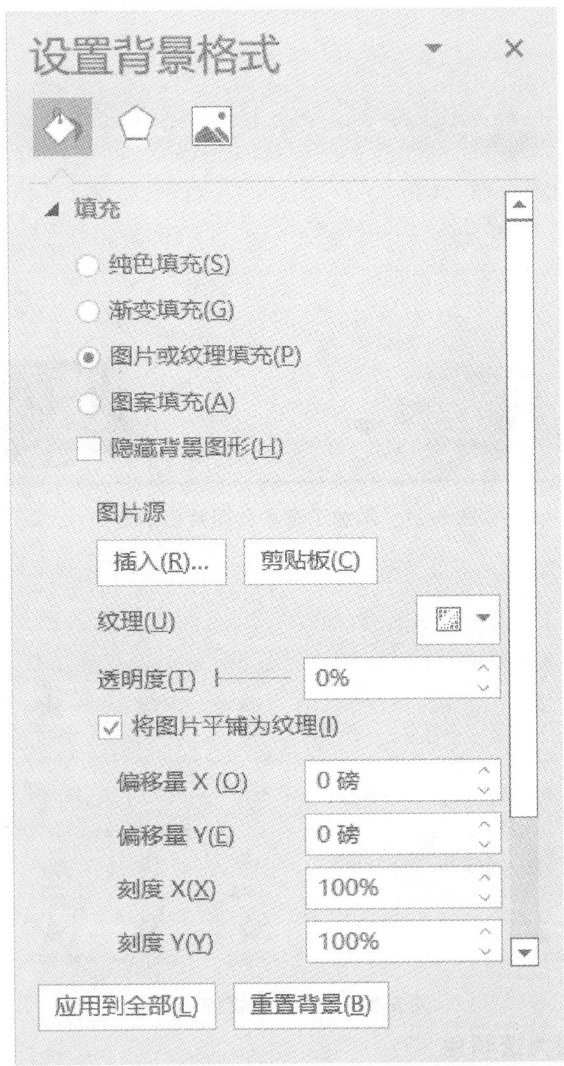


图 5-20　“设置背景格式”任务窗格

**(二)插入图片**

在“插入”选项卡“图像”选项组中单击“图片”按钮，在打开的“插入图片”对话框中选择素材中的“母爱 1. jpg”图片，即在幻灯片中插入了图片。右击图片，在弹出的快捷菜单中单击“大小和位置”命令，在打开的“设置图片格式”任务窗格的“大小”选项中设置图片高度和宽度为合适大小，并将图片移动到背景右下角处，添加了背景和图片后的效果如图 5-21 所示。

**(三)设置图片对象的动画效果**

选中刚刚插入的图片，在“动画”选项卡“动画”选项组中单击“其他”按钮，在下拉列表中的“强调”组中单击“陀螺旋”命令，如图 5-22 所示。在新出现的“动画窗格”任务窗格中单击动画右边的下拉按钮，选择“效果选项”命令，打开“陀螺旋”对话框。在“效果”选项卡中设置“数量”为“完全旋转”，在“计时”选项卡中的“开始”下拉列表中选择“上一动画之后”选项，在“期间”下拉列表中选择“快速(1 秒)”选项，最后单击“确定”按钮。在“动画”选项卡“预览”选项组中单击“预览”按钮就可以观看动画效果了。

**图 5-21 添加了背景和图片后的效果**

**图 5-22 应用"陀螺旋"动画**

### (四)设置图片背景为透明色

将图片背景设置为透明色的方法如下:选中该图片,在"图片工具"面板"格式"选项卡"调整"选项组中单击"颜色"下拉按钮,在下拉列表中选择"设置透明色"命令,如图 5-23 所示。单击图片的深色背景,图片背景就变成了透明色。

### (五)插入文本框并设置文本格式

选择幻灯片,在"插入"选项卡"文本"选项组中单击"文本框"下拉按钮,在下拉列表中选择"竖排文本框"命令,在幻灯片中绘制一个竖排文本框,输入文字:"妈妈,你是大树,我就是小鸟。妈妈,你是大海,我就是小鱼。妈妈,你是天空,我就是白云。无论你变成什么我都一直在你身边。妈妈,你永远是我的妈妈。"设置文字格式为"华文新魏",大小为"18 磅"。

### (六)设置文本框动画效果

选中文本框,并右击,在弹出的快捷菜单中选择"设置形状格式"命令,打开"设置形状格式"任务窗格,设置文本框的框线为蓝色实线,设置框线宽度为"2 磅",短划线类型为"圆点",设置文本框的填充效果为"纯色填充",颜色为"橙色,个性色 2,淡色 60%",设置文本框的高度和宽度为合适值,最终效果如图 5-24 所示。

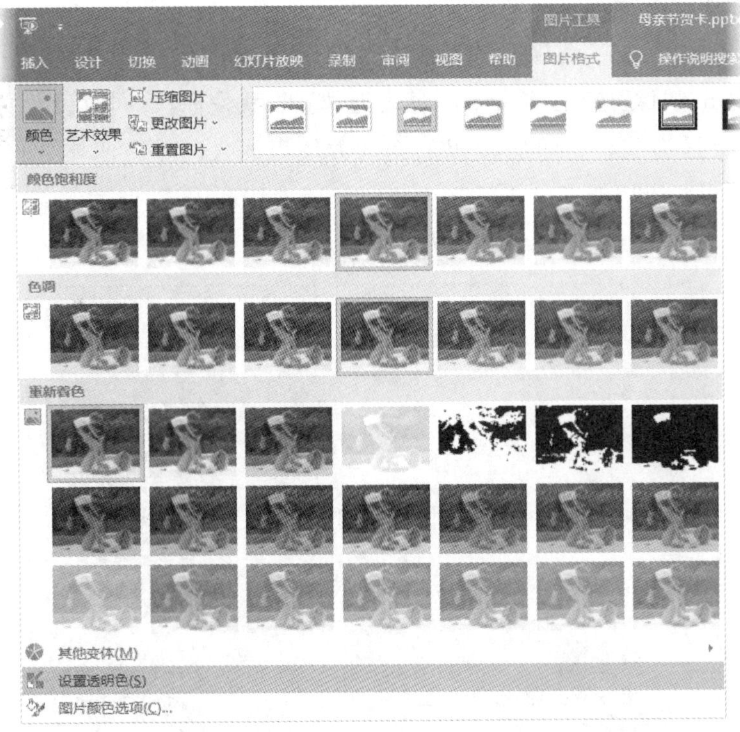


图 5-23　设置“背景”色为透明

图 5-24　添加文本框

### (七)设置文本框动画效果

选中文本框，在“动画”选项卡“动画”选项组中单击“其他”按钮，在弹出的下拉列表中选择“更多进入效果”选项，打开“更多进入效果”对话框，选择“温和型”的“翻转式由远及近”效果，单击“确定”按钮关闭对话框，同时将“计时”选项组中的“开始”选项设为“上一动画之后”。

### (八)插入艺术字并设置文字效果

在“插入”选项卡“文本”选项组中单击“艺术字”下拉按钮,在下拉列表中选择“渐变填充:蓝色,主题色 5:映像”选项,将文字内容改为“妈妈,我爱你!”,同时设置文字的字体格式为“华文行楷”,字号为“54”。然后按照上面的方法再插入两个艺术字,分别输入文字“祝你”和“母亲节快乐”,设置合适的字体和大小。然后选择艺术字,将鼠标移到艺术字上面绿色的圆形控制点上,适当旋转,最终效果如图 5-25 所示。

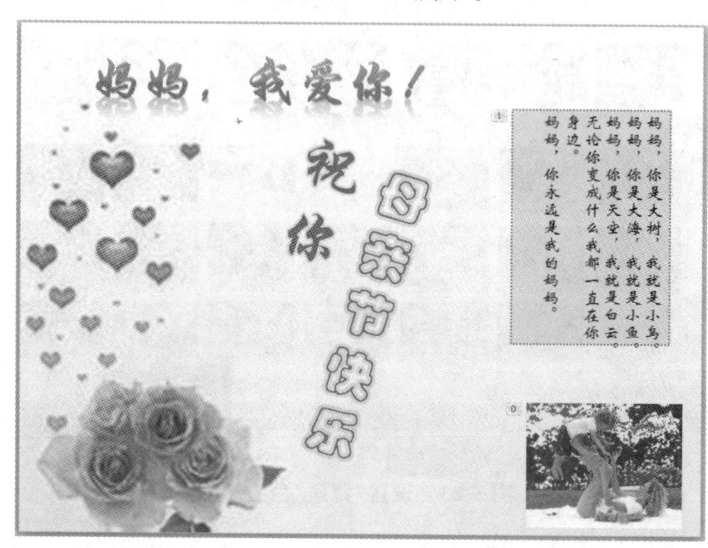


图 5-25　格式设置完成后的效果

### (九)设置艺术字动画效果

将艺术字“妈妈,我爱你!”进入动画设置为“自顶部飞入”,将艺术字“祝你”和“母亲节快乐”进入动画均设置为“缩放”。

### (十)插入背景音乐

(1)选中幻灯片,在“插入”选项卡“媒体”选项组中单击“音频”下拉按钮,在其下拉列表中选择“PC 上音频”命令,打开“插入音频”对话框,插入“烛光里的妈妈. mp3”文件。

(2)在“播放”选项卡“音频选项”选项组中设置“开始”选项为“自动”。

(3)单击小喇叭图标,在“音频工具”面板下的“播放”选项卡“音频选项”选项组中选中“放映时隐藏”和“跨幻灯片播放”复选框。

(4)单击“动画”选项卡“高级动画”选项组中的“动画窗格”按钮打开“动画窗格”任务窗格,拖动“烛光里的妈妈. mp3”文件到列表的最上面,并将其“开始”选项设置为“从上一项开始”。

(5)双击“烛光里的妈妈. mp3”打开“播放音频”对话框,在“效果”选项卡中设置声音“从头开始”播放,并设置“在 2 张幻灯片后”停止播放,如图 5-26 所示。

至此,第一张幻灯片制作完成。

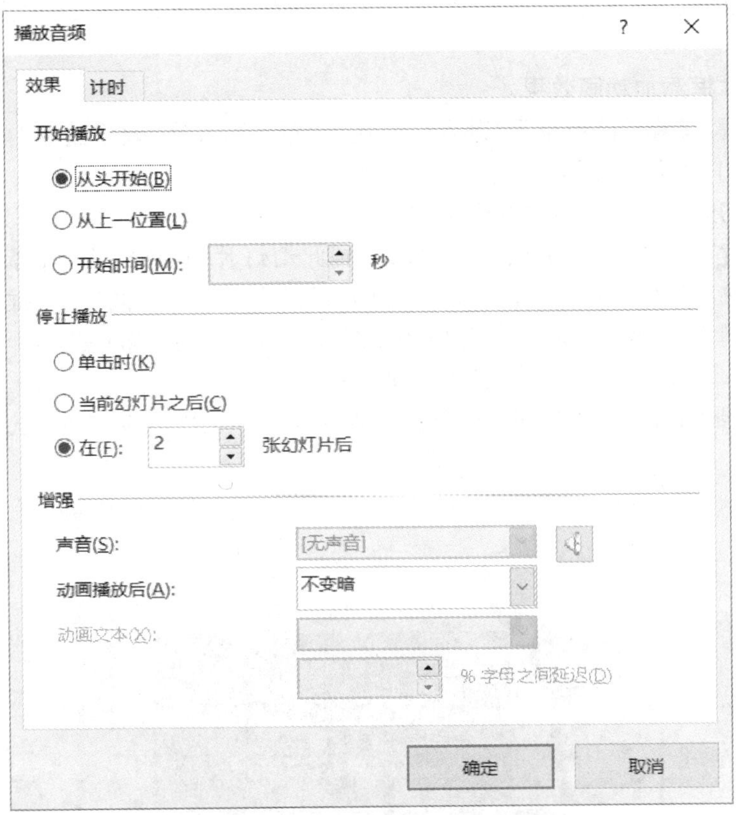

图 5-26　音频播放效果的设置

## 二、制作第二张幻灯片

### (一)插入空白幻灯片并添加背景

在“开始”选项卡“幻灯片”选项组中单击“新建幻灯片”下拉按钮，选择“空白”，创建第二张幻灯片。

参照第一张幻灯片的背景添加方法为第二张幻灯片添加背景，使用“背景 2. jpg”作为第二张幻灯片的背景。

### (二)插入剪贴画并设置动画效果

参照第一张图片的插入方法在第二张幻灯片中插入素材中的图片“母爱 2. jpg”。通过拖动图片占位符句柄调整图片大小，并移动到合适位置。选中图片，在“动画”选项卡“动画”选项组中设置图片的“进入”方式为“翻转式由远及近”。

### (三)插入文本框并设置格式

选中第二张幻灯片，在“插入”选项卡“文本”选项组中单击“文本框”下拉按钮，选择“横排文本框”，然后在幻灯片中拖动绘制一个文本框，将素材中的文字：“亲爱的妈妈，岁月已将您的青春燃烧，但您的关怀和勉励将伴我信步风雨人生。用我心抚平您额上的皱纹，用我的情感染黑您头上的白发。祝您幸福万年长！妈妈我感谢您赐给了我生命，是您教会了我做人的道理，无论将来怎么样，我永远爱您！在这属于您的节日里，祝您节日快乐，永远快乐！”添加到文本框中，然后右击文本框边框，在弹出的快捷菜单中选择“设置形状格式”，打开“设置形状格式”任务窗格，设置“线条”项为“无线条”，设置“填充”项为“纯色填充”颜色为“橙色”。

**(四)为文本框添加动画效果**

选中文本框，设置动画效果为“进入”，方式为“轮子”，并在“效果选项”下拉列表中选择“8 轮辐图案”，并设置“开始”选项为“上一动画之后”。

**(五)设置幻灯片的切换方式并播放幻灯片**

选中幻灯片，单击“切换”选项卡，在“切换到此幻灯片”选项组中，选择换片方式为“揭开”，在“计时”选项组中勾选“换片方式”下方的“设置自动换片时间”复选框，并在其后的微调框中设置时间为 10 秒，再单击“全部应用”按钮。单击“幻灯片放映”选项卡，单击“设置幻灯片放映”命令，设置为“循环放映，按 Esc 键终止”。

至此，第二张幻灯片制作完成，如图 5-27 所示，保存文件并命名为“献给母亲的贺卡.pptx”。

**图 5-27　“献给母亲的贺卡”的最终效果**

# 项目三　制作“公司简介”演示文稿

## 【项目描述】

演示文稿是一种图形程序，是功能强大的制作软件，用户不仅能在投影仪或者计算机上进行演示，也可以将演示文稿打印出来，制作成胶片，以便应用到更广泛的领域中。在现代公司中，组织会议时介绍公司概况、宣传企业文化等更是少不了制作和运用演示文稿。本项目介绍如何运用 PowerPoint 2016 软件制作一份“公司简介”演示文稿。

## 【学习目标】

1. 掌握母版的概念及应用。
2. 掌握插入表格、图表、SmartArt 图形的方法。
3. 掌握演示文稿的打印操作。
4. 掌握演示文稿的打包操作。

# 任务一　制作“公司简介”演示文稿的基本要求

## 一、母版的使用

### (一)母版的种类

PowerPoint 2016 中包含三种母版，分别是幻灯片母版、讲义母版和备注母版。

1. 幻灯片母版

幻灯片母版是幻灯片层次结构中的顶级幻灯片，它存储着有关演示文稿的主题和幻灯片版式的所有信息，决定着幻灯片的外观，它是已经设置好背景、配色方案、字体的一个模板，在使用时只要插入新幻灯片，就可以把母版上的所有内容自动添加到新幻灯片上。

2. 讲义母版

讲义母版是为制作讲义而准备的，通常需要打印输出。它允许设置一页讲义中包含几张幻灯片，允许设置页眉、页脚、页码等基本信息。在讲义母版中插入新的对象或者更改版式时，新的页面效果不会反映在其他母版视图中。

3. 备注母版

备注母版主要用来设置幻灯片的备注格式，一般用来打印输出，主要和打印页面有关。

### (二)管理幻灯片母版

1. 幻灯片母版的进入与退出

要进入“幻灯片母版”视图，只要在“视图”选项卡“母版视图”选项组中单击“幻灯片母版”按钮，则可进入“幻灯片母版”视图，出现“幻灯片母版”选项卡，如图 5-28 所示。要退出“幻灯片母版”视图，在“幻灯片母版”选项卡“关闭”选项组中单击“关闭母版视图”按钮或从“视图”选项卡中选择另外一种视图即可。

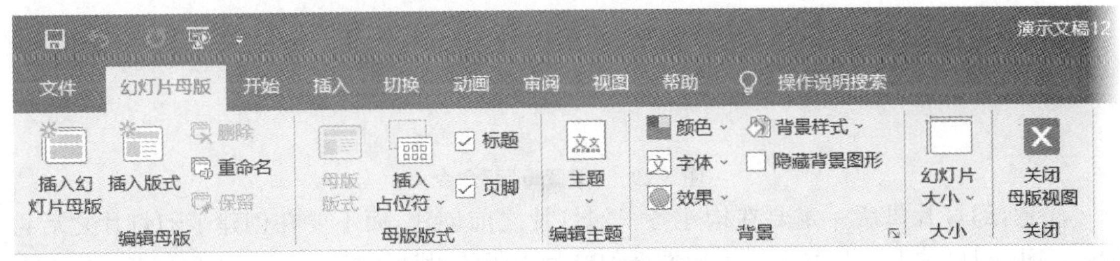


图 5-28　“幻灯片母版”选项卡

2. 设计母版版式

在幻灯片母版视图中，可以按照需要设置母版版式，例如改变占位符、文本框、图片、图表等内容在幻灯片中的大小和位置，编辑背景图片，设置主题颜色和背景样式，使用页眉和页脚在幻灯片中显示必要的信息等。

3. 创建和删除幻灯片母版

要创建新的幻灯片母版，可在“幻灯片母版”选项卡“编辑母版”选项组中单击“插入幻灯片母版”按钮,新的幻灯片母版将在左侧窗格的现有幻灯片母版下方出现。然后可以对该幻灯片母版进行自定义设置,例如为其应用主题、修改版式和占位符等。

注意:删除一个幻灯片母版时,先选中要删除的幻灯片母版,按 Delete 键即可,而应用了该母版的幻灯片会自动转换为默认幻灯片母版的对应版式。

4. 保留幻灯片母版

要保证新创建的幻灯片母版即使在没有任何幻灯片使用它的情况下仍然存在,可以在左侧窗格中右击该幻灯片母版按钮,在弹出的快捷菜单中选择“保留母版”命令,如图 5-29 所示。要取消保留,可再次选择“保留母版”命令,取消命令前的“√”即可。

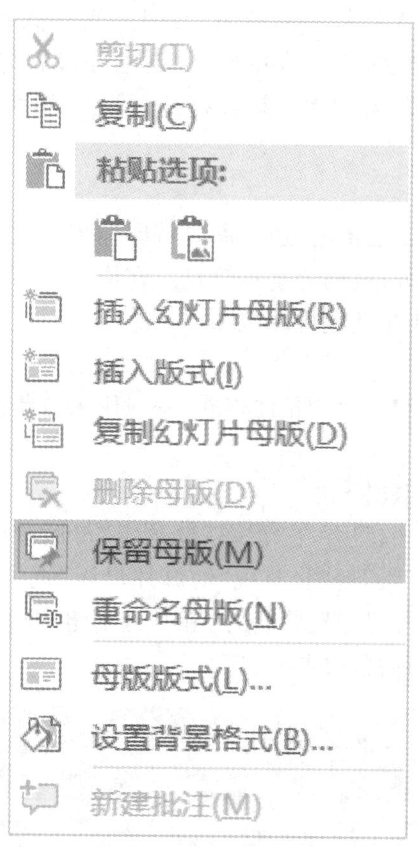


**图 5-29　“保留母版”命令**

注意:幻灯片母版一定要在构建各张幻灯片之前创建,而不要在创建了幻灯片之后再创建,否则幻灯片上的某些项目不能遵循幻灯片母版的设计风格。

**(三)页眉和页脚的设置**

在幻灯片母版视图中,日期、编号和页脚的占位符会显示在幻灯片母版上,默认情况下,它们不会出现在幻灯片中。

如果需要设置日期、编号和页脚,可以在“插入”选项卡“文本”选项组中单击“页眉和页脚”按钮(单击“日期和时间”按钮或“幻灯片编号”按钮可进行相应设置),可打开“页眉和页脚”设置对话框,如图 5-30 所示,在该对话框中可进行页眉和页脚的设置。

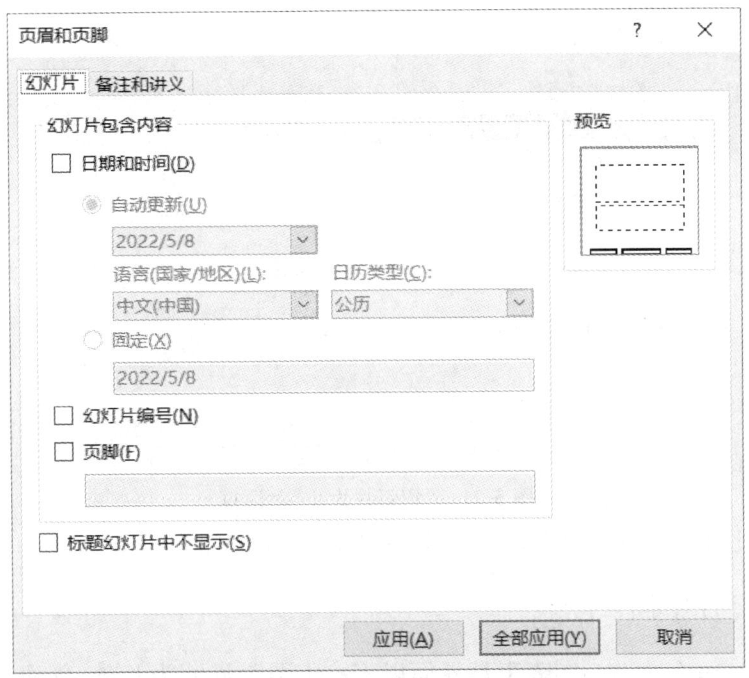


图 5-30　“页眉和页脚”设置对话框

在该对话框的“幻灯片”选项卡中有以下选项：

1. 日期和时间

在日期和时间中有“自动更新”和“固定”两个选项。“自动更新”是指从计算机时钟自动获取当前时间，“固定”是指可以输入固定的日期和时间。

2. 幻灯片编号

默认情况下，幻灯片编号从 1 开始。如果需要设置从其他编号开始，可以先关闭“幻灯片母版”视图，在“设计”选项卡“自定义”选项组中单击“幻灯片大小”按钮，在下拉列表中选择“自定义幻灯片大小”，打开“幻灯片大小”对话框，在“幻灯片编号起始值”输入框中设置幻灯片的起始编号，如图 5 31 所示。

3. 页脚

默认情况下，幻灯片母版上不显示页脚，如果需要，可以先在如图 5-30 所示对话框中选中“页脚”复选框，然后输入所需文本，接下来在幻灯片母版中设置格式。

4. 标题

“标题幻灯片中不显示”复选框用来控制演示文稿中标题幻灯片显示或隐藏的日期和时间、编号和页脚，从而避免信息重复。

## 二、在幻灯片中插入表格

方法一：在“插入”选项卡“表格”选项组中单击“表格”下拉按钮，在下拉列表中选择“插入表格”命令，打开“插入表格”对话框，然后指定表格的行数和列数。使用“插入表格”对话框创建的表格会自动套用表格样式。

方法二：在“插入”选项卡“表格”选项组中单击“表格”下拉按钮，在下拉列表中选择“绘

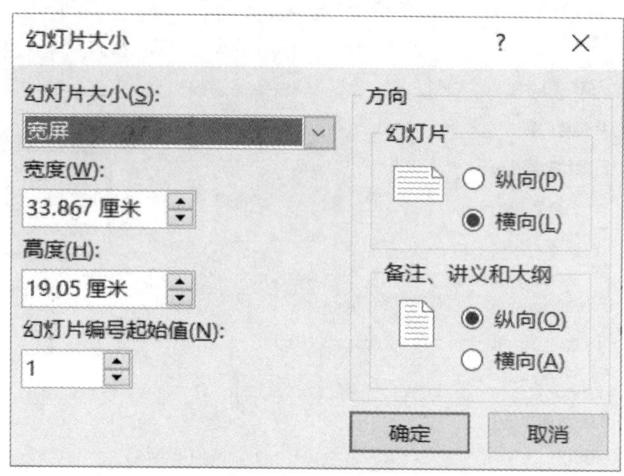


**图 5-31 “幻灯片大小”对话框**

制表格”命令,此时鼠标指针变成铅笔形状,可以根据需要绘制出不同行高和列宽的表格。

## 三、在幻灯片中插入图表

在 PowerPoint 2016 中,图表工具界面以 Excel 图表界面为基础,创建、修改和格式化图表不需要退出 PowerPoint。

在 PowerPoint 2016 中创建图表时,没有可以提取的数据表,而必须在 Excel 窗口中输入数据创建图表。默认情况下,包含示例数据,可以用实际数据替换示例数据。

如果幻灯片中某占位符中有“插入图表”图标,可以单击该图标创建图表,否则在幻灯片中,可以通过“插入”选项卡“插图”选项组中的“图表”按钮打开“插入图表”对话框,选择图表类型后创建图表,同时打开图表设计窗口,根据需要修改 Excel 窗口图表数据区域的数据。

若关闭了 Excel 窗口,选中图表后,在“图表工具”面板下的“设计”选项卡“数据”选项组中选择“编辑数据”选项,可以再次打开 Excel 窗口。

## 四、打印演示文稿

打印演示文稿时,可以根据需要进行打印范围、打印份数、打印内容和颜色(灰度)等选项的设置。

## 五、演示文稿打包功能

PowerPoint 2016 演示文稿通常包含各种独立的文件,例如音乐文件、视频文件、图片文件和动画文件等,具体应用时需要将这些文件保存在一起。为此,PowerPoint 2016 提供了打包功能,用于将分散的文件集中在一起,生成一种独立于运行环境的文件,可以在没有安装 PowerPoint 等软件的环境下运行。

打包演示文稿常用的方法是利用 PowerPoint 的 CD 数据包功能,可以读取全部链接的文件和相关联的对象,并保证它们同主要演示文稿一起传递,方法如下。

### (一)打开演示文稿,检查保存方式

在“文件”选项页点击“导出”,选择“将演示文稿打包成 CD”,打开“将演示文稿打包成 CD”界面,如图 5-32 所示。

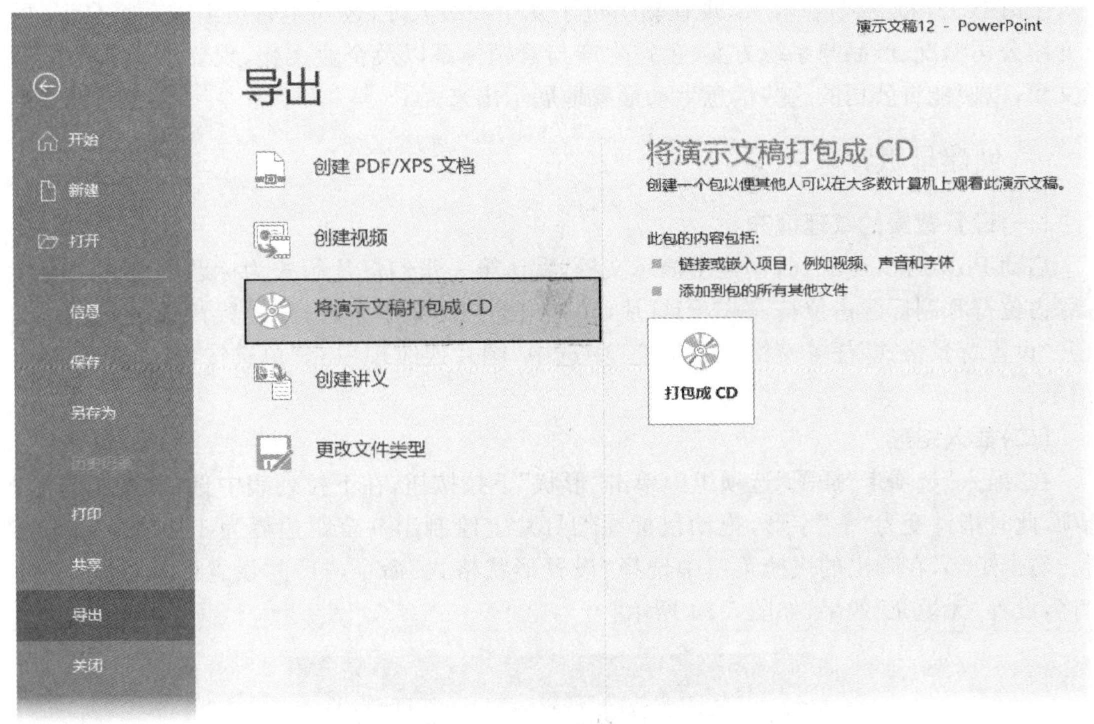


图 5-32 演示文稿的打包操作

### (二)添加文件

单击“打包成 CD”按钮,在打开的“打包成 CD”对话框中找到演示文稿涉及的外部文件和链接到的各种文件的路径和名称,逐一或批量添加。

### (三)复制文件

单击“复制到文件夹”按钮,打开“复制到文件夹”对话框,设置存放集成文件的文件夹名称,如图 5-33 所示。单击“确定”按钮,在弹出的提示框中询问“是否要在包中包含链接文件”,单击“是”按钮,演示文稿开始打包。

复制到文件夹 ? ×
将文件复制到您指定名称和位置的新文件夹中。
文件夹名称(N): 演示文稿 CD
位置(L): C:\Users\Test\Documents\ 浏览(B)...
☑ 完成后打开文件夹(O)
确定 取消

图 5-33 “复制到文件夹”对话框

# 任务二　项目实施

上海B公司发展日益壮大，现在新引进了几个高级人才，公司主管想组织一个会议，重点介绍公司概况、产品与系统方案、公司生产与营销体系以及企业文化，现要求制作一份演示文稿，以便能将公司的这些信息生动形象地展示出来。

## 一、创建母版背景

### (一)设置背景的纹理填充

启动 PowerPoint 2016，创建空演示文稿，默认第一张幻灯片版式为标题幻灯片。删除标题占位符和副标题占位符，右击幻灯片，在弹出的快捷菜单中选择“设置背景格式”命令，打开“设置背景格式”任务窗格，在“填充”中选中“图片或纹理填充”单选按钮，设置纹理为“信纸”。

### (二)插入矩形

在“插入”选项卡“插图”选项组中单击“形状”下拉按钮，在下拉列表中选择“圆角矩形”选项，此时指针变为“＋”字形，拖动鼠标在幻灯片上绘制出一个距边界为1厘米的圆角矩形。右击矩形，在弹出的快捷菜单中选择“设置形状格式”命令，打开“设置形状格式”任务窗格，设置“无填充”效果，如图5-34所示。

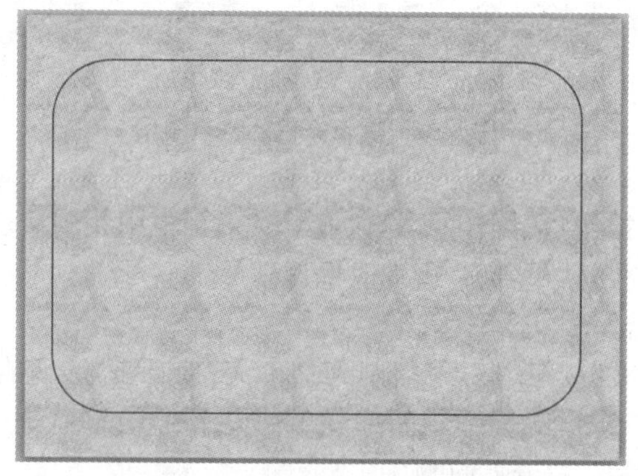

图5-34　插入“圆角矩形”后的效果

### (三)在矩形下边线插入文本框

在“插入”选项卡“文本”选项组中单击“文本框”下拉按钮，在下拉列表中选择“横排文本框”命令，拖动鼠标在矩形下边线上绘制出文本框，输入文本为“优质服务，技术一流”，设置文字的字体格式为“华文新魏，18号”。如图5-35所示。选中文本框并右击，在弹出的快捷菜单中选择“设置形状格式”命令，打开“设置形状格式”任务窗格，在“填充”中选中“幻灯片背景填充”单选按钮，在“线条”中选中“无线条”，取消文本框框线。

### (四)保存母版背景为图片

为了统一幻灯片背景，可以把设置好的母版背景保存为图片。在“文件”选项页中，选择“另存为”命令，点击“浏览”按钮，打开“另存为”对话框，在“保存类型”下拉列表中选择

**图 5-35　矩形下边线插入文本框**

"JPEG 文件交换格式"选项，在"文件名"文本框中输入文件名称"母版背景"，单击"保存"按钮，在弹出的提示框中单击"仅当前幻灯片"按钮即可。

### (五)关闭文件

单击"文件"选项页中的"退出"命令，关闭当前文件。

## 二、制作第一张幻灯片

### (一)插入母版背景

新建空白演示文稿，在"视图"选项卡"母版视图"选项组中点击"幻灯片母版"，打开母版设置界面。右击工作区空白处，在弹出的快捷菜单中选择"设置背景格式"命令，打开"设置背景格式"任务窗格，在"填充"中选中"图片或纹理填充"，单击"文件"按钮，在弹出的对话框中将已保存的"母版背景. jpg"图片填充为背景，单击"全部应用"按钮，效果如图 5-36 所示。

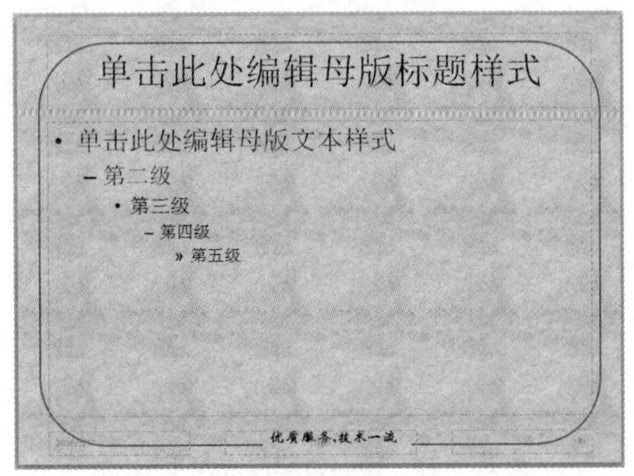


**图 5-36　插入背景后的母版编辑界面**

### (二)保存演示文稿

关闭母版视图，退出母版编辑状态，保存文件为"公司简介. pptx"。

### (三)输入标题

单击幻灯片中的“标题”占位符,输入文字 B,设置文字的字体格式为“微软雅黑”,大小为“58”,“加粗”,段落格式为“居中”。单击“副标题”占位符,输入文字“企业简介”,设置字体为“华文琥珀”,字号为“80”。第一张幻灯片制作完成,如图5-37所示。

图 5-37 第一张幻灯片效果图

## 三、制作第二张幻灯片

新建幻灯片,选择“空白”版式,创建一张空白幻灯片。单击“插入”选项卡“插图”选项组中的“SmartArt”,打开“选择 SmartArt 图形”对话框,选择“层次结构”里面的“组织结构图”,点击“确定”就会创建一个 SmartArt 图形,然后单击“SmartArt 工具”面板“设计”选项卡“创建图形”选项组中的“添加形状”中对应命令,修改图形,不需要的图形可以点击右键删除,最后效果如图 5-38 所示。

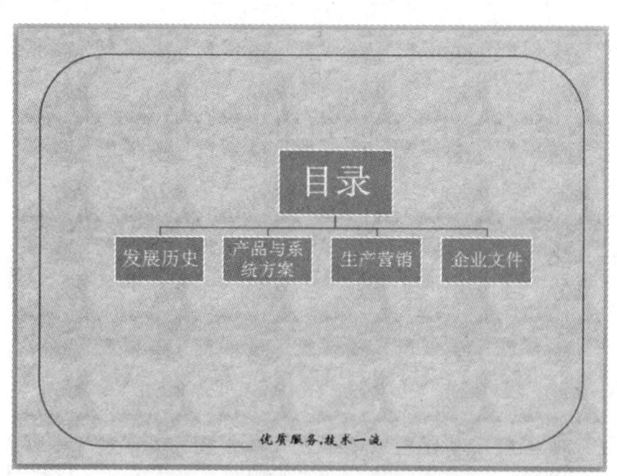


图 5-38 第二张幻灯片效果图

## 四、制作第三张幻灯片

1. 新建幻灯片

新建幻灯片,选择“标题和内容”主题,创建第三张幻灯片。

2. 输入标题文字

单击“标题”占位符，输入文字“发展历史”，设置文字的字体格式为“隶书，44 号，加粗”，段落格式为“居中”。

3. 插入表格

将光标定位在“内容”占位符中，在“插入”选项卡“表格”选项组中单击“表格”下拉按钮，在下拉列表中选择“插入表格”命令，在弹出的对话框中插入一个 6 行 2 列的表格，输入表格数据，设置合适的字体和大小。完成后的效果如图 5-39 所示。

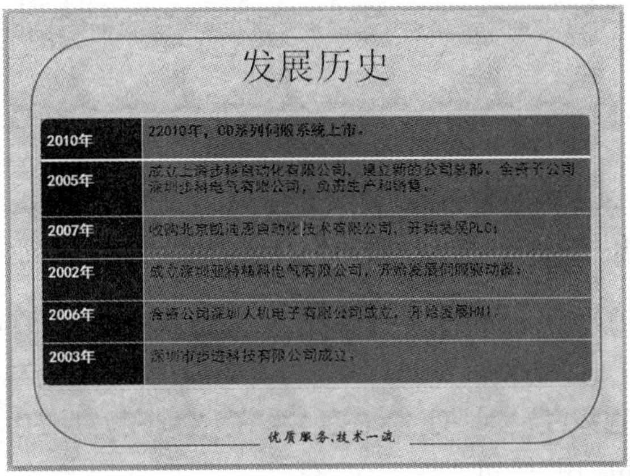

图 5-39　第三张幻灯片效果图

## 五、制作第四张幻灯片

依照前面的方法创建一张空白幻灯片，在“插入”选项卡“插图”选项组中单击“图表”按钮，打开“插入图表”对话框，选择“柱形图”下的“簇状柱形图”选项，单击“确定”按钮，打开图表设计窗口，如图 5-40 所示，把下面样图中的数据输入图表的数据区域中，图表标题设置为“各地区销量表”，关闭窗口，图表自动生成。选中图表，调整位置和大小，效果如图 5-41 所示。

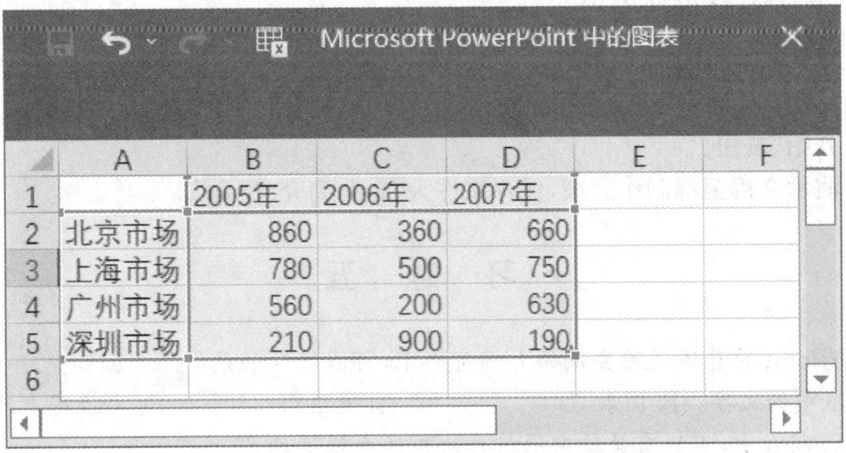

Microsoft PowerPoint 中的图表

| | A | B | C | D | E | F |
|---|---|---|---|---|---|---|
| 1 | | 2005年 | 2006年 | 2007年 | | |
| 2 | 北京市场 | 860 | 360 | 660 | | |
| 3 | 上海市场 | 780 | 500 | 750 | | |
| 4 | 广州市场 | 560 | 200 | 630 | | |
| 5 | 深圳市场 | 210 | 900 | 190 | | |
| 6 | | | | | | |

图 5-40　图表数据

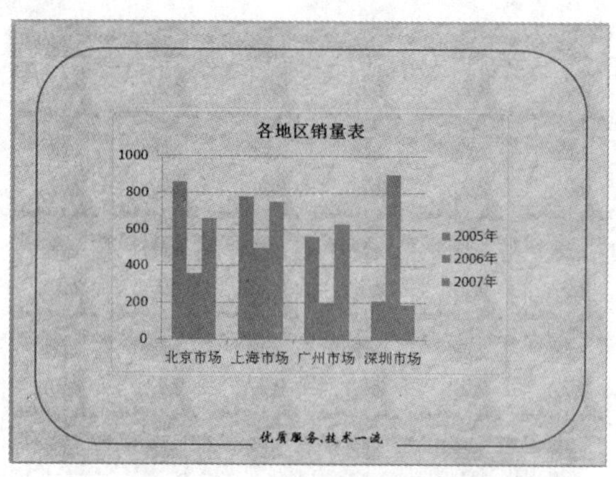


图 5-41　第四张幻灯片效果图

## 六、设置切换效果

设置所有幻灯片使用“立方体”的切换效果,持续时间 2 秒,同时播放风铃的声音。

单击“切换”选项卡,在“切换到此幻灯片”选项组中选择“华丽型”中的“立方体”切换效果,在“计时”选项组中选择“持续时间”为 2 秒,在“声音”下拉列表中点击“其他声音”,选择“风铃”,然后单击“全部应用”按钮。

## 七、设置动画效果

对第三、四张幻灯片上的所有对象“进入”动画均设置“自左向右擦除”的效果,从上一动画结束之后开始下一动画的显示。

选择第三张幻灯片中的所有对象,单击“动画”选项卡,在“动画”选项组中单击“其他”下拉按钮,选择“进入”下面的“擦除”效果,再单击“效果选项”下拉列表里的“自左侧”,然后在“计时”组中,选择“开始”下拉列表中的“上一动画之后”。

## 八、设置幻灯片放映方式

在“设置”组中单击“设置幻灯片放映”按钮,在打开的“设置放映方式”对话框中选中“循环放映,按 ESC 键终止”复选框。单击“幻灯片放映”选项卡,在“开始放映幻灯片”组中单击“从头开始”按钮。

至此,演示文稿全部制作完成,保存文件为“企业简介. pptx”。

# 习　题　五

1. 在 PowerPoint 的普通视图左侧的大纲窗格中,可以修改的是(　　)。
   A. 文本框中的文字　B. 图表　C. 自选图形　D. 占位符中的文字
2. 在 PowerPoint 中,下列有关选定幻灯片的说法中错误的是(　　)。
   A. 在“幻灯片浏览”视图中单击,即可选定
   B. 选定多张不连续的幻灯片,在“幻灯片浏览”视图中按住 Ctrl 键并单击各幻灯片即可

C. 在“幻灯片浏览”视图中，若要选定所有幻灯片，应使用“Ctrl＋A”键

D. 在“幻灯片放映”视图中，也可选定多张幻灯片

3. 在 PowerPoint 中，不能对个别幻灯片内容进行编辑修改的视图是(　)。

A. 普通　B. 幻灯片浏览　C. 大纲　D. 以上都不能

4. 在 PowerPoint 中，以稳定方式存储在磁盘上的文件称为(　　)。

A. 幻灯片　B. 演示文稿　C. 工作簿　D. 影视文档

5. 在幻灯片中，将涉及其组成对象的种类及对象间相互位置的方案称为(　　)。

A. 模板设计　B. 版式设计　C. 配色方案　D. 动画方案

6. 可以编辑幻灯片中文本、图像、声音等对象的视图方式是(　　)。

A. 普通　B. 幻灯片浏览　C. 大纲　D. 备注

7. 在 PowerPoint 2016 中，要对幻灯片母版进行设计和修改时，应在(　　)选项卡中操作。

A. 设计　B. 审阅　C. 插入　D. 视图

8. 在 PowerPoint 2016 中，要设置幻灯片中对象的动画效果以及动画的出现方式时，应在(　　)选项卡中操作。

A. 切换　B. 动画　C. 设计　D. 审阅

9. 在 PowerPoint 2016 中，要在幻灯片中插入表格、图片、艺术字、视频、音频等元素时，应在(　　)选项卡中操作。

A. 文件　B. 开始　C. 插入　D. 设计

10. 演示文稿中每张幻灯片都是基于某种(　　)创建的，预定义了新建幻灯片的各种占位符布局情况。

A. 视图　B. 版式　C. 母版　D. 模板

11. “动画”选项卡“高级动画”选项组中的“添加动画”命令，用于设置放映时(　　)。

A. 前后两张幻灯片的切换方式

B. 单击幻灯片内某对象便能转到另一张幻灯片

C. 单击幻灯片内一个按钮图形便能发出指定的声音

D. 一张幻灯片内若干对象出现的时间顺序

12. 关于插入在幻灯片里的图片、图形等对象，下列操作描述中正确的是(　　)。

A. 这些对象放置的位置不能重叠

B. 这些对象放置的位置可以重叠，叠放的次序可以改变

C. 这些对象无法一起被复制或移动

D. 这些对象各自独立，不能组合为一个对象

13. 要从第四张幻灯片跳转到第十张，可以使用(　　)。

A. 添加动画　B. 添加超链接

C. 添加幻灯片切换效果　D. 排练计时

14. 对于幻灯片中插入音频，下列叙述中错误的是(　　)。

A. 可以循环播放，直到停止

B. 可以播完返回开头

C. 可以插入录制的音频

D. 插入音频后显示的小图标不可以隐藏

15. 如果对一张幻灯片使用了系统提供的某种版式,对其中各个对象的占位符(　　)。

A. 只能用具体内容去替换,不可删除

B. 不能移动位置,也不能改变格式

C. 可以删除不用,也可以在幻灯片中再插入新的对象

D. 可以删除不用,但不能在幻灯片中再插入新的对象

16. 可为一个对象最多添加(　　)动画特效。

A. 1 个　　B. 2 个　　C. 3 个　　D. 多个

17. 在 PowerPoint 的(　　)下,可以用拖动的方法改变幻灯片的顺序。

A. 幻灯片设计图　　B. 备注页视图

C. 幻灯片浏览视图　　D. 幻灯片放映

18. 为所有幻灯片设置统一的、特有的外观风格,应使用(　　)。

A. 母版　　B. 放映方式　　C. 自动版式　　D. 幻灯片切换

19. 在 PowerPoint 的(　　)视图中只能浏览幻灯片不可以对幻灯片进行修改,仅可以使用绘图笔绘图,但不对原幻灯片产生影响。

A. 大纲视图　　B. 幻灯片浏览　　C. 幻灯片放映　　D. 备注页

20. 在 PowerPoint 中,"打包"的含义是(　　)。

A. 压缩演示文稿

B. 将嵌入的对象与演示文稿压缩在一起

C. 加密演示文稿

D. 将演示文稿播放器与演示文稿内容封在一起

# 第六章　Internet 基础与应用

## 【本章导读】

本章主要包括以下内容：

1. 接入 Internet。
2. 在 Internet 上搜索产品信息。
3. 给客户发合同文本。

## 项目一　接入 Internet

### 【项目描述】

本项目主要介绍计算机网络和 Internet 的基本知识，并通过案例示范介绍了如何接入 Internet。

### 【学习目标】

1. 安装信号分离器。
2. 连接 ADSL 调制解调器。
3. 连接个人计算机。
4. 创建宽带网络连接。
5. 登录 Internet。

### 任务一　计算机网络和 Internet 的基本知识

#### 一、计算机网络基础知识

**(一)计算机网络的功能与应用**

计算机网络的功能主要体现在资源共享、信息交换、分布式处理等几方面。计算机网络主要用于办公自动化系统(OA)、管理信息系统(MIS)、电子数据交换(EDI)、电子商务(EC)和分布式控制系统(DCS)等重要方面。

**(二)计算机网络的分类**

按照网络覆盖范围和计算机之间互连距离的不同，计算机网络可分为三类，分别是局域网、广域网和城域网。其中，局域网是指网络覆盖范围有限(一般为 10km 以内)的网络系统，通常用于一个企业、一所学校或一座大楼内。局域网组网方便，使用灵活，传输速率较高，是目前计算机网络发展中最活跃的分支。广域网一般是指将分布在不同地区、国家甚至全球范围内的各种局域网、终端等互连而成的大型计算机通信网络。其特点是采用的协议和网络结构多样复杂,传输速率较低。城域网是指介于局域网与广域网之间的一种大型网络。随着计算机网络技术的发展,目前的局域网、广域网和城域网的界限已经变得模糊了。

按照网络传输介质来分类,计算机网络可分为两类:有线网络和无线网络。其中,有线网络采用的传输介质有双绞线、同轴电缆及光纤;无线网络主要采用三种技术,即微波通信、红外线通信和激光通信。

**(三)计算机网络的组成**

从资源构成的角度来讲,与计算机系统相似,计算机网络系统也是由硬件系统和软件系统两部分组成的。其中,硬件系统主要包括主机、终端等用户端设备,以及调制解调器、交换机、路由器等通信控制处理设备和通信线路;而软件系统则由网络操作系统、网络协议、网络管理和应用软件以及大量的数据资源组成。在硬件系统中,调制解调器主要用于计算机网络与公共电话网之间的连接,交换机主要用于局域网内部的主机与设备之间的互连,路由器则主要用于不同网络之间的互连。

从逻辑功能来看,计算机网络划分为资源子网和通信子网,如图 6-1 所示。

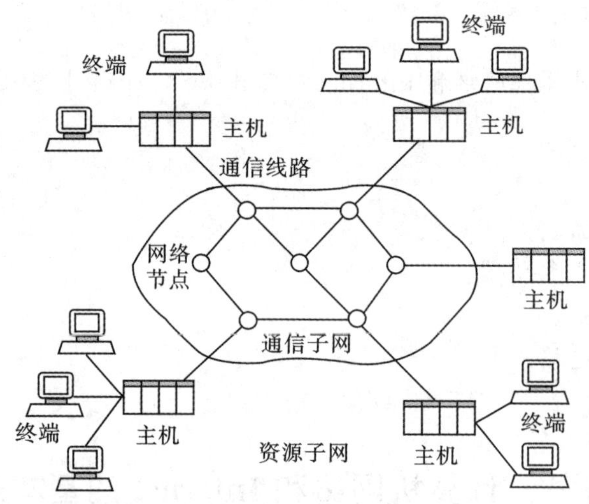


**图 6-1　计算机网络的组成**

其中,通信子网是计算机网络中负责数据通信的部分,主要完成数据的传输、交换以及通信控制,它由网络通信结点、通信链路组成;资源子网则由主机系统、终端和各种软件数据资源组成,负责网络的数据处理业务,并向网络客户提供各种网络资源和网络服务。

**(四)计算机网络的拓扑结构**

按照拓扑学的观点,将主机、交换机等网络设备单元抽象为点,网络中的传输介质抽象为线,那么计算机网络系统就变成了由点和线组成的几何图形,它表示通信介质与各结点的物理连接结构,这种结构称为计算机网络的拓扑结构。

按照网络中各结点位置和布局的不同,计算机网络可分为总线型拓扑、星型拓扑、环型拓扑、树型拓扑和网状拓扑等网络结构类型。在现今网络中,Internet 和广域网都采用网状拓扑结构,而大多数局域网采用树型拓扑结构,也就是多个层次的星型网络纵向连接而成,如图 6-2 所示。

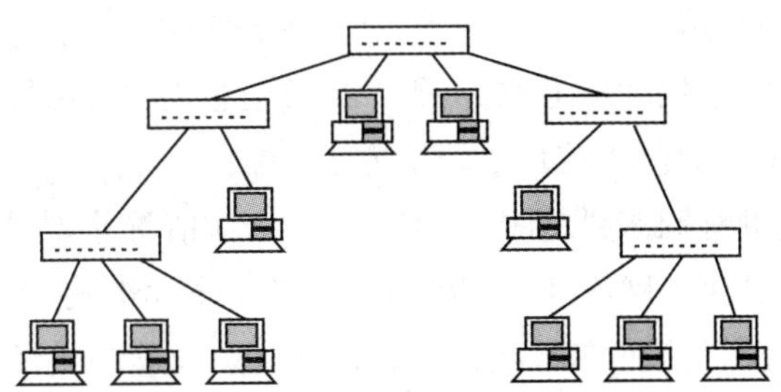

**图 6-2 计算机网络树型拓扑结构**

**(五)计算机网络的性能指标**

计算机网络最主要的性能指标是数据传输速率,它是指通信线路每秒传送的二进制位数,又称比特率,单位为 bit/s(b/s)。但是,现今社会中更多地使用带宽这个词来描述网络的传输容量。带宽本来是指信号具有的频带宽度,即信号占据的频率范围,单位是赫兹(Hz)。根据香农定理,在数字信道传输中,带宽与数据传输速率成正比。因此,带宽就成为数字信道所能传送的最高数据率。例如,一个网络的带宽是 10M,就是指该网络的最大数据传输速率是 10Mb/s。

## 二、局域网基础知识

**(一)局域网的特点**

局域网的特点是网络覆盖范围有限,传输速率高、可靠性高,易于组建、扩展与维护,网络拓扑结构简单。局域网的结构主要有星型、树型和环型结构。

**(二)IEEE 802 系列标准**

国际上从事局域网标准化的机构主要有 ISO、IEEE、EIA 等,其中应用最广泛的是 IEEE 802 标准系列。IEEE 在 1980 年 2 月成立了局域网标准化委员会,简称 IEEE 802 委员会,其制定的一系列标准称为 IEEE 802 标准。该标准中,仍广泛应用的有 IEEE 802.3(CSMA/CD 技术规范)和 IEEE 802.11(无线局域网技术规范)。

**(三)以太网**

以太网是一种使用最广泛的局域网技术,源于美国施乐、DEC 与 Intel 三家公司合作研究的 10Mb/s 局域网实验系统,并于 1980 年 9 月第一次公布了其网络技术规范,随后成为 IEEE 802.3 标准的基础。因此,以太网成为 IEEE 802.3 局域网的代名词。以太网的基本特征是采用 CSMA/CD(带冲突检测的载波侦听多路访问)的介质访问控制方法。在近 30 年的发展中,计算机网络先后经历了以太网(十兆级,10Mb/s)、快速以太网(百兆级,100Mb/s)、交换式以太网(交换机替代集线器)及高速以太网(千兆级,1000Mb/s;万兆级,10GMb/s),现在以太网的带宽已经可达 100Gb/s。其采用的网络传输介质主要有双绞线和光纤。

## 三、有线网络传输介质

**(一)双绞线**

双绞线是目前使用最广泛、价格最低廉的一种有线传输介质,它由四对相互缠绕的包着绝缘材料的细铜线组成,是一种八芯线,每对互相缠绕的芯线由一条染有某种颜色的芯线加上一条相应颜色和白色相间的芯线组成。四条全色芯线的颜色为橙色、绿色、蓝色、棕色,对应的四条花色芯线的颜色为橙白、绿白、蓝白、棕白。

双绞线是使用压线钳将双绞线两端与 RJ-45 接头(俗称水晶头)压接到一起形成的线缆。线缆的制作采用 ANSI/EIA/TIA-568 国际标准,该标准有 A、B 两种线序,一般采用 568B 标准,标准 568B 表示为:橙白-1,橙-2,绿白-3,蓝-4,蓝白-5,绿-6,棕白-7,棕-8。使用最广泛的直通双绞线就是线缆两端采用相同的线序,即都采用 568B 标准制作而成,其最大传输距离为 100m。

到目前为止,EIA/TIA 已颁布了七类(Cat)线缆标准,其中,常用的标准有如下几种:

(1)Cat5:适用于 100Mb/s 的数据传输。

(2)Cat5e:既适用于 100Mb/s 的数据传输,又适用于 1000Mb/s 的数据传输。

(3)Cat6:适用于 1000Mb/s 的数据传输。

(4)Cat7a(扩展六类):既适用于 1000Mb/s 的数据传输,又适用于 10GMb/s 数据传输。

### (二)光纤

光纤,其全称为光导纤维。光纤通信是以光波为载频,以光导纤维为传输介质的一种通信方式。光纤是数据传输中最有效的一种传输介质,它有频带较宽、电磁绝缘性能好、传输距离长等优点。光纤主要分为两大类,即单模光纤和多模光纤。其中,单模光纤传输频带宽,传输容量大,传输距离较远,可达几千米甚至几十千米。多模光纤的传输性能相对较差,传输距离一般为 300～2000m。

## 四、网络协议

网络中的计算机之间进行通信时,必须使用一种双方都能理解的语言,这种语言就是网络协议。网络协议是网络中的计算机和设备之间通信时必须遵循的事先制定好的规则标准。正是因为有了网络协议,网络上的各种大小不同、结构不同、操作系统不同的计算机与设备才能相互通信,实现资源共享。

在现有网络协议中,TCP/IP 是应用最广泛的协议,几乎所有的厂商和操作系统都支持它。TCP/IP 也是 Internet 的基础协议,通过它,各种结构完全不同、类型不同以及操作系统不同的计算机网络可以方便地构成单一协议的互联网系统。TCP/IP 是一个协议集体,其中最主要的两个协议是 TCP(传输控制协议)和 IP(网际协议)。

## 五、IP 地址

### (一)IP 地址的作用

TCP/IP 要求连入网络的计算机都必须有一个唯一的逻辑地址才能相互通信,这个逻辑地址就是 IP 地址。另外,一台计算机可以有多个 IP 地址,但是不能与其他计算机的 IP 地址重复,否则将发生地址冲突,不能进行网络通信。

### (二)IP地址的组成

IP地址从功能上讲由两部分组成,即网络号(网络ID)和主机号(主机ID),如图6-3所示。其中,网络ID用来标识互联网中的一个特定网络,而主机ID用来标识该网络中某个主机的一个特定连接。同一物理网络中的主机一般都使用同一网络ID。一个网络ID代表一个网段,一个网段内所有主机ID必须是唯一的,不得重复。因此,IP地址包含了主机本身和主机所在网络的地址信息。

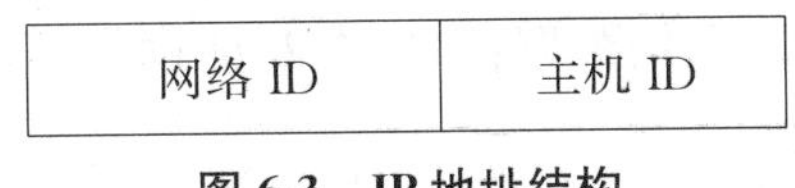

| 网络ID | 主机ID |
| --- | --- |

**图6-3 IP地址结构**

### (三)IP地址的表示方法

在IPv4(互联网通信协议第4版)中,IP地址是一个32位的二进制数,为了表示方便,它采用点分十进制表示法,即将32位的二进制数按字节分成4段,每个字节用十进制表示,中间用“.”隔开,每部分的取值范围是0~255,如192.168.1.1。

提示:IPv4使用32位地址,地址空间中有$2^{32}$个地址。在IPv6中使用了128位地址,因此新增的地址空间支持$2^{128}$个地址。

### (四)子网掩码

子网掩码是TCP/IP用来区分IP地址的4个部分是如何划分网络ID和主机ID的。在简单的IP地址分配中,子网掩码主要由两个数(0和255)构成,也分为四部分,如255.255.0.0,其中,255对应的部分为网络号,0对应的部分为主机号。假设一个IP地址为172.16.1.2,子网掩码为255.255.255.0,表示IP地址的前三部分为网络号,最后一部分为主机号,则该主机的网络ID为172.16.1.0,其主机ID为2。

网络ID相同的主机,即在同一个网段内的主机可以直接通信,不同网段中的计算机通信时,则需要通过网关或者路由器。

### (五)私有地址

Internet管理委员会在IP地址中规划出一组地址,专为组织机构内部使用,这组地址称为私有地址。私有地址共有三块IP地址空间,分别是10.0.0.0~10.255.255.255,172.16.0.0~172.31.255.255和192.168.0.0~192.168.255.255。

### (六)IP地址的分配

IP地址的分配有静态IP地址分配和动态IP地址分配两种方式。

静态IP地址分配是由网络管理员或用户手动设置IP地址。在使用静态地址分配时,网络管理员需要首先设计一张IP地址资源使用表,将所有主机和特定IP地址一一对应,然后手动设置。这种方法适用于小型网络系统。

静态IP地址设置方法:为了识别网络中的计算机,使网络通信顺利进行,必须使每台计算机有一个独一无二的识别标记,这个标记就是IP地址。同时,网络中的信息要确保顺利地传输且不产生冲突,还需要一定的规则,这就是TCP/IP协议。TCP/IP协议规定了网络传输的规则,是计算机与计算机之间以及网络与网络之间沟通、交流的桥梁,是目前网络通信的主要协议。Internet是一个基于TCP/IP协议的网络,接入Internet后,要顺利访问网络资源,必须正确配置 TCP/IP 协议参数。

使用任务栏中的搜索功能,搜索“网络连接”,在搜索结果中单击“查看网络连接”,打开“网络连接”窗口。如果有多个网络连接,可以根据图标、网卡型号选择需要设置的网络连接,在要设置的网络连接图标上右击,在右键菜单上选择“属性”,在打开的网络连接属性对话框中双击“Internet 协议版本 4”,将打开“Internet 协议版本 4 (TCP/IPv4) 属性”对话框,如图 6-4 所示。默认情况下 IP 地址和 DNS 服务器都被设置为自动获取,如果不能正常上网,需要联系网络管理员获取网络配置信息,在对话框中填写正确的 IP 地址、子网掩码、默认网关、DNS 服务器等信息。

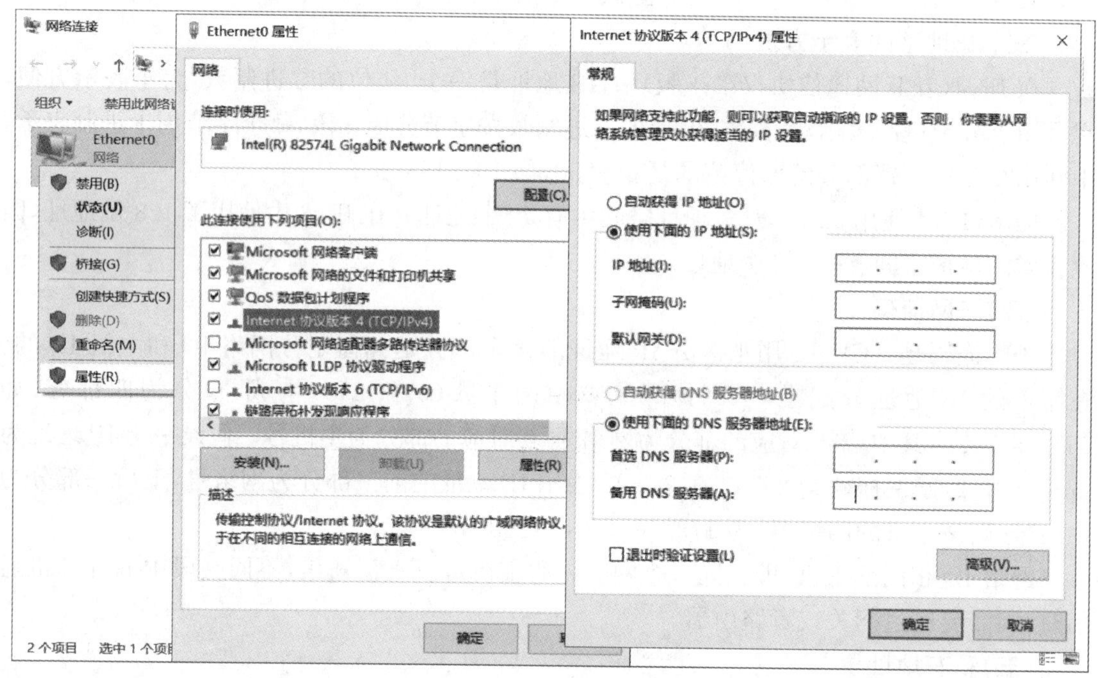


**图 6-4　设置 IP 地址**

动态 IP 地址分配是在网络中必须提供动态主机配置协议 (DHCP)服务,即事先配置一台 DHCP 服务器并时刻运行,自动获取 IP 地址的主机在启动时,就能从 DHCP 服务器获得一个临时的 IP 地址。

## 六、网关

网关又称为 IP 路由器,它可以将数据发送到不同网络地址的目的主机。在局域网中,有内部网关和外部网关。内部网关用来实现内部不同子网之间的数据通信。外部网关是局域网负责连接外部互联网的路由器或代理服务器,是局域网内部与外部互联网之间的一道通信闸门,所有内网与外网的数据通信都经过它转发,是内网主机通向外网的网络接口。网关地址就是网关在其局域网的 IP 地址。在配置某台主机的 TCP/IP 参数时,若没有指定默认网关,则表示该主机只能在内网通信。

## 七、域名系统

互联网上的主机资源非常丰富,每台主机都有一个唯一的IP地址。网络用户在访问主机时,需要提供主机的IP地址,但要记住大量的IP地址非常困难。因此,为了方便人们记忆使用IP地址,互联网采用一种分层次结构的名字来表示主机,这个名字称为域名。例如,搜狐网站主机的域名为www.sohu.com。主机域名在互联网中是需要向指定管理部门申请注册才能得到的。但是,在网络的数据传输过程中,还是需要知道主机的IP地址,为此互联网提供了DNS服务器。DNS服务器中记录了互联网上的主机域名与其IP地址的对应关系,当用户需要时,它负责实现域名与IP地址之间的相互转换,并提供给网络用户。这样网络用户在访问互联网主机时,就可以使用域名进行访问了。

## 八、Internet简介

### (一)Internet的产生与发展

20世纪60年代,美国国防部高级研究计划局(Advance Research Projects Agency,ARPA)计划投资建立阿帕网(ARPANET)。直到1969年12月,ARPANET正式投入运行,在美国4所大学之间建成了一个实验性的计算机网络。1983年,ARPANET已连接了300多台计算机,供美国各研究机构和政府部门使用,可以进行数据通信和资源共享。由于这个网络是由许多不同网络互联而成的,所以被称为Internet,ARPANET就是Internet的前身。

1986年,美国国家基金会(National Science Foundation,NSF)建立了自己的计算机通信网络NSFnet,它允许美国各地的科研人员访问分布在美国不同地区的超级计算机中心,并将按地区划分的计算机广域网与超级计算机中心相连(实际上它是一个三级计算机网络,分为主干网、地区网和校园网,覆盖了全美国主要的大学和研究所)。1989年至1990年,NSFnet逐渐取代了ARPANET在网络中的地位,并且成为Internet的主要部分。同时鉴于ARPANET的实验任务已经完成,在历史上起过重要作用的ARPANET正式宣布关闭。

随着NSFnet的建设和开发,网络结点数和用户数量迅速增加。以美国为中心的Internet网络互联也迅速向全球发展,世界上的许多国家纷纷接入Internet,使网络的通信量急剧增大。Internet的迅猛发展始于20世纪90年代。由欧洲原子核研究组织(CERN)开发的万维网(WWW)被广泛应用在Internet上,大大方便了广大非网络专业人员对网络的使用,成为Internet发展指数级增长的主要驱动力,WWW的站点数目与上网用户数都急剧增长。

近10年来,随着计算机网络技术和通信技术的巨大发展,人类社会从工业社会向信息社会过渡的趋势越来越明显,人们对开发和使用信息的重视程度逐渐增强,从而Internet得到迅猛发展,使连入这个网络的主机和用户数目急剧增加。如今Internet已不仅仅是计算机人员和军事部门进行科研的领域,而且是一个开发和使用信息资源的覆盖全球的信息海洋。

### (二)中国的Internet发展

Internet在中国的发展起步于1986年,北京市计算机应用技术研究所实施的国际联网项目——中国学术网(Chinese Academic Network,CANET)开始启动。1987 年 9 月,CANET 正式建成中国第一个国际 Internet 电子邮件结点,并于 1987 年 9 月 14 日发出中国第一封电子邮件——“Across the Great Wall we can reach every corner in the world.”(经过长城,走向世界),揭开了中国人使用 Internet 的序幕。1988 年初,中国第一个 X.25 分组交换网 CNPAC 建成,实现了计算机国际远程联网以及与欧洲和北美地区的电子邮件通信。1989 年 10 月,中国国家计算机与网络设施(NCFC)工程正式立项启动,到 1992 年底,NCFC 工程的院校网,即中国科学院院网(CASNET)、清华大学校园网(TUNET)和北京大学校园网(PUNET)全部完成建设。1994 年 4 月 20 日,NCFC 工程通过美国 Sprint 公司连入 Internet 的 64K 国际专线开通,实现了与 Internet 的全功能连接,开启了中国 Internet 发展的新篇章。

此后,我国又建成中国教育和科研网(CERNET)、中国公用计算机互联网(CHINANET)、中国金桥信息网(CHINAGBN),为公众提供 Internet 服务。

随着中国 Internet 发展进入商业应用阶段,各地 ISP 亦如雨后春笋般蓬勃兴起。目前,国内主要有 3 大基础运营商:中国电信、中国移动和中国联通。各地的有线电视运营商也提供 Internet 接入服务。

## 九、Internet 接入方式

目前,ISP 提供的可供选择的接入方式主要有 ISDN、DDN、ADSL、Cable-Modem、FTTx 和无线上网等。

### (一)综合业务数字网(ISDN)接入技术

俗称一线通,其特点是采用数字传输和数字交换技术,使用户利用一条用户线路即可在上网的同时拨打电话、收发传真,就像两条电话线一样,其极限带宽为 128Kb/s。

### (二)DDN(数字数据网)专线

是面向集团企业的高速度、高质量的通信环境,可以向用户提供点对点、多对多点透明传输的数据专线出租电路,为用户传输数据、图像、声音等信息。DDN 的通信速率可根据用户 N×64Kb/s(N=1,…,32)之间进行选择,速度越快租用费用也越高。

### (三)非对称数字用户环路(ADSL)

是一种能够通过普通电话线提供宽带数据业务的技术。

### (四)Cable-Modem(线缆调制解调器)

利用有线电视网络接入 Internet。

### (五)FTTx(光纤接入)

是 ISP 接入服务发展的趋势,其中包括 FTTC(光纤到小区)、FTTB(光纤到大楼)、FTTH(光纤到家)、FTTD(光纤到桌)。尤其是国家正在推行的三网融合(电信网、计算机网和有线电视网),将完全在光纤接入的基础上完成。

### (六)无线上网

是利用 ISP 提供的 GPRS(115Kb/s)或 CDMA(230Kb/s)上网,还有最新推出的 4G、

5G 网络,也就是移动的 TD-LTE 和联通的 FDD-LTE,其中联通的 FDD-LTE 理论上速率可达 72～144Mb/s,实际下载速率为 7～12Mb/s。

## 十、ADSL 技术

ADSL 是一种传统的数据传输方式。它采用频分复用技术把普通的电话线分成了电话、上行和下行 3 个相对独立的信道,从而避免了相互之间的干扰。即使边打电话边上网,也不会发生上网速率和通话质量下降的情况。通常 ADSL 在不影响正常电话通信的情况下可以提供最高 3.5Mb/s 的上行速率和最高 24Mb/s 的下行速率。由于受到传输高频信号的限制,ADSL 需要电信服务提供商端接入设备和用户终端之间的距离不能超过 5km,也就是用户的电话线连到电话局的距离不能超过 5km。

ADSL 是一种非对称的 DSL 技术,所谓非对称是指用户线的上行速率与下行速率不同,上行速率低,下行速率高,特别适合传输多媒体信息业务,如视频点播(VOD)、多媒体信息检索和其他交互式业务。

ADSL 通常提供三种网络登录方式:桥接、基于 ATM 的端对端协议(PPP over ATM,PPPoA)、基于以太网的端对端协议(PPP over Ethernet,PPPoE)。桥接直接为用户提供静态 IP 地址接入,而后两种通常是动态地给用户分配网络 IP 地址。

## 十一、ADSL 调制解调器的工作状态

ADSL 调制解调器工作的指示灯共有五个(以华为某款 Modem 为例),如图 6-5 所示。

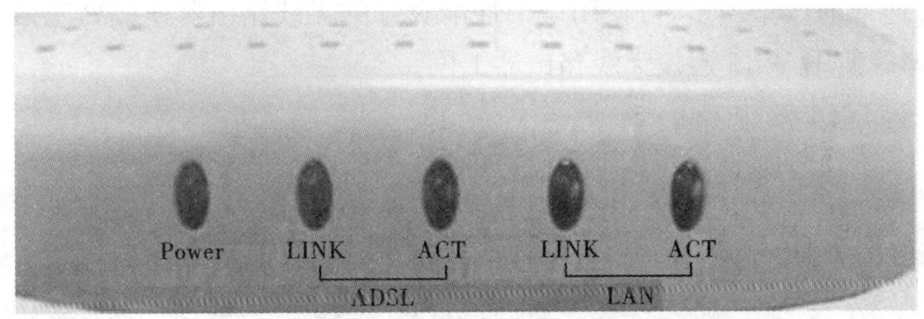


**图 6-5 调制解调器指示灯**

其中,Power 表示电源;ADSL 一对指示灯指示 ADSL 线路的通信状态,LINK 表示连接,ACT 表示访问;LAN 一对指示灯指示局域网连接状态,LINK 表示连接,ACT 表示访问。

ADSL 调制解调器在正常工作时,Power、ADSL-LINK 和 LAN-LINK 3 个指示灯常亮。当有数据通信时,ADSL-ACT 和 LAN-ACT 会不断闪烁。

若上网过程中,ADSL-LINK 指示灯灭了表示 ADSL 掉线了,需要重新拨号,LAN-LINK 指示灯灭了表示局域网内连接出现问题。

# 任务二 项目实施

小李参加工作以后,发现他负责的很多工作都需要使用 Internet,因此,他决定办理

Internet 接入业务,这样在家中既能工作又可娱乐。于是,他咨询了当地的 Internet 服务提供商,即提供综合 Internet 接入业务、信息业务和增值业务的电信运营商,了解到目前家庭接入 Internet 的方式是基于无源光网络技术的光纤入户方式。随后他办理了相关接入业务。

小李向 ISP 申请宽带接入后,ISP 技术人员为小李提供了一个集宽带、WiFi、ITV 功能于一体的网络设备,俗称光猫,网络连接拓扑结构如图 6-6 所示。

**图 6-6　网络连接拓扑结构图**

## 一、线路连接

给光猫接通电源,入户光纤端子插入光猫底部的光纤接口,使用双绞线连接光猫背面的千兆口和电脑,ITV 接口可连接机顶盒再连接到电视机,如图 6-7 和图 6-8 所示。如果需要使用 WiFi 连接的设备较多,可使用一个性能较好的无线路由器连接到光猫的千兆口,手机、平板、电脑等使用 WiFi 连接无线路由器上网。

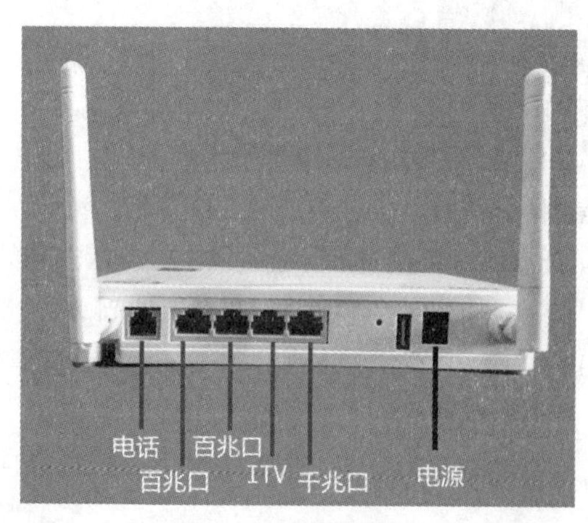


**图 6-7　光猫背面接口**

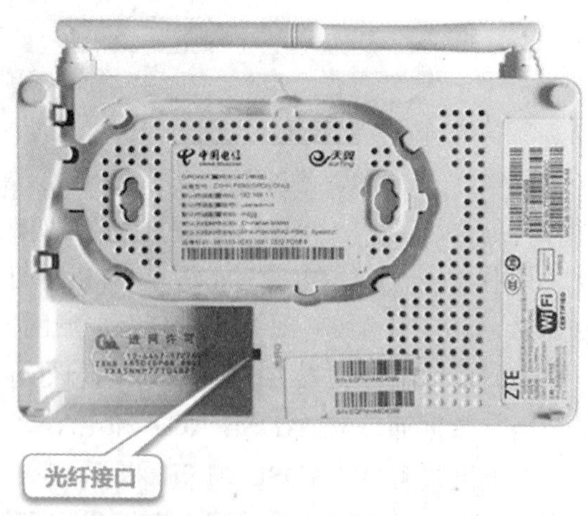


**图 6-8　光猫底部光纤接口**

## 二、有线连接

使用双绞线将光猫上的百兆口或千兆口连接到计算机、智能电视等支持有线上网的设备，然后在计算机等设备上将 IP 地址设置为自动获取即可。

三、WiFi 连接

光猫的 WiFi 名称和密码印在底部的贴纸上，使用手机、平板、笔记本电脑、智能电视等支持 WiFi 的设备选择对应的 WiFi 并填写正确的密码即可上网。

# 项目二　在 Internet 上搜索产品信息

## 【项目描述】

Internet 是一个集各种信息资源为一体的超级信息资源网。凡是加入 Internet 的用户，都可以通过各种工具访问资源，获取所需的信息资料。本项目主要介绍如何在 Internet 上搜索产品信息，并保存信息。

## 【学习目标】

1. 会使用浏览器访问 Internet。
2. 会使用搜索引擎搜索资料。
3. 会保存搜索到的信息。

## 任务一　Internet 的构成及浏览器的使用方法

### 一、Internet 提供的服务

Internet 提供了丰富的信息资源和应用服务，它不仅可以传送文字、声音、图像等信息，而且人们还可以通过 Internet 实现点播、即时对话、在线交谈等，Internet 提供的服务主要有以下几项：

**（一）WWW 服务**

WWW（World Wide Web）的含义是环球信息网，俗称万维网或 3W 或 Web，这是一个基于超文本（hypertext）方式的信息查询工具。它是由位于瑞士日内瓦的欧洲粒子物理实验室最先研制的，并在 Internet 中得以迅速推广应用。WWW 服务把位于全世界不同地方的 Internet 上的数据信息有机地组织起来，形成一个巨大的公共信息资源网供人们浏览和使用。

**（二）电子邮件服务**

电子邮件（E-mail）是指 Internet 上或常规计算机网络上的各用户之间，通过电子信件的形式通信的一种现代通信方式。由于 E-mail 采用了先进的网络通信技术，又能传送多种形式的信息，与传统的邮政通信相比，具有传输速度快、费用低、效率高、全天候全自动服务等优点，同时其信息的传送不受时间、地点的限制，发送者和接收者可以随时进行信件交换，因此，E-mail 迅速得以普及。

### (三)FTP服务

文件传输协议(File Transfer Protocol,FTP)是Internet文件传送的基础。通过该协议,用户可以从一个Internet主机向另一个Internet主机复制文件。在FTP的使用过程中,用户经常遇到两个概念——下载(Download)和上传(Upload)。下载文件就是从远程主机复制文件到自己的计算机上,上传文件就是将文件从自己的计算机复制至远程主机上。

### (四)远程登录服务

远程登录服务(Telnet)是Internet的远程登录协议的意思,是Internet为用户提供的原始服务之一。Telnet允许用户通过本地计算机登录到远程计算机,不论远程计算机是近在咫尺,还是远在千里之外,只要用户拥有远程计算机的合法账号与口令,成功登录远程计算机后,用户的计算机就仿佛是远程计算机的一个终端,可以直接操纵远程计算机的各种资源,包括程序、数据库和其上的各种设备,享受远程计算机本地终端同样的权力。

### (五)电子公告板系统

电子公告板系统(Bulletin Board System,BBS),在国内一般被称为网络论坛。在计算机网络中,BBS是一个能让用户参与讨论、交流信息、张贴文章、发布消息、交换软件的网络信息系统。

## 二、WWW服务简介

### (一)工作模式

WWW服务采用客户端/服务器工作模式,它以超文本标记语言(HTML)与超文本传输协议(HTTP)为基础,为用户提供界面一致的信息浏览系统。

在WWW服务系统中,信息资源以页面(也称网页或Web页)的形式存储在WWW服务器(通常称为Web站点)中,这些页面采用超文本方式组织信息,并能通过超链接将这些网页链接成一个有机的整体供用户访问浏览,页面到页面的链接信息由统一资源定位符(URL)维持,WWW服务器不但要保存大量的Web页面,还要随时接收和处理客户端的访问请求。

WWW的客户程序称为WWW浏览器,它是通过HTTP协议来浏览WWW服务器中Web页面的软件。在WWW服务系统中,WWW浏览器负责接收用户的访问请求(用户输入的网址),并将用户的URL请求传送给WWW服务器,服务器根据客户端发来的URL找到某个页面,并将它返回客户端,然后客户端的浏览器把它显示给用户,如图6-9所示。

### (二)页面地址

Internet中有众多的WWW服务器,而且每台WWW服务器中都保存着大量的Web页面,那么用户如何指明要访问的页面呢?这就需要使用URL了。利用URL,用户可以指定要访问什么协议类型的服务器,Internet上的哪台服务器,以及服务器中的哪个文件。URL一般由3部分组成:协议类型、主机域名、路径及文件名。例如,搜狐新闻的一个网页的URL如下:

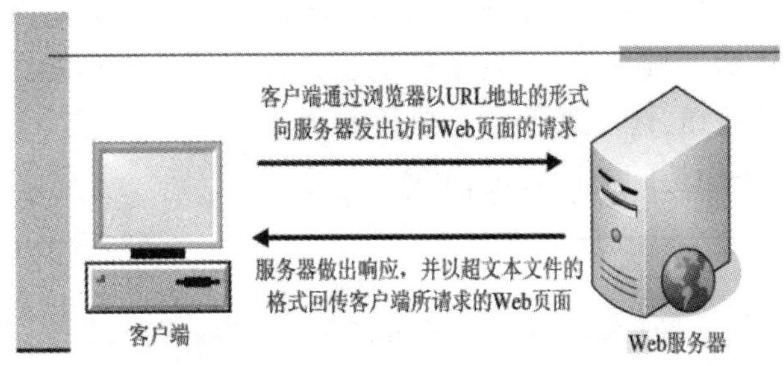


**图 6-9　WWW 系统的工作模式**

http://news.sohu.com/20110323/n279965093.shtml

协议类型| 主机域名|　　　路径及文件名

## 三、浏览器软件

浏览器软件是用来上网浏览网页的软件，常见的浏览器有微软的 Internet Explorer、Edge，Google 的 Chrome，苹果的 Safari，Mozilla 的 Firefox，还有国内的 QQ 浏览器、360 浏览器等。目前，市场占有率最高的是 Google 的 Chrome，微软最新的 Edge 浏览器也是基于 Google 的 Chrome 浏览器核心开发的。曾经市场占有率最高的微软的 IE 浏览器已被逐步淘汰，日常生活和工作中一般不再使用 IE 浏览器，但仍有一些特定的网页需要使用 IE 浏览器才能正常访问。

## 四、IE 浏览器的使用

### （一）认识 IE 浏览器

IE 浏览器全称为 Internet Explorer，是微软开发的浏览器软件。在 Windows 10 系统中 IE 浏览器默认没有在桌面上放置快捷方式图标，可以使用任务栏中的搜索功能搜索“ie”然后选择“Internet Explorer”来打开 IE 浏览器。

IE 浏览器的窗口组成如图 6-10 所示，主要包括标题栏、地址栏、搜索栏、标签栏和浏览区等。各部分主要功能如下：

（1）标题栏：与其他软件的标题栏一样，可以用来拖动窗口位置，通过右侧按钮还可以最小化、最大化和关闭浏览器窗口。

（2）地址栏：输入网址并回车即可访问对应的网页，同时也用来显示当前访问的网页的网址。

（3）搜索栏：输入关键词并回车即可通过默认搜索引擎来搜索互联网上的信息。

（4）标签栏：IE 11 支持同时打开多个网页，每个网页在标签栏中显示为一个标签，标签上显示的是网页的标题，最右侧的小按钮可以新建标签页。

（5）“后退”按钮：打开当前标签页中访问过的上一个网页。

（6）“前进”按钮：打开当前标签页中访问过的下一个网页。

（7）“刷新”按钮：重新加载标签页中的网页。

(8)“收藏夹”按钮:打开收藏夹,然后可以从收藏夹中打开收藏的网页。

(9)“工具”按钮:显示工具菜单,工具菜单中包含常用的各种功能。

(10)“新建标签页”按钮:建立新的浏览器标签页。

(11)浏览区:显示正在访问的网页的内容。

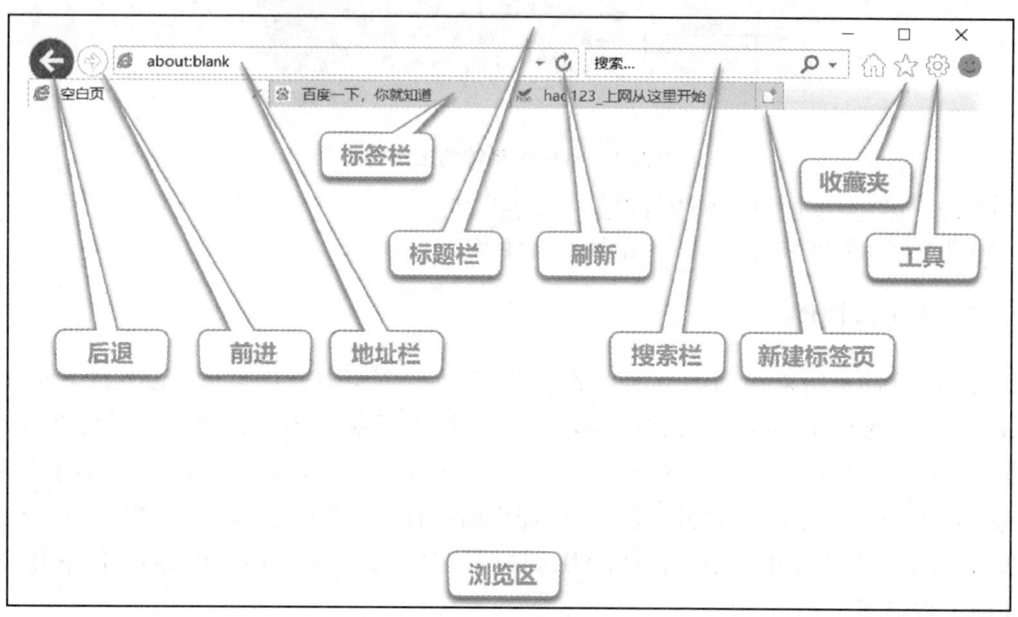


**图 6-10 IE 浏览器窗口**

**(二)收藏夹的使用**

IE 浏览器中的“收藏夹”功能是专门用于保存用户访问过的网页地址的。用户可以将经常使用的网页地址保存在“收藏夹”中,以后再次访问该网页时,可以不用键入而直接在“收藏夹”中选取该网页的地址,达到直接访问的目的。

收藏网页的具体操作为:打开要收藏的网页,在浏览器中执行“收藏夹”→“添加到收藏夹”命令,打开“添加收藏”对话框,如图 6-11 所示。单击“添加”按钮后,该网页的地址就保存到“收藏夹”中了。以后访问该网页时,打开“收藏夹”菜单,单击该网页地址即可访问该网页。

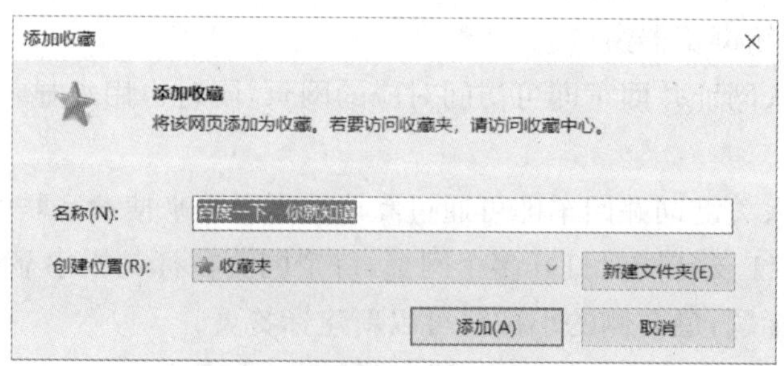


**图 6-11 “添加收藏”对话框**

当收藏夹中含有较多的 Web 页时,收藏夹的列表会很长,不便于用户查找。此时,可以建立子文件夹来分类保存收藏的 Web 页地址。用户可以根据个人爱好来组织收藏的 Web 页，通常按主题将 Web 页分类收集到子文件夹中。例如，创建“新闻”文件夹来保存所有与新闻时事有关的网页地址，创建“音乐”文件夹来保存常访问的音乐网站等。设置网址分类的方法有如下两种：

(1)在收藏网址时，可以在“添加收藏夹”对话框中单击“新建文件夹”按钮，建立子文件夹，并将网址保存在其中。

(2)为了方便用户管理收藏夹中的 Web 页地址，IE 浏览器提供了一个“整理收藏夹”命令。依次执行“收藏夹”→“整理收藏夹”命令，打开“整理收藏夹”对话框，如图 6-12 所示，在该对话框中，利用“新建文件夹”和“移动”两个按钮可完成分类收集操作，也可使用“删除”按钮将保存的不再需要的网址删除。

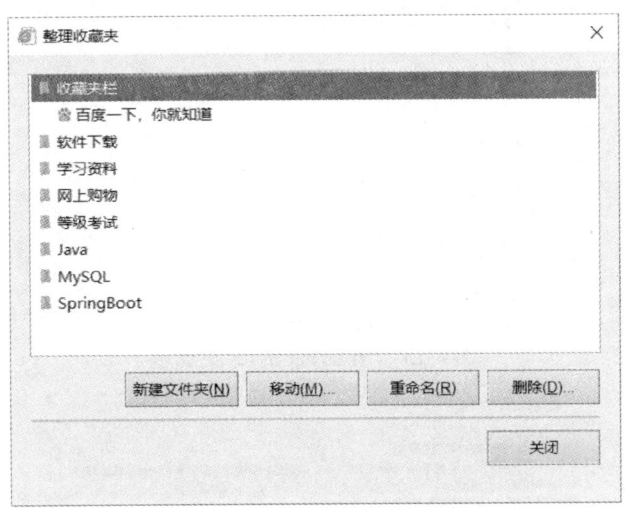


**图 6-12　“整理收藏夹”对话框**

### (三)设置访问主页

IE 浏览器启动后，在默认情况下会自动打开一个网页，该网页称为 IE 主页。若想自己最常访问的网页在 IE 浏览器启动后自动打开，则可以调整 IE 浏览器的主页设置。很多 Internet 用户都喜欢将网址导航类网站的主页设置为自己的 IE 浏览器的主页。

设置 IE 访问主页的方法为：打开某网址导航类网站，依次执行“工具”→“Internet 选项”命令，打开“Internet 选项”对话框，如图 6-13 所示。在“常规”选项卡中的“主页”选项组中单击“使用当前页”按钮，则该网址导航网站的主页地址出现在“地址”列表框中(如图 6-13 所示是将 http://www.hao123.com 设置为默认主页)，单击“应用”或“确定”按钮即可完成 IE 主页的调整。这样，以后启动 IE 浏览器时就会自动打开该网址导航网站的主页。

### (四)删除浏览的历史记录

若需要对使用 IE 访问 Internet 的浏览记录进行隐私保护，可以采取删除所有的历史访问记录的方法。具体操作方法为：按 Alt 键调出 IE 菜单，依次执行“工具”→“删除浏览历史记录”命令或单击工具栏上的“安全”下拉按钮，在其下拉菜单中选择“删除浏览历史记录”

命令，打开“删除浏览历史记录”对话框，如图 6-14 所示，选中需要删除的选项后，单击“删除”按钮完成操作。

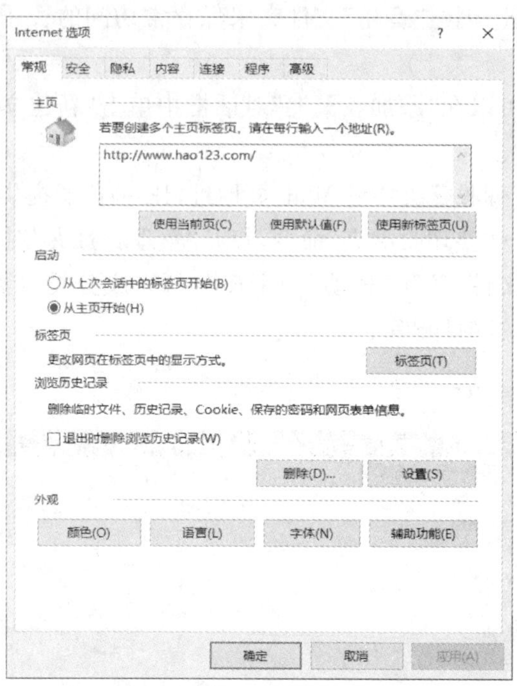


图 6-13　“Internet 选项”对话框

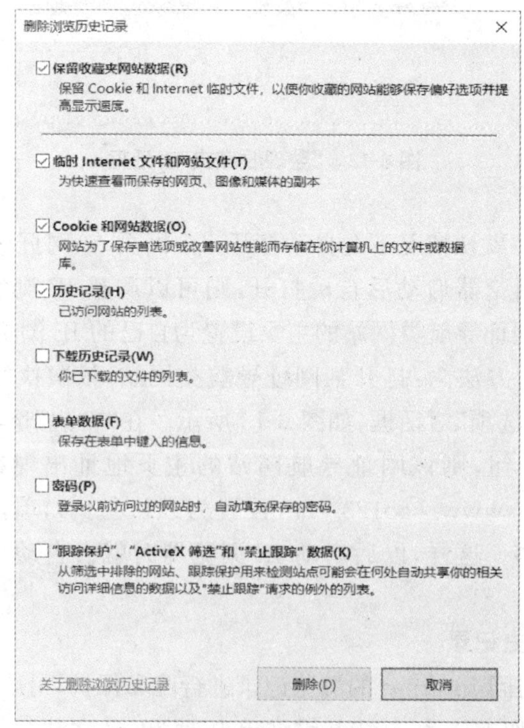


图 6-14　“删除浏览历史记录”对话框

# 任务二　项目实施

因为工作需要，公司准备购置一批笔记本电脑，小张在 Internet 上搜索价格在 6000 元左右的笔记本电脑的品牌与型号，对它们的性价比进行了分析，提出了购置意见，为公司的采购提供依据。

要完成本工作任务，小张需要了解 Internet 的构成，掌握使用浏览器的方法，记住常用网站的网址，学会搜索引擎的使用方法等。

## 一、认识 Edge 浏览器

Windows 10 系统自带微软最新的 Edge 浏览器，取代了老旧的 IE 浏览器，本任务以 Edge 浏览器为例，介绍 Internet 的浏览与访问的方法。

默认情况下，Edge 浏览器的快捷方式放置在桌面、任务栏和开始菜单中，选择任一种方式启动均可。

Edge 浏览器窗口组成如图 6-15 所示，主要包括标题栏、工具栏、收藏夹栏、浏览区等。各部分主要功能如下：

(1)标题栏：Edge 支持多标签浏览，打开的每一个网页会在标题栏上显示为一个标签页，标签页中显示网页的标题。单击右侧的“＋”号可以新建标签页。

(2)工具栏：工具栏左侧是“后退”“前进”“刷新”按钮，单击“后退”按钮可以返回当前标签页中打开过的上一个网页，单击“前进”按钮可以转到当前标签页中打开过的下一个网页，点击“刷新”按钮可以刷新当前标签页中的网页。工具栏中间是地址栏，在地址栏中输入网址并按回车键可以打开对应的网页，在地址栏中输入关键词并按回车键可以使用默认的搜索引擎搜索网页，单击地址栏右侧的“收藏”按钮可以收藏当前网页。工具栏右侧还有

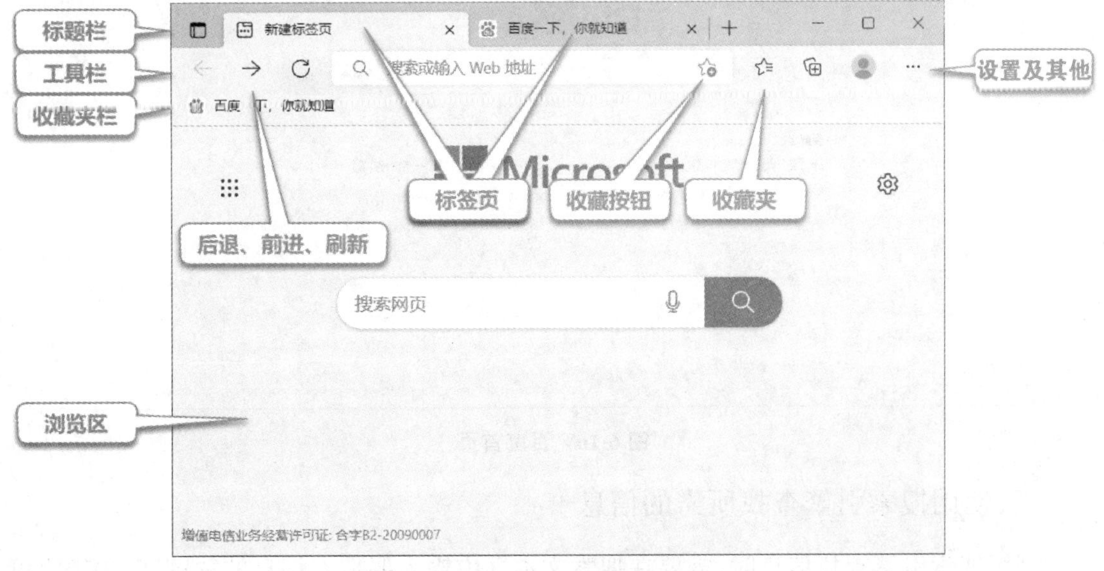


图 6-15　Edge 浏览器窗口

“收藏夹”按钮、“设置及其他”按钮等。

(3)收藏夹栏:收藏夹栏列出了收藏夹中“收藏夹栏”这个文件夹中收藏的网页,通过单击收藏夹栏中的按钮可以快速打开对应的网页。

(4)浏览区:显示当前标签页对应的网页的内容。

## 二、使用 Edge 浏览器访问搜索引擎

在 Edge 浏览器的地址栏中输入要访问网站的网址,按回车键即可进入该网站提供的页面,再单击该页面上的各个网页链接可进一步打开欲浏览的网页。例如,要浏览搜狐网站的新闻信息,首先在 Edge 浏览器的地址栏中输入搜狐网站的网址 www. sohu. com,按回车键后,将显示搜狐网站的主页,再单击主页上的新闻链接即可进入新闻页面。

搜索引擎是搜索信息网址的服务工具,可以提供信息搜索服务。常见的搜索引擎有的以独立专题网站的形式存在,主要有百度、谷歌等,还有一些综合网站也提供搜索引擎服务,如搜狐的搜狗、网易的有道等,它们一般都能够提供网页、视频、图片等多种资源的信息查询服务。目前,人们常用的中文搜索引擎的网址如下:

(1)百度:http://www. baidu. com/。

(2)搜狗:http://www. sogou. com/。

(3)360 搜索:http://www. so. com/。

例如,在 Edge 浏览器的地址栏中输入百度的网址 www. baidu. com 并按回车键,打开百度的首页,如图 6-16 所示。

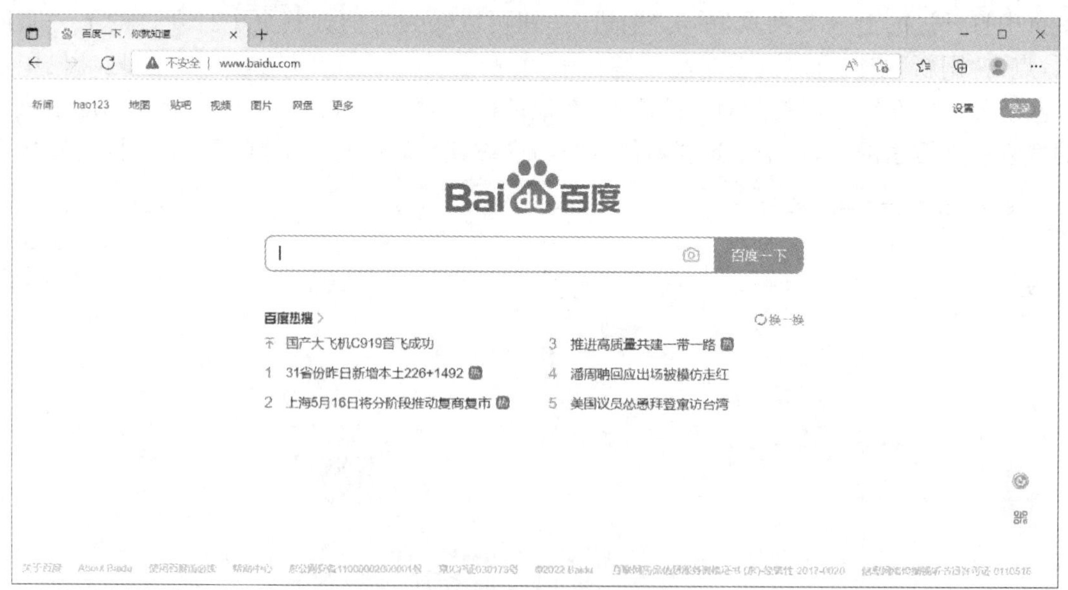


图 6-16　百度首页

## 三、使用搜索引擎查找所需的信息

利用搜索引擎查找信息时,需要在搜索文本框中输入要搜索信息的关键字,关键字可以是一个中心词汇,也可以由多个词汇(中间用空格分隔)构成,还可以是一个句子。搜索

产生的结果往往很多,一般将搜索到的网页链接及网页摘要依次分页显示出来,供用户选择。

本任务中,小李在百度的搜索框中输入关键字"笔记本电脑推荐　6000 元",然后单击"百度一下"按钮,即可看到搜索产生的查询结果,如图 6-17 所示。小李在浏览搜索结果时,发现前几条搜索结果带有"广告"的标记,后面的则没有。单击每条搜索结果的标题可以打开相应的网页进一步查看具体信息。

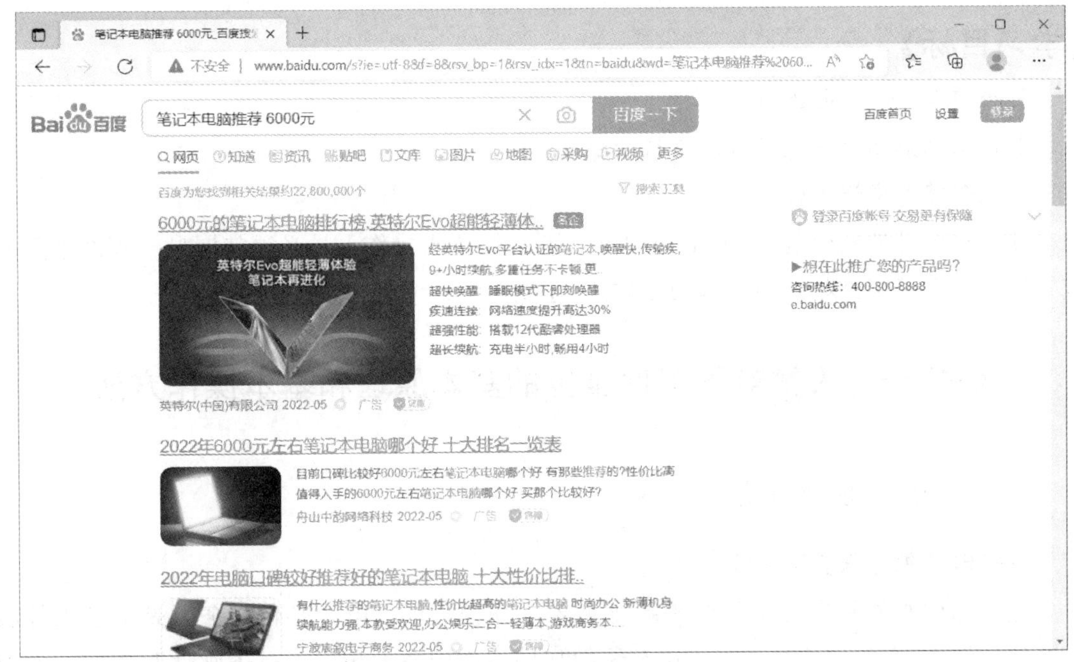


**图 6-17　百度搜索结果**

## 四、保存所需的信息

小李可以通过 Web 页面的方式保存所需要的信息,保存 Web 页的操作步骤如下:

(1)打开要保存的 Web 页面。

(2)按"Ctrl+S"组合键弹出"另存为"对话框。

(3)选择要保存文件的盘符和文件夹。

(4)在文件名文本框内输入文件名"笔记本信息"。

(5)在保存类型下拉列表中可以选择"网页,仅 HTML"、"网页,单个文件"或"网页,完整",第 1 种保存类型仅保存网页源代码文件,不包含网页中的图片等相关资源,第 2 种保存类型和第 3 种保存类型会保存网页相关的所有资源文件,区别是第 2 种保存类型会把所有资源打包到一个文件,第 3 种保存类型则是把网页中的相关资源分别保存为单独的文件。

(6)单击"保存"按钮完成保存。

# 项目三　给客户发合同文本

## 【项目描述】

电子邮件是一种用电子手段提供信息交换的通信方式。本项目主要介绍电子邮件服务系统的相关知识,以及给企业邮箱发送电子邮件的相关知识。

## 【学习目标】

1. 会启动 Outlook 2016。
2. 能根据启动向导完成首次运行的配置。
3. 能创建并发送邮件。

该工作任务的实施是以 Outlook 2016 为例的,要求操作人员必须掌握电子邮件服务的基本原理和电子邮件收发的基本操作方法,才能顺利地给客户发送电子邮件。

## 任务一　收发电子邮件服务的基本原理和基本操作方法

### 一、电子邮件服务简介

#### (一)电子邮件服务系统简介

电子邮件服务系统是基于客户端/服务器工作模式的。电子邮件服务器是电子邮件服务系统的核心,它的作用与人工邮递系统中邮局的作用非常相似。电子邮件服务器一方面负责接收用户发送的邮件,并根据邮件的收件人地址,将其传送到对方的邮件服务器中;另一方面负责接收从其他邮件服务器发来的邮件,并根据收件人的地址将邮件分发到各自的电子邮箱中。

在电子邮件系统中,用户发送和接收邮件需要在客户机上使用电子邮件客户程序来完成。Outlook Express 就是电子邮件客户程序的一种。电子邮件客户程序一方面负责为用户创建邮件,并将用户发送的邮件传送到邮件服务器;另一方面负责检查用户在邮件服务器中的邮箱,并读取及管理邮件。

#### (二)电子邮件地址

电子邮件地址就是电子邮箱地址。电子邮箱实际上是邮件服务器为每个用户开辟的一个存储用户邮件的存储空间,它需要用户在邮件服务器上注册申请得到,并具备邮箱口令。只有合法的用户才能打开电子邮箱中的邮件。

电子邮件地址的一般形式为:用户邮箱名@邮件服务器域名。其中,用户邮箱名是用户在邮件服务器上注册的账号。例如,电子邮件地址 test@163. com 表示用户在域名为 163. com 的邮件服务器中注册的邮箱 test。

## 二、电子邮件传输协议

在TCP/IP互联网中，邮件服务器之间使用简单邮件传输协议（SMTP）相互传递电子邮件。而电子邮件客户程序使用SMTP向邮件服务器发送邮件，使用第3代邮局协议（POP3）或交互式电子邮件存取协议（IMAP）从邮件服务器的邮箱中读取邮件。

## 三、企业邮箱

### （一）企业邮箱的定义

企业邮箱是指企业自己开设电子邮局，为企业员工提供以企业域名作为电子邮件地址后缀的电子邮箱，即一个企事业单位的所有员工的邮箱地址均为"用户名@企业域名"。

### （二）企业邮箱的优点

1. 建立及推广企业形象

以企业域名为后缀的企业邮箱，其重要性不亚于一个企业网站，有助于宣传企业形象。通过企业邮箱跟客户联系，客户可通过邮箱后缀名得知企业网站，并可登录网站了解更多的企业资讯。同时，以整齐划一的企业邮箱对外交流时，可给人以规模化和专业化的感觉，从而可增加客户的信任度。

2. 全球管理

企业可以自行设定管理员来分配和管理内部员工的邮箱账号，根据员工部门、职能的不同来设定邮箱的空间、类别和所属群体，并可以根据企业的发展状况随时添加、删除用户。当员工离职时，企业可回收邮箱并保存邮箱内的业务通信信息，从而保证业务活动的连贯性。

3. 安全性高

企业邮箱服务商都具有专业的设备和专业的技术队伍，都能为企业邮箱设立非常安全的防护体系，可以使通信过程中涉及的企业资料和商务信息得到最大程度的保护。例如，提供专业的杀毒和反垃圾系统软件，从而保证企业获得绿色邮件通信的服务。

### （三）企业邮箱的建立与管理

目前，国内的企业邮箱服务商很多，比较知名的有网易企业邮箱、腾讯企业邮箱等。到企业邮箱服务商相应的网站注册申请即可得到企业邮箱，企业邮箱服务一般都是收费的。然后，企业自行设立企业邮箱管理员，在企业邮箱中为所属的员工建立相应的邮箱账号即可。

# 任务二　项目实施

小李在一次业务洽谈中，与一位客户经过网上交流后，确定了交易合作的意向。客户提出需要两天的时间对交易进一步确认，并要求小李将交易的合同文本通过电子邮件发给他。于是,小李在得到部门主管的同意后,准备将公司拟定的交易合同电子稿发给客户。

该工作任务的实施是以 Outlook 2016 为例的。要求操作人员只有掌握了电子邮件服务的基本原理和电子邮件收发的基本操作方法,才能顺利地给客户发送电子邮件。具体操作步骤如下:

## 一、启动 Outlook 2016

在“开始”菜单中找到并单击 Outlook 2016 即可启动 Outlook 2016。第一次启动 Outlook 2016 时,会自动启动添加电子邮箱账户的向导,如图 6-18 所示。

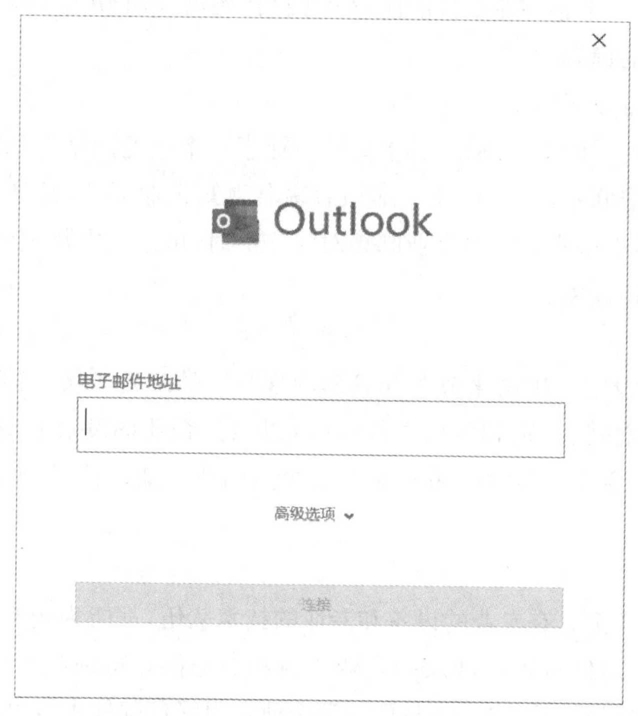


**图 6-18 “添加电子邮箱账户”向导**

## 二、根据向导完成添加电子邮箱账户

(1)在向导对话框中,输入已经申请好的电子邮件地址,并单击“连接”按钮。

(2)在向导对话框中,输入电子邮箱账户客户端授权的密码,并单击“连接”按钮,如图 6-19 所示。有的电子邮件服务商为了安全起见,默认不允许客户端收发邮件,需要先到其官方网站,登录进入电子邮箱后,在设置界面中根据帮助和提示启用 IMAP/SMTP 服务或 POP3/SMTP 服务,获取客户端授权码,并把客户端授权码填入向导对话框中的“密码”框中才能连接成功,而不是输入电子邮箱账户本身的密码。

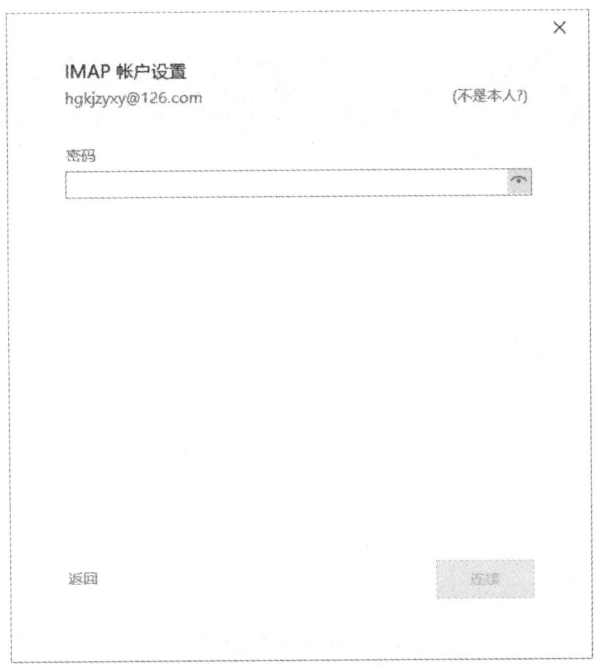


**图 6-19 输入电子邮箱账户客户端授权的密码**

(3)在向导对话框中,输入正确的密码并单击“连接”按钮后,稍等片刻,即可成功添加账户,如图 6-20 所示。取消勾选“在我的手机上也设置 Outlook Mobile”,并单击“已完成”按钮即关闭向导并打开 Outlook 2016 主窗口。如果没有出现成功添加账户提醒,可能是密码输入错误或没有开启 POP3/SMTP/IMAP 服务。

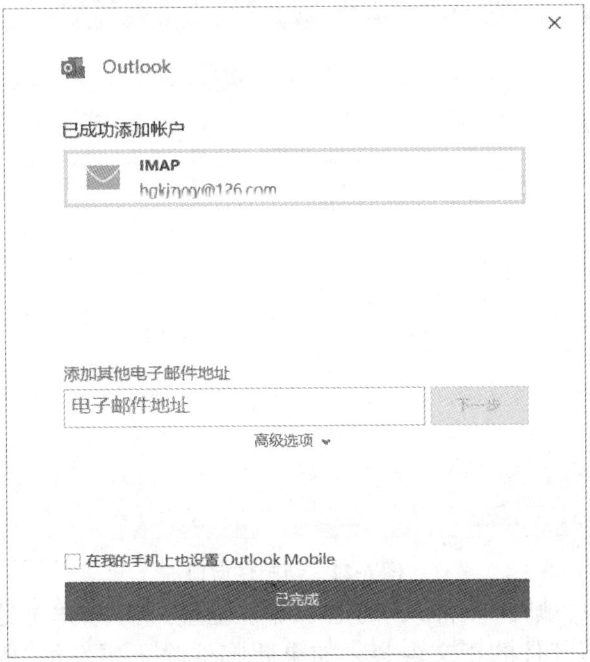

**图 6-20 添加电子邮箱账户成功**

(4)Outlook 2016 主窗口如图 6-21 所示。

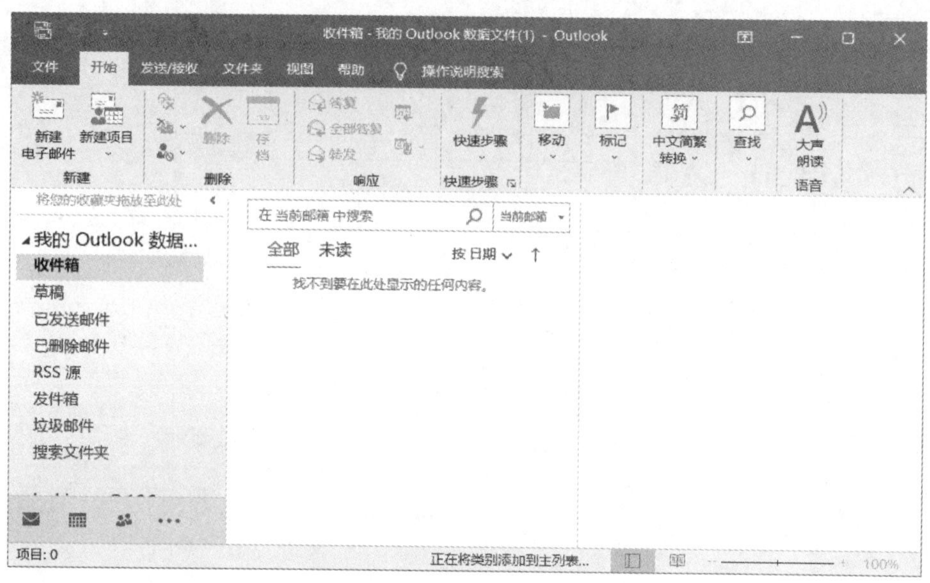


**图 6-21　Outlook 2016 主窗口**

## 三、创建并发送电子邮件

在 Outlook 2016 主窗口中找到并单击“开始”选项卡“新建”选项组中的“新建电子邮件”按钮,即可打开新邮件窗口,如图 6-22 所示。

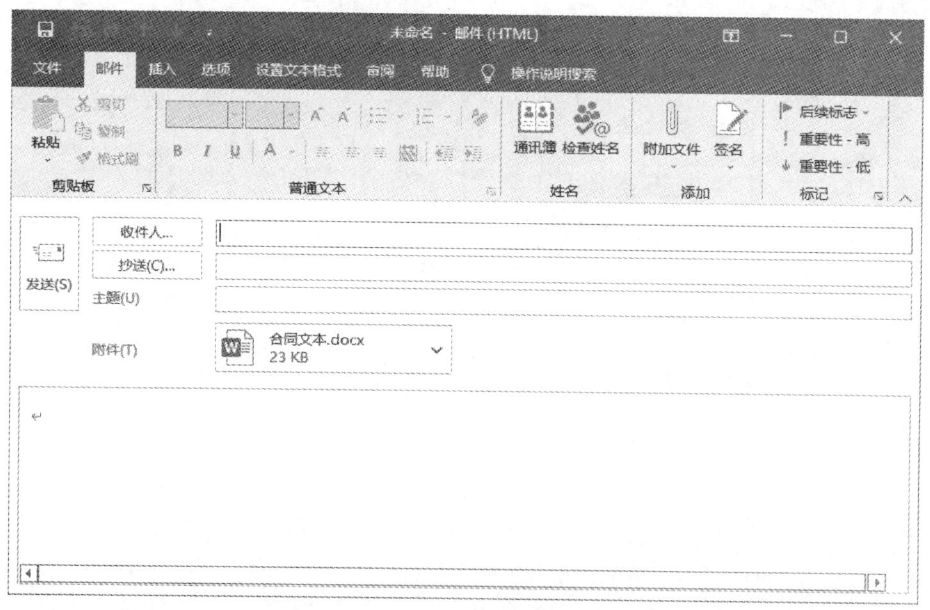


**图 6-22　新邮件窗口**

在新邮件窗口中,填写“收件人”的电子邮件地址、邮件的“主题”,在窗口底部的邮件正文编辑区中填写邮件的正文内容。如果此邮件除了要发给“收件人”外,同时还需要发送给其他人,可以把他们的电子邮件地址填入“抄送”按钮后的文本框中。抄送的特点是所有收到电子邮件的人都能看到这个电子邮件发给了哪些人以及他们的电子邮件地址。

在"添加"选项组中单击"附加文件"按钮，然后选择要附加的文件，即可给电子邮件添加附件，如合同的电子文档。所有内容填写完毕后，单击"发送"按钮，即可将电子邮件发送到收件人的电子邮箱中。至此，小李完成了发送合同的任务。

## 习　题　六

1. 覆盖地理范围最大的网络是(　　)。
   A. 广域网　　B. 城域网　　C. 无线网　　D. 国际互联网
2. 网络安全协议包括(　　)。
   A. SLL、TLS、IPsec、Telnet、SSH、SET 等　　B. POP3 和 IMAP4
   C. SMTP　　D. TCP/IP
3. 下列属于物联网应用的是(　　)。
   A. 无线鼠标控制电脑　　B. 电视遥控器遥控电视
   C. 智能公交系统　　D. 网络打印机
4. 我国卫星导航系统的名字叫(　　)。
   A. 天宫　　B. 玉兔　　C. 神州　　D. 北斗
5. 计算机网络硬件设备中的无交换能力的交换机(集线器)属于哪一层共享设备(　　)。
   A. 物理层　　B. 数据链路层　　C. 传输层　　D. 网络层
6. 下面不是统一资源定位符中常用协议的是(　　)。
   A. ddos　　B. https　　C. ftp　　D. http
7. 我国制定的约束计算机在网络上行为的法律法规是(　　)。
   A.《计算机软件保护条例》
   B.《计算机联网规则》
   C.《计算机信息网络国际联网安全保护管理办法》
   D.《中华人民共和国计算机安全法》
8. 周华自从用 IP 电话打长途后再也不用担心要支付昂贵的电话费。IP 电话之所以经济实惠，是因为从数据交换技术来看它采用的是(　　)技术。
   A. 电路交换　　B. 报文交换　　C. 分组交换　　D. 整体交换
9. 下列关于 WiFi 的叙述，错误的是(　　)。
   A. WiFi 是一种能够将个人电脑、手持设备等终端以无线方式互相连接的技术
   B. WiFi 是有线网的补充和延伸
   C. WiFi 信号就是移动通信信号
   D. WiFi 泛指符合 IEEE 802.11 标准的无线网络
10. 为什么要将统一资源定位器(URL)输入电子邮件(　　)。
    A. 表示邮件很重要　　B. 访问文件附件
    C. 将收件人指引到某人 Web 网站　　D. 更快地发送邮件

11. 在进行浏览器活动时,可以通过控制哪项设置来限制 Web 网站收集个人信息(　　)。
A. Cookie　　B. 缓存　　C. 客户端　　D. 通道

12. 应对"蠕虫"病毒的技术措施是(　　)。
A. 防火墙隔离　　B. 安装安全补丁程序
C. 专用病毒查杀工具　　D. 部署网络入侵检测系统

13. 家庭用的无线路由器通常需要设置网络连接密码,这是为了(　　)。
A. 身份验证　　B. 防病毒　　C. 防木马　　D. 加密传输

14. 用手机打开家中的空调、窗帘和电视机,应用的技术是(　　)。
A. 多媒体技术　　B. 物联网技术　　C. 云计算技术　　D. 虚拟现实技术

15. TCP/IP 协议规定,每个 IP 地址由(　　)组成。
A. 网络地址和端口地址　　B. 网络地址和主机地址
C. 网络地址和协议地址　　D. 主机地址和协议地址

16. 3C 技术是(　　)。
A. 通信技术、计算机技术和网络技术
B. 通信技术、计算机技术和控制技术
C. 网络技术、计算机技术和电子技术
D. 通信技术、计算机技术和电路技术

17. 按数据传输的流向和时间关系来划分,下面对信道的通信方式划分错误的是(　　)。
A. 半双工　　B. 基带　　C. 全双工　　D. 单工

18. 一座建筑物之内的一个计算机网络系统属于(　　)。
A. 广域网 WAN　　B. 城域网 MAN
C. 局域网 LAN　　D. 个人局域网 PAN

19. 下列不属于商业机构网址的是(　　)。
A. http://www.wt.edu.cn　　B. http://www.wtc.com
B. http://www.wtc.com.cn　　D. http://www.edu.com

20. 下列属于合法的电子邮箱地址的是 (　　)。
A. abc&163.com　　B. h23.yahoo.com
C. tom@126.com　　D. sdf#126.com

21. 在 IE 浏览器中要保存网址使用的功能是(　　)。
A. 历史　　B. 搜索　　C. 收藏　　D. 转移

22. 发送电子邮件时,收信人没有开机则(　　)。
A. 退回给发信人　　B. 邮件无法传送
C. 电子邮件丢失　　D. 电子邮件保存在 ISP 的主机上

23. 无线路由器的 WAN 口一般连接(　　)。
A. 计算机　　B. 外网设备　　C. 电话　　D. 内网设备

24. 个人计算机通过电话线拨号方式接入因特网时,应使用的设备是(　　)。
A. 交换机　　B. 调制解调器　　C. 电话机　　D. 浏览器软件

25. TCP/IP 是一组(　　)。

A. 局域网互联技术

B. 广域网互联技术

C. 支持同一种计算机(网络)互联的通信协议

D. 支持不同种计算机(网络)互联的通信协议

26. Internet 是国际互联网络,下面(　　)不是它提供的服务。

A. E-mail　　B. 远程登录　　C. 故障诊断　　D. 信息查询

27. 配置 TCP/IP 参数的操作主要包括三个方面:(　　)、指定网关和域名服务器地址。

A. 指定本地主机的 IP 地址及子网掩码　　B. 指定本地主机的主机名

C. 指定代理服务器　　D. 指定服务器的 IP 地址

28. 互联网上的服务都基于一种协议,WWW 服务基于(　　)协议。

A. POP3　　B. SMTP　　C. HTTP　　D. TELNET

29. 使用匿名 FTP 服务,用户登录时常常使用(　　)作为用户名。

A. anonymous　　B. 主机的 IP 地址

C. 自己的 E-mail 地址　　D. 节点的 IP 地址

30. 当网络 A 上的一个主机向网络 B 上的一个主机发送报文时,路由器需要检查(　　)地址。

A. 物理　　B. IP　　C. 端口　　D. 其他

31. 网卡实现的主要功能是(　　)。

A. 物理层与网络层的功能　　B. 网络层与应用层的功能

C. 物理层与数据链路层的功能　　D. 网络层与表示层的功能

32. 若两台主机在同一子网中,则两台主机的 IP 地址分别与它们的子网掩码相“与”的结果一定(　　)。

A. 相同　　B. 不同　　C. 为全 0　　D. 为全 1

33. Internet 是全球最具影响力的计算机互联网,也是世界范围的重要的(　　)。

A. 信息资源网　　B. 多媒体网络　　C. 办公网络　　D. 销售网络

34. 在数据通信中,将数字信号变换为模拟信号的过程称为(　　)。

A. 编码　　B. 解码　　C. 解调　　D. 调制

35. 下面的 IP 地址中,属于 C 类地址的是(　　)。

A. 26.26.48.89　　B. 162.115.46.99

C. 190.112.164.34　　D. 212.192.128.64

36. 在 Internet 上,FTP 服务器是专门(　　)。

A. 提供电子邮件服务的计算机　　B. 提供网页浏览服务的计算机

C. 提供文件上传、下载服务的计算机　　D. 提供网络空间服务的计算机

37. 网络互连设备可以在不同的层次上进行网络互连,工作在物理层的互连设备是(　　)。

A. 网关　　B. 路由器　　C. 网桥　　D. 集线器

38. 传输介质是通信网络中发送方和接收方之间的(　　)通路。

A. 物理　　B. 逻辑　　C. 虚拟　　D. 数字

39. 关于 DNS 的下列叙述中错误的是(　　)。
A. 是一个分布式数据库系统　　B. DNS 采用客户/服务器工作模式
C. 域名的命名原则是采用层次结构的命名树
D. 域名能反映计算机所在的物理地址

40. 以下 URL 地址写法中正确的是(　　)。
A. http://www.sinacom/index.html　　B. http://www.sina.com/index.html
C. http://WWWsinacom\index.html　　D. http//www.sina.com/index.Html

41. 设置电子邮箱账户时不需要设置(　　)。
A. 用户上网账号的密码　　B. 用户名
C. 密码　　D. 邮件服务器的地址

42. 在现代计算机技术的概念中,HTML5 是指(　　)。
A. 一种新标准的超文本标记语言　　B. 一种服务器标签语言
C. 所有的浏览器都能很好地支持　　D. 一个封闭的生态圈

43. 进行网络互联,当总线网的网段已超过最大距离时,可用(　　)来延伸。
A. 网桥　　B. 路由器　　C. 中继器　　D. 网关

44. 不属于因特网提供的服务是(　　)。
A. FTP　　B. TELNET　　C. WWW　　D. TCP/IP

45. 计算机网络应用程序都需要有网络协议的支持,接收 E-mail 所用的网络协议是(　　)。
A. HTTP　　B. POP3　　C. SMTP　　D. FIP

46. 下列关于局域网的描述中,正确的一条是(　　)。
A. 局域网的数据传输率高,数据传输可靠性高
B. 局域网的数据传输率低,数据传输可靠性高
C. 局域网的数据传输率高,数据传输可靠性低
D. 局域网的数据传输率低,数据传输可靠性低

47. 网卡(网络适配器)的主要功能不包括(　　)。
A. 将计算机连接到通信介质上　　B. 进行电信号匹配
C. 实现数据传输　　D. 网络互联

48. (　　)是由总线拓扑结构(也包括星型结构)演变而来的,它看上去像一棵倒挂的树。
A. 网状拓扑结构　　B. 树型拓扑结构　　C. 环型拓扑结构　　D. 总线拓扑结构

49. LAN 是(　　)英文的缩写。
A. 城域网　　B. 网络操作系统　　C. 局域网　　D. 广域网

50. 通信双方可同时进行双向传输消息的工作方式叫(　　)。
A. 单工通信　　B. 全双工通信　　C. 半双工通信　　D. 广播通信